Web前端开发1+X证书配套用书

网页设计

（HTML5+CSS3+JavaScript）

赵增敏　胡婷婷　连　静　主　编

刘　颖　彭　辉　王永锋　副主编

U0303690

電子工業出版社.

Publishing House of Electronics Industry

北京·BEIJING

内 容 简 介

HTML5 是 W3C（万维网联盟）推荐的新一代互联网的技术标准，HTML5 和 CSS3 已经成为现代网页设计中的主流技术。为了满足社会和企业对人才的需求，在网页设计课程中适时引入最新的 HTML5 和 CSS3 技术势在必行。本书通过大量实例详细讲述了 HTML5 和 CSS3 的新特性及其在网页设计中的应用。本书共分 10 章，主要内容包括：HTML5 使用基础，HTML 文档编辑，创建 HTML 表单，CSS3 使用基础，使用 CSS 选择器，设置 CSS 样式，创建页面布局，JavaScript 脚本编程，网页绘图，Web 存储。

本书坚持以就业为导向、以能力为本位的原则，突出实用性、适用性和先进性，结构合理、论述准确、内容翔实，注重知识的层次性和技能培养的渐进性，遵循难点分散的原则合理安排各章的内容，降低了学生的学习难度，通过丰富的实例来引导学生学习，旨在培养实践能力和创新精神。每章后面均配有习题和上机操作练习。

本书可作为职业院校计算机类相关专业的教材，也可作为网页设计人员、网站开发和维护人员的参考书。

图书在版编目（CIP）数据

网页设计：HTML5+CSS3+JavaScript / 赵增敏，胡婷婷，连静主编. —北京：电子工业出版社，2017.9
ISBN 978-7-121-32031-6

Ⅰ. ①网⋯ Ⅱ. ①赵⋯ ②胡⋯ ③连⋯ Ⅲ. ①超文本标记语言－程序设计－职业教育－教材②网页制作工具－职业教育－教材③JAVA 语言－程序设计－职业教育－教材 Ⅳ. ①TP312.8②TP393.092.2

中国版本图书馆 CIP 数据核字（2017）第 144055 号

策划编辑：关雅莉
责任编辑：周宏敏
印　　刷：北京捷迅佳彩印刷有限公司
装　　订：北京捷迅佳彩印刷有限公司
出版发行：电子工业出版社
　　　　　北京市海淀区万寿路 173 信箱　邮编：100036
开　　本：787×1 092　1/16　印张：22.25　字数：599 千字
版　　次：2017 年 9 月第 1 版
印　　次：2025 年 2 月第 10 次印刷
定　　价：39.80 元

前言 | PREFACE

HTML5 是一种专门用于组织 Web 内容的语言，它通过创建一种标准化的、直观的 UI 标记语言简化 Web 设计和开发。HTML5 提供了解析和划分页面的方法，它允许创建各种独立的组件来按照逻辑组织站点，同时还为站点提供联合功能。HTML5 可以称作"面向站点设计的信息映射方法"，因为它融入了信息映射、信息划分和消息标签等基本内容，使信息变得易于使用和理解，这构成了 HTML5 的生动语义和审美工具的基础。HTML5 使具备不同能力的设计师和开发人员能够发布从简单文本到丰富的交互式多媒体等内容。

HTML5 提供了有效的数据管理、绘图、视频和音频工具，简化了面向 Web 和便携式设备的跨浏览器应用程序的开发。HTML5 是推动移动云计算服务的技术之一，因为它可以实现更大程度的灵活性，可以开发出激动人心的交互式网站。它还引入了新的标签、方法和属性，包括优雅的结构、表单控件、API、多媒体、数据库支持，并极大地加快了处理速度。

本书根据教育部颁布的《中等职业学校专业教学标准（试行）信息技术类（第一辑）》中的相关教学内容和要求编写，结合现代职业教育的特点和社会用人需求，通过大量实例详细讲述了 HTML5 和 CSS3 的新特性及其在网页设计中的应用。在编写过程中，坚持以就业为导向、以能力为本位的原则，力求突出实用性、适用性和先进性。

本书共分 10 章。第 1 章介绍使用 HTML5 所需的基础知识，讲述什么是 HTML5、如何定义 HTML 元素和设置元素属性、创建 HTML 文档以及使用元数据元素等；第 2 章讨论 HTML 文档编辑，包括标记文本、组织内容、文档分节、制作表格和嵌入内容；第 3 章讲述如何创建 HTML 表单，主要包括创建和配置表单、使用 button 元素、使用 input 元素、使用其他表单控件以及表单输入验证；第 4 章介绍使用 CSS3 所需的基础知识，主要包括定义和应用 CSS 样式、CSS 样式的层叠和继承以及 CSS 属性单位；第 5 章讨论如何使用各种 CSS 选择器，包括使用基本选择器、复合选择器、伪元素选择器、结构性伪类选择器、UI 伪类选择器、动态伪类选择器以及其他伪类选择器；第 6 章讲述如何设置 CSS 样式，包括设置文本样式、边框和背景、盒模型样式、定位属性以及列表和表格样式；第 7 章讲述如何创建页面布局，包括创建浮动盒布局、弹性盒布局和多列布局；第 8 章介绍 JavaScript 编程，主要包括 JavaScript 语言基础、流程控制语句、文档对象模型以及事件处理；第 9 章讲述网页绘图，主要包括绘制矩形、设置绘图样式、使用路径绘图、绘制图像、绘制文本以及使用特效与变换；第 10 章讨论如何使用 Web 存储，包括本地存储、会话存储和本地数据库。

本书内容涵盖 HTML5 和 CSS3 的大部分新特性，由于各浏览器对这些新特性的实现略有不同，建议读者安装最新版本的 Internet Explorer、Google Chrome、Mozilla Firefox、Opera 以及 Apple Safari 浏览器。

本书由赵增敏、胡婷婷、连静担任主编，刘颖、彭辉、王永锋担任副主编。参加本书编写、文字录入和代码测试的还有余霞、吴洁、卢捷、朱粹丹、赵朱曦、王静、郭宏等。

由于编者水平所限，书中疏漏和错误之处在所难免，恳请广大读者提出宝贵意见。

为了方便教师教学和学生学习，本书还配有源文件、教学指南、电子教案和习题答案（电子版）。请有此需要的教师或学生登录华信教育网（www.hxedu.com.cn）免费注册后进行下载，有问题时请在网站留言板留言或与电子工业出版社联系（E-mail：hxedu@phei.com.cn）。

编　者

2017 年春

CONTENTS | 目录

第1章

1

HTML5使用基础

高楼万丈平地起。学习任何一门新知识，首先要打好基础。本章将介绍使用 HTML5 所需要的一些基础知识，主要包括 HTML5 简介、使用 HTML 元素及其属性、创建 HTML 文档结构、使用元数据元素以及脚本元素等。

1.1　HTML5 简介

HTML5 是新一代互联网标准的开发语言。在使用 HTML5 设计和制作网页之前，首先需要了解什么是 HTML 以及 HTML5 有哪些新特性。

1.1.1　什么是 HTML

HTML（HyperText Markup Language）即超文本标记语言。使用该语言创建的 HTML 文档是 WWW（万维网）上的一个超媒体文档，通常称为一个页面，也称为 Web 页或网页。"超文本"是指页面内不仅可以包含文本，还可以包含图片、链接，甚至音频、视频、脚本程序等非文本元素。

HTML 是编写网页的主要语言，它通过各种标签（亦称标记）来告诉浏览器如何呈现网页的内容。使用 HTML 语言可以编写包含文本、表格、图像、链接、音频、视频以及各种其他媒体元素的网页，这些网页和相关资源存储在 Web 服务器上，在建立网络连接的情况下可通过 Web 浏览器来请求和访问。

HTML 语言在其发展历程中经历了一系列的版本。

- HTML 1.0：在 1993 年 6 月，作为互联网工程工作小组（IETF）工作草案（并非标准）发布。
- HTML 2.0：1995 年 11 月作为 RFC 1866 发布，在 RFC 2854 于 2000 年 6 月发布之后被宣布已经过时。
- HTML 3.2：1997 年 1 月 14 日发布，W3C（万维网联盟）推荐标准。
- HTML 4.0：1997 年 12 月 18 日发布，W3C 推荐标准。
- HTML 4.01（微小改进）：1999 年 12 月 24 日发布，W3C 推荐标准。
- HTML5：2014 年 10 月 29 日发布，W3C 推荐标准。

1.1.2　HTML5 的新功能

HTML5 是 HTML 的第五次重大修改。W3C 于 2014 年 10 月 29 日宣布，经过接近 8 年的艰苦努力，HTML5 标准规范终于制定完成。HTML5 实际上是一系列创新的代表。HTML5 提供了一些新标签和新方法，并通过与 CSS3 和 JavaScript 的相互作用形成了一个通用的开发框架，这是以客户端为中心的应用程序处理的核心。除了将 HTML5 技术的技巧和方法部署到桌面外，还可以在特性丰富的 Web 移动手机浏览器中实现 HTML5，随着 Apple iPhone、Google Android 和运行 Palm webOS 的手机的流行和普及，这注定是一个不断增长的市场。

HTML5 是一种专门用于组织 Web 内容的语言，它通过创建一种标准化的、直观的 UI 标记语言来简化 Web 设计和开发。HTML5 提供了解析和划分页面的方法，它允许创建各种独立的组件来按照逻辑组织站点，同时还为站点提供联合功能。HTML5 可以称作"面向站点设计的信息映射方法"，因为它融入了信息映射、信息划分和消息标签等基本内容，使信息变得易于使用和理解，这构成了 HTML5 的生动语义和审美工具的基础。HTML5 使具备不同能力的设计师和开发人员能够发布从简单文本到丰富的交互式多媒体等各种内容。

HTML5 提供了有效的数据管理、绘图、视频和音频工具，它简化了面向 Web 和便携式设备的跨浏览器应用程序的开发。HTML5 是推动移动云计算服务的技术之一，因为它可以实现更高程度的灵活性，可以开发出激动人心的交互式网站。它还引入了新的标记和增强，包括一个优雅的结构、表单控件、API、多媒体、数据库支持，并极大地加快了处理速度。

HTML5 实现了以下新功能：提供了可以准确描述所包含的内容的标记；增强的网络通信；显著改善了一般存储；用于运行后台流程的 Web Worker；在应用程序和服务器之间建立持久连接的 WebSocket 接口；更好地检索存储的数据；改善了网页保存和载入速度；支持 CSS3 管理 GUI，意味着 HTML5 具备面向内容的特性；改善了浏览器的表单处理；一个基于 SQL 的数据库 API，允许客户端本地存储；画布和视频，无须安装第三方插件即可添加图形和视频；Geolocation API 规范，使用智能手机位置功能来合并移动云服务和应用程序；智能表单减少了下载 JavaScript 代码的需求，在移动设备和云服务器之间实现了更有效的通信。

HTML5 创建了更加吸引人的用户体验：使用 HTML5 设计的页面可以提供与桌面应用程序类似的体验。HTML5 还将 API 功能和浏览器结合在一起，提供了增强的多平台开发。通过使用 HTML5，开发人员可以提供在不同平台之间切换的现代应用程序体验。

1.2　定义 HTML 元素

一个网页由各种各样的 HTML 元素组成。每个元素都是用特定的 HTML 标签定义的。要使用 HTML 标签定义所需要的元素，就应该了解 HTML 的语法结构和语法规则。

1.2.1　HTML 语法结构

HTML 元素可用标签来定义。大多数标签的语法格式如下：

```
<标签 属性="值" 属性="值"...>内容</标签>
```

其中，标签是用一对尖括号即"<"（小于号）和">"（大于号）括起来的单词或单词缩写。HTML 标签通常由开始标签"<标签>"和结束标签"</标签>"组成。开始标签和结束标签连同两者之间的内容构成了 HTML 元素。开始标签和结束标签之间的内容是元素的内容。

例如，要在网页中显示一个三级标题，可用 h3 元素来实现，代码如下：

```
<h3>基于 HTML5 的网页设计</h3>
```

大多数 HTML 元素可拥有属性。属性在开始标签中指定，用于设置 HTML 元素的相关选项，通常以"属性名="值""的形式表示。多个属性用空格分隔，并且不分先后顺序。

例如，用 a 元素可在网页中创建一个超链接，通过设置 href 属性可指定该链接指向的目标网址，代码如下：

```
<a href="http://www.baidu.com">百度一下</a>
```

元素的开始标签与结束标签之间不一定要有内容。没有内容的元素称为空元素。对于空元素，可以只用一个标签表示，即把开始标签与结束标签合二为一，将斜线符号（/）放在开始标签的末尾。

举个例子。code 元素用于表示计算机代码文本，例如：

```
<code>document.writeln("Hello World");</code>
```

如果在 code 元素的开始标签与结束标签之间没有内容，则可以写成以下形式：

```
<code />
```

在这里，<code /> 称为自闭合标签，它与 <code></code> 是等价的。

有些元素只能使用一个标签表示，在其中放置任何内容都不符合 HTML 规范。这种没有内容的元素也称为虚元素。例如，hr 就是虚元素，<hr> 标签表示主题内容的变化，在网页中显示一条水平分隔线。虚元素也可以用空元素结构表示，例如，<hr> 也可以写成 <hr />。

要在 HTML 文档中插入注释内容，可使用注释标签。语法格式如下：

```
<!-- 在此输入注释文字 -->
```

注释文字内容会被浏览器忽略，在浏览器查看网页时是看不到这些内容的。使用注释可以对源代码进行解释，这样做有助于在后期对代码进行编辑和维护。

1.2.2　HTML 语法规则

使用 HTML 语言编写网页时必须符合以下语法规则。

（1）尖括号、元素名、属性名等都必须使用半角的西文字符，而不能使用全角字符。

（2）元素名、属性名和属性值不区分大小写，习惯上使用小写字母表示。

（3）多数标签可以嵌套使用，但不允许交叉。

（4）一行可以写多个标签，一个标签也可以分成多行写，但标签中的一个单词不能分成两行写。写成多行时浏览器一般忽略回车符；空格通常也不按源代码中的效果显示。

（5）建议使用双引号将属性值括起来，但也可以使用单引号，或者不用引号。

1.3　设置元素属性

使用 HTML 标签定义一个元素时，可用属性对该元素的相关选项进行设置。属性只能用在开始标签或单个标签上，而不能用于结束标签。大多数属性都具有名称和值两个部分。元素的属性分为全局属性和局部属性（专有属性）。全局属性可用于所有 HTML 元素，局部属性则为个别元素提供其特有的配置信息。例如，使用 a 元素时可通过其专有属性 href 来设置超链接的目标 URL。

1.3.1 对元素应用多个属性

对一个 HTML 元素可以同时应用多个属性，这些属性之间用一个或多个空格分隔。例如，使用 a 元素创建超链接时可对该元素设置多个属性，代码如下：

```
欢迎您访问<a class="link" href="http://www.phei.com.cn" title="请单击此链接">电子工业出版社</a>！
```

其中，class 和 title 属性都是全局属性，本章稍后会讲到这些属性。设置多个属性时对这些属性的顺序没有什么要求，全局属性和专有属性可以交错出现。

1.3.2 使用布尔属性

在元素的属性中有些属性属于布尔属性，对于这种属性不需要设定一个值，只需要将属性名添加到元素的开始标签中即可。例如，使用 button 元素创建提交按钮时，通过添加布尔属性 disable 可以禁用该按钮，代码如下：

```
<button type="submit" disabled>提交</button>
```

这个例子中的 type 属性指定按钮的类型，submit 表示要创建的是一个提交按钮。button 元素为用户提交表单数据提供了一种手段。disabled 属性是一个布尔属性，在 button 元素中仅仅添加了属性名 disabled，并没有设置 disabled="true"。设置 disabled 属性将禁用按钮，从而阻止用户提供表单数据。

对于布尔属性，也可以指定一个空字符串（""）或属性名称字符串作为其值，这样也会收到同样的效果，代码如下：

```
<button type="submit" disabled="">提交</button>
<button type="submit" disabled="disabled">提交</button>
```

1.3.3 使用自定义属性

定义 HTML 元素时用户还可以创建自定义属性，这种属性也称为作者定义属性或扩展属性。这类属性的名称必须以 data-作为前缀。

例如，下面的例子使用 input 元素创建文本框并添加了两个自定义属性：

```
用户名：<input type="text" data-creator="admin" data-purpose="collection">
```

之所以在这类属性名称之前添加前缀 data-，是为了避免与 HTML 的未来版本中可能增加的属性名称发生冲突。自定义属性与 CSS 和 JavaScript 结合起来很有用。

1.3.4 全局属性概述

全局属性用来配置所有 HTML 元素共有的行为。全局属性可以用在任何元素上，不过不一定会带来有意义或有用的行为改变。

表 1.1 列出了 HTML 中的全局属性。

在表 1.1 中所列出的全局属性中有 3 个属性比较重要，它们分别是 id、class 和 style 属性。通过这些全局属性可以将 HTML 元素与 CSS 样式以及 JavaScript 程序联系起来。下面对这些全局属性加以说明。

表 1.1　全局属性

属　　性	描　　述
accesskey	规定激活元素的快捷键
class	规定元素的一个或多个类名（引用 CSS 样式表中的类）
contenteditable	规定元素内容是否可编辑
contextmenu	规定元素的上下文菜单（上下文菜单在用户单击元素时显示）
data-*	用于存储页面或应用程序的私有定制数据
dir	规定元素中内容的文本方向
draggable	规定元素是否可拖动
dropzone	规定在拖动元素时是否进行复制、移动或链接
hidden	规定将元素隐藏起来
id	规定元素的唯一标识符
lang	规定元素内容的语言
spellcheck	规定是否对元素进行拼写和语法检查
style	规定元素的行内 CSS 样式
tabindex	规定元素的 tab 键次序
title	规定有关元素的额外信息
translate	规定是否应该翻译元素内容

1．id 属性

id 属性用来给元素分配一个唯一的标识符。使用该标识符可以将 CSS 样式应用到元素上，或者在 JavaScript 程序中用来选择元素。

2．class 属性

class 属性用来将元素归类。使用该属性可以对文档中某一类元素应用 CSS 样式，或者在 JavaScript 程序中选择某一类元素。

3．style 属性

style 属性用来直接在元素上定义 CSS 样式，由此定义的样式称为元素内嵌样式。

1.4　创建 HTML 文档

网页是一种 HTML 文档，实际上就是一种纯文本格式的文件，其文件扩展名是.html。网页可以使用各种文本编辑软件来创建和修改，可以直接从本地磁盘加载到浏览器中来查看其效果。为了创建、编辑和测试 HTML5 网页，建议使用 Adobe Dreamweaver CC 软件，因为该软件支持 HTML5 新增加的标签和属性，不仅提供了代码提示功能，还可以直接在实时视图中查看网页的布局效果。在学习本课程的过程中，除了网页编辑软件之外，建议在所使用的计算机上同时安装当今的几种主流浏览器，包括 Internet Explorer、Google Chrome、Mozilla Firefox、Opera 及 Apple Safari 等。

1.4.1 HTML 文档结构

HTML 文档具有特定的结构，通常要包含一些关键性的元素。其基本结构如下：

```
<!doctype html>
<html>
<head>
<meta charset="gb2312">
<title>网页标题</title>
</head>

<body>
网页内容
</body>
</html>
```

下面对 HTML 文档基本结构包含的各个部分加以说明。

1．doctype 指令

文档类型声明<!doctype html>位于文档的第一行，是文档中的第一个成分，但它并不是 HTML 标签而是一条指令，它告诉浏览器编写网页所使用的 HTML 规范是什么版本。这条指令告诉浏览器编写网页所使用的HTML规范是HTML5。如果希望在HTML网页中使用HTML5文档类型，就必须在网页的第一行添加这条指令，只有这样浏览器才能了解所预期的文档类型。

2．html 元素

html 元素是网页的根元素，它告诉浏览器这是一个 HTML 文档。html 元素的开始标签位于<!doctype>标签之后，它告诉浏览器：由此开始直到 html 元素的结束标签，所有元素都应当作为 HTML 文档来处理。

html 元素有一个局部属性，即 manifest。该属性是 HTML5 中新增的，其值是一个 URL，用于为脱机使用定义缓存信息。html 元素包含的内容由两个元素组成，即 head 元素和 body 元素。

3．head 元素

head 元素用于向浏览器提供有关 HTML 文档的信息，通常称为头部信息。浏览器不会向用户显示这些头部信息。每个 HTML 文档都应该有一个 head 元素。

head 元素通过开始标签<head>和结束标签</head>来创建，在这两个标签之间可以包含 base、link、meta、script、style 及 title 元素。head 元素中通常包含两个元素，即 meta 元素和 title 元素，前者通过 charset 属性指定文档的默认编码（gb2312 表示简体中文），后者则用于指定网页的标题。应记住始终为文档指定标题。当在浏览器中加载 HTML 文档时，文档标题就显示在当前文档所在选项卡的标题栏中。一个文档中不能有一个以上的 title 元素。

head 元素没有任何局部属性。

4．body 元素

body 元素用于定义 HTML 文档的主体，该元素包含文档的所有内容，例如文本、超链接、图形、图像、列表、表格及视频等。在 HTML5 中删除了 body 元素的所有局部属性，这些属性即使在 HTML 4.01 中也是不赞成使用的。

例 1.1　本例中创建了一个简单的网页，用于演示 HTML 文档的基本结构。源代码如下：

```
<!doctype html>
<html>
<head>
<meta charset="gb2312">
```

```
<title>一个简单的网页</title>
</head>

<body>
<h3>开课啦</h3>
<hr>
<p>大家好！从今天开始我们一起来学习 HTML5 网页设计，共同进入 Web 开发新时代。</p>
</body>
</html>
```

在这个例子中，html 元素是整个文档的根元素。html 元素包含两个元素，即 head 元素和 body 元素，两者分别用于定义文档头部和文档主体。文档头部包含两个元素，即 meta 元素和 title 元素，前者指定网页的默认编码为简体中文，后者则设置了网页标题。文档主体包含 3 个元素：h3 元素用于定义一个三级标题；hr 元素标签用于定义内容中的主题变化并显示为一条水平线；p 元素在文档中定义一个段落。标题与段落之间通过一条水平线分隔开。在 Google Chrome 浏览器中打开这个网页，其显示效果如图 1.1 所示。

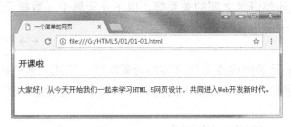

图 1.1　一个简单的网页

1.4.2　元素之间的关系

HTML 文档包含各种元素，这些元素之间具有明确的关系。有一些元素可以包含另一些元素，包含其他元素的元素是被包含元素的父元素，被包含元素则是父元素的子元素。一个元素可以拥有多个子元素，但只能拥有一个父元素。

在例 1.1 中，html 元素包含 head 元素和 body 元素，html 元素是 head 元素和 body 元素的父元素，head 元素和 body 元素都是 html 元素的子元素。head 元素包含 meta 元素和 title 元素，head 元素是 meta 元素和 title 元素的父元素，meta 元素和 title 元素都是 head 元素的子元素。body 元素包含 h3 元素、hr 元素和 p 元素，body 元素是 h3 元素、hr 元素和 p 元素的父元素，h3 元素、hr 元素和 p 元素都是 body 元素的子元素。

html 元素包含 body 元素，而后者又包含着 h3 元素、hr 元素和 p 元素。body 元素、h3 元素、hr 元素和 p 元素都是 html 元素的后代元素，但是这些后代元素中只有 body 元素才是 html 元素的子元素。子元素是关系最近的后代元素。

具有同一个父元素的几个元素互为兄弟元素。在例 1.1 中，head 元素和 body 元素就是兄弟元素，因为它们同是 html 元素的子元素。h3 元素、hr 元素和 p 元素也是兄弟元素，因为它们同是 body 元素的子元素。

1.4.3　元素分类

在 HTML5 中，所有元素主要分为 7 类：元数据元素、流式元素、章节元素、标题元素、短语元素、嵌入元素及交互元素。这些分类集合互相之间也存在一定的交集，即一个元素可以同时属于多个分类，其交集关系如图 1.2 所示。

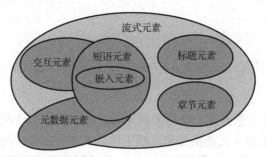

图 1.2　元素交集关系

1．元数据元素

元数据元素是指那些定义文档元数据信息的元素，其作用是影响文档中其他节点的展现与行为、定义文档与其他外部资源之间的关系等。以下元素属于元数据元素：base、link、meta、noscript、script、style、template、title。

2．流式元素

所有可以放在 body 元素内构成文档内容的元素均属于流式元素。因此，除了 base、link、meta、style、title 等只能放在 head 元素内的元素外，其余所有元素均属于流式元素。

3．章节元素

章节元素是指用于定义页面结构的元素，包括 article、aside、nav 及 section。

4．标题元素

标题元素包括 h1、h2、h3、h4、h5 和 h6。

5．短语元素

所有可以放在 p 元素内构成段落内容的元素均属于短语元素。因此，所有短语元素均属于流式元素，但并非所有流式元素都是短语元素。一个短语元素内部一般只能包含其他短语元素。

6．嵌入元素

所有用于在网页中嵌入外部资源的元素均属于嵌入元素，包括 audio、video、img、canvas、svg、iframe、embed、object 及 math。

7．交互元素

所有与用户交互有关的元素均属于交互元素，包括 a、input、textarea 及 select 等。

根据上述元素分类，HTML5 标准定义了任何元素的内容模型，即对于一个元素而言使用哪种子元素才合法。例如，p 元素的内容模型为短语元素，该元素只接受短语元素为子元素，而不接受非短语元素（如 div）。

1.5　使用元数据元素

如前所述，HTML 文档分为头部和主体两部分。文档头部用 head 元素来定义，通过在 head 元素中放置元数据元素可以提供关于 HTML 文档的信息。虽然元数据元素本身并不是 HTML 文档的内容，但提供了关于该文档的信息。

1.5.1 设置文档标题

使用 title 元素可以设置 HTML 文档的标题。这个元素的内容通常显示在浏览器窗口顶部的标题栏或标签页的标签上。

title 元素为元数据元素，它允许具有的父元素是 head。title 元素没有任何局部属性。该元素的内容应是文档标题或对文档内容的简要说明。title 标签用法是在开始标签和结束标签之间包含文字内容。

每个 HTML 文档都应该有且只有一个 title 元素，在其开始标签和结束标签之间包含的文字需要有一定的实际意义，以便让用户能根据标题文字来区分各个浏览器窗口或浏览器的各个标签页，并且知道哪个显示的才是所浏览的网页或所使用的 Web 应用系统。

由于标题文字显示在浏览器标题栏或标签页的标签上，因此不能对标题文字设置格式（例如字体、字号和颜色等），但可以通过 JavaScript 脚本改变标题文字的内容，例如通过动态修改标题文字在标题栏显示一个数字时钟。

1.5.2 用元数据说明文档

在 HTML 文档中，可以用 meta 元素来定义文档的各种元数据。meta 元素有多种不同用法，而且一个 HTML 文档可以包含多个 meta 元素。

meta 元素属于元数据元素，它允许具有的父元素是 head。meta 元素有以下局部属性：name、content、charset 和 http-equiv，其中 charset 属性是 HTML5 中新增的。

meta 元素为虚元素形式，因此它不能包含任何内容。

meta 元素有多种用途，但每个 meta 元素只能用于一种用途。根据需要，可以在 head 元素中添加多个 meta 元素。

1．声明字符编码

meta 元素的另一种用途是声明 HTML 文档内容所用的字符编码。

在例 1.1 中通过 meta 元素将网页的字符编码指定为简体中文，源代码如下：

```
<meta charset="gb2312">
```

如果要在同一网页上显示简体中文、繁体中文以及其他语言（如英文、俄文、日文及韩文等），则应将字符编码设置为 utf-8，源代码如下：

```
<meta charset="utf-8">
```

注意：当使用 Windows 自带的记事本程序编写网页时，如果将网页的字符编码设置为 utf-8，在保存文件时就必须将编码方式设置为 utf-8，而不是使用默认的 ANSI 编码方式，否则在浏览器中打开网页时就可能会出现乱码现象。

2．指定名/值元数据对

meta 元素的一个用途是以"名/值"形式定义元数据，为此需要用到 name 和 content 属性。name 属性提供了名称/值对中的名称，表示元数据的类型，用于将 content 属性关联到一个名称；content 属性提供了名称/值对中的值，该值可以是任何有效的字符串。content 属性始终要和 name 属性或 http-equiv 属性一起使用。

meta 元素可以使用的几种预定义元数据类型（即 name 属性的值）如下。

（1）author：表示当前页面的作者。

（2）description：给出当前页面的说明。

（3）keywords：一组以逗号分开的关键字，用来描述页面的内容。

（4）generator：指定用来生成 HTML 的编辑器软件的名称。

（5）robots：用来告诉搜索引擎哪些页面需要索引，哪些页面不需要索引；相应的 content 属性值有 all、none、index、follow、noindex、noarchive、nofollow。

下面给出指定名/值元数据对的一些例子。

指定页面的作者：

```
<meta name="author" content="张三, zhangsan@msn.com">
```

定义针对搜索引擎的关键词：

```
<meta name="keywords" content="HTML5, CSS 3, JavaScript">
```

定义对页面的描述：

```
<meta name="description" content="网页设计与制作教程。" />
```

3．模拟 HTTP 标头字段

服务器与浏览器之间传输 HTML 数据时一般使用 HTTP 协议。服务器的每个响应都包含一组向浏览器说明其内容的 HTTP 标头字段。使用 meta 元素的属性可以改写部分 HTTP 标头字段的值，指示浏览器按照需要显示网页内容。此时应使用 meta 元素的 http-equiv 属性指定标头字段的名称，同时使用 content 属性设置标头字段的值。

下面介绍使用 meta 元素改写 HTTP 标头字段值的几个例子。

（1）expires：设定网页的到期时间，此时必须使用 GMT 时间格式。一旦网页过期，必须到服务器上重新传输。例如：

```
<meta http-equiv="expires" content="Sat, 17 Sep 2016 22:33:00 GMT">
```

（2）pragma：设置网页的 cache 模式，可禁止浏览器从本地缓存中调阅页面内容，设定后一旦离开网页就无法从 cache 中再调出，此时访问者将无法脱机浏览。代码如下：

```
<meta http-equiv="pragma" content="no-cache">
```

（3）refresh：设置自动刷新或转向新的页面。例如：

```
<meta http-equiv="refresh" content="6; URL=http://www.phei.com.cn">
```

其中的数字 6 指定当前页面停留 6 秒钟，然后自动转到新的 URL 网址。如果未指定 URL 参数，则当前页面每隔 6 秒钟就会自动刷新一次。

例 1.2　本例用于演示如何使用 meta 元素定义元数据。源代码如下：

```
<!doctype html>
<html>
<head>
<meta charset="gb2312">
<meta name="author" content="ZHAO Zengmin">
<meta name="keywords" content="HTML5, CSS 3, JavaScript">
<meta http-equiv="refresh" content="6; url=http://www.phei.com.cn">
<title>使用 meta 元素定义元数据</title>
</head>

<body>
```

```
<h3>meta 元素应用示例</h3>
<hr>
<p>欢迎您访问本网站！6 秒钟后将进入电子工业出版社官方网站。</p>
</body>
</html>
```

在本例中，head 元素包含 4 个 meta 元素，它们的作用分别是：将网页的字符编码设置为简体中文；设置网页的作者；设置网页的关键字；改写 HTTP 标头字段 refresh 的值，使得当前页面显示 6 秒钟之后自动转到电子工业出版社官方网站，如图 1.3 和图 1.4 所示。

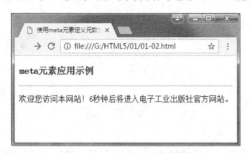

图 1.3 在浏览器中打开页面

图 1.4 6 秒钟后自动跳转到指定页面

1.5.3 定义内嵌 CSS 样式表

为了规定在浏览器中如何呈现 HTML 文档，使用 style 元素可以为文档定义内嵌的 CSS 样式表信息。style 元素属于元数据元素，可将其放置在任何可包含元数据元素的元素中，包括 head、div、noscript、section、article、aside、type、media 及 scoped，不过通常是将其放在网页的 head 部分。

style 元素使用开始标签和结束标签来定义，在其开始标签中可用 type 属性规定样式表的 MIME 类型，该属性唯一可能的值是 "text/css"。开始标签与结束标签之间的内容是 CSS 样式表，这个样式表由一些 CSS 样式规则组成。每个 CSS 样式规则均以 CSS 选择器开头，后面跟的是 CSS 声明，CSS 声明包含在一对花括号之间。

例如，下面的源代码使用 style 元素定义了一个 CSS 样式表，其中仅包含一个 CSS 样式规则，这个规则中的 CSS 选择器是 p 标签，即指示浏览器将样式规则应用到文档中的所有 p 元素上；在 CSS 声明中将段落中的文本字体设置为微软雅黑。

```
<style type="text/css">
p {
    font-family: "微软雅黑"
}
</style>
```

CSS 声明对一些 CSS 属性的值进行设置，属性名与属性值之间用冒号分开。如果要设置多个属性的值，不同的属性设置之间可用分号隔开。

除了 type 属性之外，style 元素还有以下两个局部属性。

media：为 CSS 样式表规定不同类型的目标媒介，其取值可以是 screen、tty、tv、projection、handheld、print、braille、aural、all。

scoped：这是 HTML5 中新增的属性，是一个布尔属性。如果使用该属性，则所定义的样式仅仅应用到 style 元素的父元素及其子元素。

例 1.3　本例用于演示如何使用 style 元素在网页中定义内嵌的 CSS 样式表。源代码如下：

```
<!doctype html>
<html>
<head>
<meta charset="gb2312">
<title>定义内嵌 CSS 样式表</title>
<style type="text/css">
h3, p {
    font-family: 微软雅黑
}
p {
    background-color: gray;
    color: white
}
</style>
</head>

<body>
<h3>什么是 CSS</h3>
<hr>
<p>CSS 是英文 Cascading Style Sheets 的缩写，中文含义是层叠样式表。CSS 是用于控制或增加网页外观样式的一种标记语言。</p>
</body>
</html>
```

在上述源代码中，使用 style 标签在文档的 head 部分定义了一个 CSS 样式表。这个样式表包含以下两个 CSS 样式规则：第一个规则的 CSS 选择器是 h3 和 p 标签（两者之间用逗号分隔开），用于选择文档中的所有 h3 和 p 元素，并通过花括号的 CSS 声明将三级标题和段落中的文本字体设置为微软雅黑；第二个规则的 CSS 选择器是 p 标签，用于选择文档中的所有 p 元素，并通过 CSS 声明将段落的背景颜色设置为灰色，将段落中的文本设置为白色。在浏览器中打开这个网页，显示效果如图 1.5 所示。

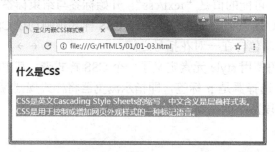

图 1.5　定义内嵌的 CSS 样式表

1.5.4　链接外部 CSS 样式表

使用 style 标签在网页中定义的内嵌 CSS 样式表只能用在当前网页中。如果希望将同一个 CSS 样式表应用于多个网页中，则需要将所定义的 CSS 样式规则保存到独立于网页的文件中，这样的文件称为外部样式表文件，其文件扩展名为.css。

在外部样式表文件中定义 CSS 规则时，不再需要使用<style>标签。

为了在 HTML 文档中引用外部样式表中的 CSS 样式规则，可以使用<link>标签定义当前文档与外部样式表文件之间的关系。link 元素是一个空元素，它仅包含一些属性。这个元素只能存在于文档中的 head 部分，不过它可以出现任意次。

link 元素具有以下局部属性。

href：指定目标文档或资源的 URL 地址。

hreflang：定义目标 URL 的基准语言。

media：规定文档将显示在什么设备上。

rel：定义当前文档与目标文档之间的关系。当链接外部 CSS 样式表时该属性的值应设置为"stylesheet"。

type：规定目标 URL 的 MIME 类型，链接外部 CSS 样式表时该属性的值应为"text/css"。

例 1.4　本例说明如何创建和引用外部 CSS 样式表文件。

外部 CSS 样式表文件 mystyle.css 的内容如下：

```
h3, p {
    font-family: 微软雅黑;
}

p {
    border-width: 1px;
    border-style: solid;
    border-color: red;
}
```

HTML 网页的源代码如下：

```
<!doctype html>
<html>
<head>
<meta charset="gb2312">
<title>链接外部 CSS 样式表</title>
<link rel="stylesheet" href="mystyle.css" type="text/css">
</head>

<body>
<h3>什么是 CSS</h3>
<hr>
<p>CSS 是英文 Cascading Style Sheets 的缩写，中文含义是层叠样式表。CSS 是用于控制或增加网页外观样式的一种标记语言。</p>
</body>
</html>
```

在这个例子中，创建了一个 CSS 样式表文件和一个 HTML 网页，这两个文件位于相同的文件夹中。

在 CSS 样式表文件中定义了两条 CSS 样式规则。第一条 CSS 规则将 h3 和 p 元素的字体设置为微软雅黑；第二个 CSS 规则是对 p 元素设置了以下边框属性：border-width 属性指定边框宽度为 1 像素，border-style 属性指定边框样式为实线，border-color 属性指定边框颜色为红色。

在浏览器中打开上述网页，显示效果如图 1.6 所示。

图 1.6　链接外部 CSS 样式表文件

1.6 使用脚本元素

除了 HTML 元素和 CSS 样式之外，在 HTML 网页中还可以使用 JavaScript 语言编写脚本代码，以实现仅用 HTML 和 CSS 所不能完成的功能。在 HTML5 中，与脚本相关的元素有两个：一个是 script 元素，用于定义脚本并控制其执行过程；另一个是 noscript 元素，用于规定在浏览器不支持脚本或禁用了脚本的情况下的处理办法。

1.6.1 在文档中添加脚本

在 HTML 文档中定义脚本有两种方法可供选择：一种方法是定义内嵌脚本，此时脚本是 HTML 文档的一部分；另一种方法是定义外部脚本，此时脚本包含在另一文件（文件扩展名为.js）中，通过一个 URL 引用。

在 HTML 文档中，可以使用 script 元素来定义一段脚本，脚本内容可以使用 JavaScript 或 VBScript 语言来编写。

script 元素具有下列局部属性。

async：定义脚本是否异步执行，它是 HTML5 中新增的一个属性。

type：指示脚本的 MIME 类型，如果使用 JavaScript 语言编写脚本，可将该属性的值设置为“text/javascript”；如果使用 VBScript 语言编写脚本，则应将该属性设置为“text/vbscript”。

defer：指示脚本不会生成任何的文档内容，浏览器可以继续解析并绘制页面。

src：指定包含脚本的文件的 URL，这样就可以引用某个包含脚本的文件，而不是直接把脚本插入 HTML 文档中。

例 1.5 本例说明如何在 HTML 网页中编写一段内嵌的 JavaScript 脚本。源代码如下：

```
<!doctype html>
<html>
<head>
<meta charset="gb2312">
<title>编写内嵌脚本</title>
</head>

<body>
<script type="text/javascript">
var now=new Date();
var hour=now.getHours();

if (hour<12) {
   document.writeln("上午好！");
} else {
   document.writeln("下午好！");
}
</script>
</body>
</html>
```

在本例中，使用 script 元素在网页的 body 部分编写了一段 JavaScript 脚本，其功能是根据当前系统时间的不同显示相应的问候语。

在脚本代码中，首先使用 var 关键字声明变量 now，并用它指向当前计算机的日期和时间；然后使用 var 关键字声明变量 hour，并从日期对象中取出本地时间的小时值。接下来，使用 if

语句对当前时间进行判断，如果当前在 12 点之前，则通过调用 document 对象的 writeln 方法显示问候语 "上午好!"，否则显示 "下午好!"。脚本运行结果如图 1.7 所示。

图 1.7　使用 script 元素编写内嵌脚本

在上述例子中，在 HTML 网页中编写了一段 JavaScript 脚本代码，当打开该网页时就会执行这段脚本代码。如果希望在多个网页中执行这段脚本代码，则应将这个脚本代码保存到一个独立的脚本文件中，这种文件称为外部脚本文件，其文件扩展名为.js。在脚本文件中编写代码时，不再需要使用<script>标签。

创建脚本文件之后，就可以在 HTML 网页中使用<script>标签来导入脚本代码，为此只需要将 src 属性设置为这个脚本文件的 URL 即可。

提示：一旦设置了 script 元素的 src 属性，则不允许在开始标签<script>与结束标签</script>之间放置任何脚本代码。

例 1.6　本例说明如何在 HTML 网页中导入外部脚本文件。

编写 JavaScript 脚本文件 myscript.js，源代码如下：

```javascript
var now=new Date();
var hour=now.getHours();

if (hour<12) {
    document.writeln("上午好！ ");
} else {
    document.writeln("下午好！ ");
}
```

编写 HTML 网页，源代码如下：

```html
<!doctype html>
<html>
<head>
<meta charset="gb2312">
<title>导入外部脚本</title>
</head>

<body>
<script type="text/javascript" src="myscript.js"></script>
</body>
</html>
```

这个例子的运行结果与例 1.5 相同，这里不再赘述。

1.6.2　定义脚本未执行时的内容

目前 JavaScript 语言已经得到了多数主流浏览器的广泛支持，但是仍然有一些专门用途的浏览器不支持它。在某些情况下，就算浏览器支持 JavaScript，用户也可能根据需要禁用它，许多公司都有禁止员工启用 JavaScript 的规定。使用 noscript 元素可以用来应对这种情况，其办法是显示不需要 JavaScript 功能的内容，或者告诉用户需要启用 JavaScript 才能使用此网站或页面。

例 1.7　本例说明如何使用 noscript 元素定义脚本未执行时的内容。源代码如下：

```
<!doctype html>
<html>
<head>
<meta charset="gb2312">
<title>定义脚本未执行时的内容</title>
</head>

<body>
<script defer src="myscript.js"></script>
<noscript>
<h3>需要启用 JavaScript</h3>
<hr>
<p>您的浏览器不支持或禁用了 JavaScript。</p>
</noscript>
</body>
</html>
```

在 IE 浏览器中打开该页面，显示结果如图 1.8 所示。

图 1.8　使用 noscript 元素显示脚本未执行时的内容

 习题 1

一、选择题

1. 对一个 HTML 元素可以同时应用多个属性，这些属性之间用（　　）分隔。

A. 制表符　　　　　　　B. 逗号　　　　　　　C. 空格　　　　　　　D. 分号

2. 对于布尔属性，以下用法中错误的是（　　）。

A. 将属性名添加到开始标签中　　　　　B. 将其值设置为空字符串

C. 将其值设置为属性名字符串　　　　　D. 将属性名添加到结束标签中

3. 要应用 CSS 样式表中的类，需要设置元素的（　　）属性。

A. accesskey　　　　　B. class　　　　　C. contenteditable　　　　　D. contextmenu

4. 要规定元素内嵌样式，需要设置元素的（　　）属性。

A. id　　　　　　　　　B. title　　　　　　　C. style　　　　　　　D. lang

5. 位于 HTML 文档第一行的是（　　）元素。

A. html　　　　　　　　B. doctype　　　　　C. head　　　　　　　D. body

二、判断题

1.（　　）HTML5于2014年10月29日作为W3C推荐标准发布。

2.（　　）h3和a元素都是虚元素。

3.（　　）HTML元素的属性可以用在开始标签、结束标签或单个标签上。

4.（　　）虚元素也可以用空元素结构表示。

5.（　　）在HTML文档中，head元素和body元素就是兄弟元素，它们同是html元素的子元素。

三、简答题

1. HTML5包含哪3项重要技术？它们的作用分别是什么？

2. HTML5具有哪些新特性？

3. 在HTML5中元素分为哪些类型？

4. 如何为HTML文档设置标题？

5. 如何在HTML文档中定义内嵌CSS样式表？

6. 如何在HTML文档中链接外部CSS样式表？

7. 如何在HTML文档中添加JavaScript脚本？

8. 如何在HTML文档中导入外部脚本文件？

 上机操作 1

1. 编写一个网页，用于显示一条欢迎信息。

2. 编写一个网页，用h1元素显示一个标题，用hr元素显示一条水平分隔线，用p元素定义一个段落，要求创建内嵌CSS样式表，用于设置h1和p元素的字体为微软雅黑，p元素的背景为灰色，文字为白色。

3. 编写一个网页，用h1元素显示一个标题，用hr元素显示一条水平分隔线，用p元素定义一个段落，要求链接外部CSS样式表，通过此样式表设置h1和p元素的字体为微软雅黑，p元素的背景为灰色，文字为白色。

第2章

HTML文档编辑

上一章讲述了使用 HTML5 所需要的一些基础知识，通过该章的学习已经可以创建 HTML 文档的基本结构了。在这个基础上，需要进一步在 HTML 文档中添加和组织各种各样的内容，例如文本、表格、图像及表单等。本章将介绍如何对 HTML 文档进行编辑，主要内容包括使用文本元素、组织内容、文档分节、制作表格及嵌入内容等。

2.1 标记文本

文本是 HTML 文档中最基本的内容。创建 HTML 文档结构之后，可以在文档中添加文本并引入各种文本元素。

2.1.1 使用基本文本元素

文本是 HTML 文档中最基本的内容。在 HTML5 中，使用一些基本文本元素可以定义具有某种特殊含义的文本，例如表示强调的或重要的内容，要在文档中插入或删除的内容等。

1. 呈现粗体文本

b 元素用来标记一段文字，使其区别于正常文本，但并不表示特别的强调或重要性。strong 元素用来表示一段重要的文本。不过，使用 b 或 strong 元素标记的文本均以粗体形式呈现出来。这两个元素均为短语元素，都没有局部属性，使用时将要修饰的文本内容放置在开始标签与结束标签之间即可。

例 2.1 本例说明如何使用 b 和 strong 元素标记文字内容。源代码如下：

```
<!doctype html>
<html>
<head>
<meta charset="gb2312">
<title>b 和 strong 元素应用示例</title>
</head>

<body>
HTML5 的目标是：编写<b>更简洁的</b>HTML 代码，创建<b>更简单的</b>Web 程序。<strong>注意：</strong>HTML 4.01 中的部分元素在 HTML5 中已经被删除。
</body>
</html>
```

在 Chrome 浏览器中打开网页，显示效果如图 2.1 所示。

图 2.1　b 和 strong 元素应用示例

2．呈现斜体文本

i 元素表示一段与周围内容有区别的文本，例如外文词语、科技术语等。em 元素表示对一段文字进行强调。不过，使用 i 或 em 元素标记的文本均以斜体形式呈现出来。这两个元素均为短语元素，都没有局部属性，使用时将要修饰的文本内容放置在开始标签与结束标签之间即可。

例 2.2　本例说明如何使用 i 和 em 元素标记文本内容。源代码如下：

```
<!doctype html>
<html>
<head>
<meta charset="gb2312">
<title>i 和 em 元素应用示例</title>
</head>

<body>
在英文中，<i>italic</i>表示斜体，<em>emphasized </em>则表示强调。
</body>
</html>
```

上述页面的显示效果如图 2.2 所示。

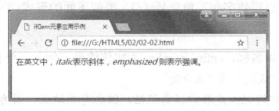

图 2.2　i 和 em 元素应用示例

3．表示插入和删除文本

对 HTML 文档进行修订时，可以使用 ins 元素定义在文档中插入的文本并添加下画线，而使用 del 元素定义从文档中删除的文本并添加删除线。这两个元素可以包含在短语内容或流内容的元素中。使用时将要插入或删除的内容包含在开始标签和结束标签之间即可。

ins 和 del 元素都具有以下两个局部属性。

cite：其值是指向另一个文档的 URL，该文档解释插入或删除文本的原因。

datetime：用于定义文本插入或删除文本的日期和时间，其格式是 YYYYMMDD。

注意： 在 HTML 4.01 中，u 元素用于表示带下画线的文字，s 元素用于表示带删除线的文字。HTML5 不再支持这两个元素。

例 2.3　本例说明如何用 ins 和 del 元素表示插入和删除的文本。源代码如下：

```
<!doctype html>
<html>
```

```
<head>
<meta charset="gb2312">
<title>表示插入和删除文本</title>
</head>

<body>
用<b>ins</b>元素表示<ins>插入的文本</ins>，用<b>del</b>元素表示<del>删除的文本</del>。
</body>
</html>
```

上述网页的显示效果如图 2.3 所示。

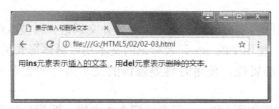

图 2.3　用 ins 和 del 元素表示插入和删除文本

2.1.2　使用 HTML 实体

在 HTML 中，某些字符是预留的。例如，由于小于号（<）和大于号（>）在 HTML 中是作为标签的定界符来使用的，如果在 HTML 文档中使用小于号（<）和大于号（>），则浏览器会误认为它们是标签。要正确地显示此类预留字符，必须在 HTML 源代码中使用字符实体。

字符实体以符号&开头，后跟实体名称和半角分号（;），类似下面的形式：

&entity_name;

或者以符号&和#开头，后跟数字和半角分号（;），类似下面的形式：

&#entity_number;

其中，entity_name 为实体名称，entity_number 为实体编号。例如，要在 HTML 文档中显示小于号（<），就必须写成"<"或"<"。

提示： 使用实体名称的优点是名称容易记忆，但也有其缺点，因为浏览器也许并不支持所有实体名称，但对实体数字的支持却很好。

除了小于号（<）和大于号（>），HTML 中比较常用的字符实体是不间断空格（non-breaking space）。浏览器总是会截短 HTML 页面中的空格。如果在文档中输入 10 个空格，在显示该页面之前，浏览器会删除它们中的 9 个。如果要在页面中增加空格的数量，则需要使用" "字符实体。

常用的 HTML 实体名称和等效的数字编号在表 2.1 中列出。

表 2.1　常用 HTML 实体符号

字　符	说　明	实体名称	实体编号	字　符	说　明	实体名称	实体编号
（空格）	不间断空格			¥	人民币元符号	&yen;	&#165;
¢	美分符号	&cent;	&#162;	§	节符号	&sect;	&#167;
£	英磅符号	&pound;	&#163;	©	版权符号	&copy;	&#169;
®	注册符号	&reg;	&#174;	&	与符号	&amp;	&#38;

续表

字　符	说　明	实体名称	实体编号	字　符	说　明	实体名称	实体编号
°	度	&deg;	&#176;	<	小于符号	&lt;	&#60;
²	平方符号	&sup2;	&#178;	>	大于符号	&gt;	&#62;
³	立方符号	&sup3;	&#179;	€	欧元符号	&euro;	&#8364;

如果希望在 HTML 文档中输入一些特殊的中文符号，例如五角星☆★、方块□■、三角形△▲、菱形◇◆、圆形○●等，则可以使用中文输入法提供的软键盘来输入。如果希望在每个段落之前预留两个空格，也可以切换到全角模式下按两次空格键。

例 2.4　本例说明如何使用实体来表示不容易用键盘输入的符号。源代码如下：

```
<!doctype html>
<html>
<head>
<meta charset="gb2312">
<title>HTML 实体</title>
</head>

<body>
有一个角为 90&deg;的三角形称为直角三角形，其两直角边的平方和等于斜边的平方，即
<i>a</i>&sup2;+<i>b</i>&sup2;=<i>c</i>&sup2;。
</body>
</html>
```

上述页面的显示效果如图 2.4 所示。

图 2.4　HTML 实体应用示例

2.1.3　文本换行

在 HTML 中，可以使用 br 或 wbr 元素来控制文本内容换行。这两个元素都是空元素，换言之，它们都没有结束标签。因此，
</br>或<wbr></wbr>的写法是错误的。

br 元素用于强制换行，也就是将后续内容转移到新行上。不要试图用 br 元素创建段落，那是其他元素的任务。

wbr 是 HTML5 中新增的元素，用于安全换行，即对恰当的换行位置提出建议，也就是表示长度超过当前浏览器窗口宽度的内容适合在此处换行，至于是否换行则由浏览器决定。如果需要换行，则从新行开始显示后续内容。

提示：在英文中 wbr 表示 word break opportunity，意思是单词换行时机。wbr 元素规定在文本中的什么位置适合添加换行符。如果某个单词太长，或者担心浏览器会在错误的位置换行，则可以使用 wbr 元素。

例 2.5　本例说明如何使用 br 和 wbr 元素控制文本内容换行。源代码如下：

```
<!doctype html>
```

```
<html>
<head>
<meta charset="gb2312">
<title>文本内容换行</title>
</head>

<body>
<b>AJAX</b>即<i>Asynchronous Javascript And XML</i>，是指一种创建交互式网页应用的网页开发技
术。<br>使用 AJAX 可以使网页实现异步更新，即在不重新加载整个网页的情况下对部分内容进行更新。学习
AJAX，必须熟悉<wbr>Http<wbr>Request 对象。
</body>
</html>
```

在本例中分别使用了 br 元素和 wbr 元素，前者用于强制换行，后者则用于安全换行。不论当前浏览器窗口宽度是多大，br 元素都会使位于其后的内容从一个新行开始显示。wbr 元素只是设置了一个单词换行时机，当浏览器窗口宽度不足以显示位于其后的单词 HttpRequest 时，将导致换行（如图 2.5 所示），若窗口宽度能够容纳这个单词则不会换行（如图 2.6 所示）。

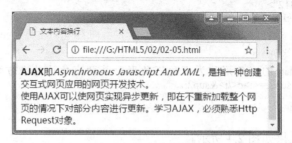

图 2.5　wbr 导致换行

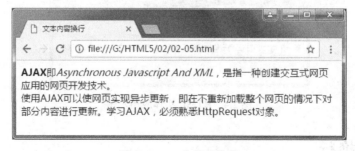

图 2.6　wbr 未导致换行

2.1.4 表示上标和下标

在 HTML 中，可以使用 sup 元素定义上标文本，使用 sub 元素定义下标文本；由此定义的上标或下标文本均以小号字体表示。要定义上标或下标文本，将文本内容放置在 sup 或 sub 元素的开始标签与结束标签之间即可。

例 2.6　本例说明如何在 HTML 文档中定义上标和下标。源代码如下：

```
<!doctype html>
<html>
<head>
<meta charset="gb2312">
<title>定义上标和下标</title>
</head>

<body>
```

```
在任何进制中，一个数的每个位置上都有一个权值。例如：<br>
(456)<sub>10</sub>=4&times;10<sup>2</sup>+5&times;10<sup>1</sup>+6&times;10<sup>0</sup>.
</body>
</html>
```

在本例中使用 sup 元素定义了上标，使用 sub 元素定义了下标，并且用实体名称 &times 表示乘号。该网页的显示效果如图 2.7 所示。

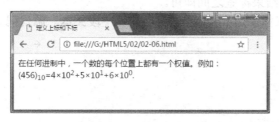

图 2.7　用 sup 和 sub 元素定义上标和下标

2.1.5　设置小号字体

small 元素将标记的内容呈现为小型文本。免责声明、注意事项、法律限制或版权声明等通常都是小型文本。小型文本有时也用于新闻来源、许可要求。small 元素是短语元素，它没有局部属性。

注意：对于由 em 元素强调过的或由 strong 元素标记为重要的文本，small 元素不会取消对文本的强调，也不会降低这些文本的重要性。

例 2.7　本例说明如何使用 small 元素添加小号字体内容。源代码如下：

```
<!doctype html>
<html>
<head>
<meta charset="gb2312">
<title>设置小号字体</title>
</head>

<body>
<p>欢迎您访问本网站！</p>
<hr>
<p><small>ABC 公司  版权所有</small></p>
</body>
</html>
```

在本例中使用 p 元素定义了两个段落，第一个段落中的文本用正常大小字体呈现，第二个段落的文本用小号字体呈现，这两个段落之间通过一条水平线（用 hr 元素制作）来分隔。上述网页的显示效果如图 2.8 所示。

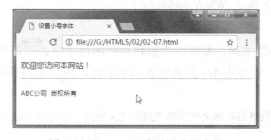

图 2.8　用 small 元素设置小号字体

2.1.6 突出显示文本

在 HTML5 中新增了一个 mark 元素，用来突出显示一段文本，其显示样式为黄底黑字。mark 元素属于短语元素，它没有局部属性。如果希望突出显示一段文本，将这段文本放置在 mark 元素的开始标签与结束标签之间即可。

例 2.8 本例演示如何使用 mark 元素突出显示一段文本。源代码如下：

```
<!doctype html>
<html>
<head>
<meta charset="gb2312">
<title>突出显示文本</title>
</head>

<body>
<mark>莲花的美</mark>是那早晨的雾珠凝成的水珠儿，一颗颗晶莹剔透滴溜溜的滚动着，像一颗明亮的珍珠，散发着幽幽的芬芳。<mark>荷花的美</mark>是这酷暑的盛夏的调色板。各种千姿百态的风情美不胜言，美丽的透着调皮的粉色嫩尖，犹如那蘸了油彩的笔尖散发着神韵，芳容含羞。<mark>碧绿色的荷叶</mark>映衬着荷花的高贵和圣洁，还有那花瓣掉落展现出的金黄色花蕊。
</body>
</html>
```

上述网页的显示效果如图 2.9 所示。

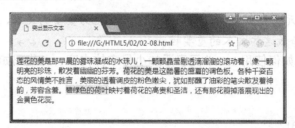

图 2.9　用 mark 元素突出显示文本

2.1.7 缩写、术语和引用

下面介绍的元素用于定义缩写、术语和引用，它们在科技文章中经常被用到。

1．定义缩写

abbr 元素用来表示缩写，该元素的 title 属性表示这个缩写词所代表的完整词语。由于 abbr 元素没有习惯样式，因此它包含的内容看上去并没有什么特别之处。

例如：

```
<abbr title="World-Wide Web">WWW</abbr>
```

2．定义术语

dfn 元素表示定义中的术语，即在一个解释词语的句子中表示该词或短语。用 dnf 元素定义的术语呈现为斜体字。若要为 dnf 元素设置 title 属性，则必须将其设置为所定义的术语。

例如：

```
<dfn>互联网</dfn>是网络与网络之间所串连成的庞大网络，这些网络以一组通用的协议相连，形成逻辑上的单一巨大国际网络。
```

3．定义短引用

q 元素用于定义一个短的引用，浏览器经常会在该引用两边插入双引号。使用 q 元素定义短引用时，可以使用其 cite 属性定义该引用的来源。

提示：若要定义一个长的引用，可使用 blockquote 元素，请参阅 2.2.4 节。

例 2.9　本例演示如何使用 q 元素定义短引用。源代码如下：

```
<!doctype html>
<html>
<head>
<meta charset="gb2312">
<title>定义短引用</title>
</head>

<body>
何谓英雄？ <q>聪明秀出为之英，胆略过人为之雄。</q><br>
</body>
</html>
```

上述网页的显示效果如图 2.10 所示。

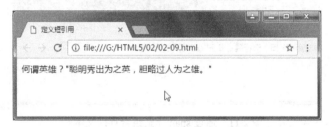

图 2.10　用 q 元素定义短引用

4．引用作品的标题

cite 元素用于定义其他作品（例如书籍、歌曲、电影、电视节目、绘画、雕塑等）的标题，该标题呈现为斜体字。

注意：人名不属于著作的标题，不能用 cite 元素引用人名。

在下面的例子中，用 cite 元素定义了书籍的标题：

中国科学家钱学森在<cite>《工程控制论》</cite>中首创将控制论推广应用到工程技术领域。本书曾荣获中国科学院 1956 年一等科学奖，是控制论的一部经典著作。

2.1.8　行内文本分组

span 元素用于对文档中的行内元素进行组合。span 元素本身并没有任何含义，也没有任何特别的外观样式，但使用 span 元素可以将一些全局属性（如 id、class 或 style）应用到一段内容上，以便对行内元素进行分组，并通过 CSS 样式对它们进行格式化。

例 2.10　本例说明如何使用 span 元素对行内文本进行组合并实现格式化。源代码如下：

```
<!doctype html>
<html>
<head>
<meta charset="gb2312">
<title>行内文本分组</title>
<style>
#sp1{border: thin red solid}
```

```
#sp2{background-color: grey; color: white}
</style>
</head>

<body>
<cite>《周易》</cite>曰：天行健，君子以<span id="sp1">自强不息</span>；地势坤，君子以<span id="sp2">
厚德载物</span>。
</body>
</html>
```

在本例中，在 head 部分定义了一个 CSS 样式表，其中包含两条样式规则：第一条规则通过选择器#sp1 来选择文档中全局属性 id 为 sp1 的元素，为该元素添加红色边框；第二条规则通过选择器#sp2 来选择文档中全局属性 id 为 sp2 的元素，为该元素设置背景颜色为灰色，文字颜色为白色。在 body 部分，将"自强不息"组合到 id 为 sp1 的 span 元素中，所以这 4 个字被红色边框包围；将"厚德载物"组合到 id 为 sp2 的 span 元素中，因此这 4 个字呈现为灰底白字。

上述网页的显示效果如图 2.11 所示。

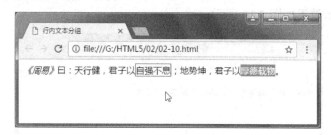

图 2.11　通过 span 元素组合行内文本

2.1.9　表示输入和输出

下面介绍的 4 个元素用于表示计算机的输入和输出。

code 元素表示计算机代码文本，smap 元素表示程序或计算机系统的输出，kbd 元素表示用户用键盘输入的文本，var 元素在编程语境中表示变量。其中前 3 个元素习惯上均以等宽字体显示，最后一个元素则呈现为斜体字。这些元素都没有局部属性，使用时将文本内容包含在开始标签与结束标签之间即可。

例 2.11　本例用于演示与计算机输入和输出相关的 4 个元素的应用。源代码如下：

```
<!doctype html>
<html>
<head>
<meta charset="gb2312">
<title>计算机输入输出</title>
</head>

<body>
在代码中定义变量：<var>var msg="hello world";</var><br>
一段计算机代码：<code>document.writeln(msg);</code><br>
计算机输出的结果：<samp>Sample output from a computer program</samp><br>
用键盘输入的文本：<kbd>Keyboard input</kbd>
</body>
</html>
```

上述网页的显示结果如图 2.12 所示。

图 2.12　用 code、kbd 等元素表示计算机输入和输出

2.1.10　表示日期时间

在 HTML5 中新增了一个 time 元素，用于定义日期或时间，或者同时定义日期和时间。

time 元素是短语元素，它具有以下两个局部属性。

datetime：指定日期或时间，如果没有设置该属性，则必须在 time 元素的内容中指定日期或时间。

pubdate：如果存在该属性，则 time 元素表示的是整个 HTML 文档或离该元素最近的 article 元素的发布日期。

例 2.12　本例说明如何使用 time 元素表示日期时间。源代码如下：

```
<!doctype html>
<html>
<head>
<meta charset="gb2312">
<title>表示日期时间</title>
</head>

<body>
我们在每天上午<time>8:00</time>上课。<br>
按照规定，学校将在<time datetime="2017-1-1">元旦</time>放假。
</body>
</html>
```

上述网页的显示结果如图 2.13 所示。

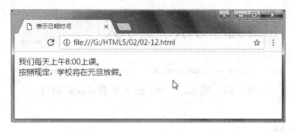

图 2.13　用 time 元素表示日期时间

2.1.11　表示注音符号

在 HTML5 中新增了 ruby、rt 和 rp 元素，这些元素搭配使用，以表示东亚语言（如汉语和日语）的注音符号。

ruby 元素包含的内容由一个或多个需要进行解释或注音的字符和一个提供该信息的 rt 元素组成，还包括可选的 rp 元素，后者用于定义当浏览器不支持 ruby 元素时显示的内容。

提示：支持 ruby 元素的浏览器不会显示 rp 元素的内容。

例 2.13 本例演示如何使用 ruby、rt 和 rp 元素标记汉语拼音。源代码如下：

```
<!doctype html>
<html>
<head>
<meta charset="gb18030">
<title>表示注音</title>
<style>
ruby {font-size: 4em;}
</style>
</head>

<body>
<ruby>䀀<rp>(</rp><rt>liù</rt><rp>)</rp></ruby> 
<ruby>䀁<rp>(</rp><rt>lǎng</rt><rp>)</rp></ruby> 
<ruby>淼<rp>(</rp><rt>màn</rt><rp>)</rp></ruby> 
<ruby>鑫<rp>(</rp><rt>bǎo</rt><rp>)</rp></ruby> 
<ruby>燚<rp>(</rp><rt>yì</rt><rp>)</rp></ruby>
</body>
</html>
```

本例中在 head 部分使用 meta 元素将网页的默认编码字符集设置为 gb18030，这不同于前面例子中使用的 gb2312 字符集。gb2312 字符集是我国的标准简体中文字符集，共收录 6763 个汉字；gb18030 字符集则是我国的标准信息技术中文编码字符集，共收录 70244 个汉字。之所以这样设置，是为了显示一些不常用的汉字。在 head 部分还创建了一个 CSS 样式表，将 ruby 元素的字号设置为 4em。

在 body 部分，使用 buby 元素分别表示了"䀀䀁淼鑫燚"这 5 个汉字的拼音，拼音的内容包含在 rt 元素中。对于不支持 ruby 元素的浏览器，则使用 rp 元素定义了圆括号作为此时要显示的内容。这个网页在 Chrome 浏览器中的显示结果如图 2.14 所示。

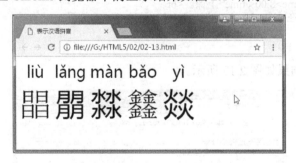

图 2.14 用 ruby、rt、rp 元素表示汉语拼音

2.1.12 创建超链接

超链接是网页上的重要组成部分。超链接是指从一个网页指向一个目标的连接关系，该目标可以是另一个网页，也可以是相同网页上的不同位置，还可以是一个图片、一个电子邮件地址、一个文件，甚至可以是一个应用程序。一些彼此联系的网页通过超链接连接起来才能真正构成一个网站。超链接可以基于文本或图像来创建，当浏览者单击包含超链接的文字或图片时，被链接的目标将根据目标的类型来打开或运行。

在 HTML 中可以使用 a 元素来定义超链接，它用于从一个页面连接到另一个页面，构成了网站导航的基础。a 元素既能包含短语内容也能包含流内容。当 a 元素包含短语内容时它被视为短语元素，当 a 元素包含流内容时它被视为流式元素。在所有浏览器中，链接的默认外观是：未被访问的链接带有下画线而且是蓝色的；已被访问的链接带有下画线而且是紫色的；活动链接带有下画线而且是红色的。当用鼠标指针指向超链接时，光标呈现为指示链接的指针，即手状光标。

要使用 a 元素创建超链接，可以将短语内容或流内容包含在 a 元素的开始标签与结束标签之间并将其 href 属性的值设置为目标文档所在位置。当单击超链接时，就会在浏览器中打开由 a 元素的 href 属性指定的目标文档。

a 元素具有下列局部属性。

href：指定链接的目标 URL。

hreflang：指定目标 URL 的基准语言。

media：指定目标 URL 的媒介类型。默认值为 all。

ping：其值是一个由空格分隔的 URL 列表，单击该链接时这些 URL 会获得通知。

rel：指定当前文档与目标 URL 之间的关系。

target：指定在何处打开目标 URL。

type：指定目标 URL 的 MIME 类型。

提示：MIME 是 Multipurpose Internet Mail Extensions 的缩写，中文含义是多用途互联网邮件扩展类型。MIME 类型用于设置某种扩展名的文件用何种应用程序来打开，当访问该扩展名的文件时浏览器会自动使用相应的应用程序或插件来打开文件。常见的 MIME 类型如下：HTML 文档（.html）为 text/html；文本文件（.txt）为 text/plain；PDF 文档（.pdf）为 application/pdf；Microsoft Word 文件（.doc 或.docx）为 application/msword；PNG 图像（.png）为 image/png；GIF 图形（.gif）为 image/gif；JPEG 图形（.jpeg 或.jpg）为 image/jpeg；Flash 动画文件（.swf）为 application/x-shockwave-flash。

在上述属性中，href 属性是最重要的，其他属性仅在该属性存在时才能使用。在 a 元素的所有属性中，media 和 ping 属性是 HTML5 中新增的。

注意：在 HTML 4.01 中，a 元素既可以是超链接，也可以是锚，这取决于是否设置了 href 属性。在 HTML5 中，a 元素是超链接，若未设置 href 属性，则它仅是超链接的一个占位符。

1. 理解 URL

为了正确使用 a 元素创建超链接，必须理解什么是 URL。所谓 URL 是 Uniform Resource Locator 的缩写，中文含义是统一资源定位符。URL 是对可以从互联网上得到的资源的位置和访问方法的一种简洁表示，是互联网上标准资源的地址。互联网上的每个文件都有一个唯一的 URL，它包含的信息指出文件的位置以及浏览器应该怎么处理它。

URL 包含协议（或称模式）、服务器名称（或 IP 地址）、路径和文件名，语法格式如下：

协议://子域名.域名.顶级域名:端口号/目录/文件名.文件扩展名?参数=值#标志

其中，协议告诉浏览器如何处理将要打开的文件，最常用的协议是超文本传输协议 http，这个协议可以用来访问网络。常用的其他协议如下：https（用安全套接字层传送的超文本传输协议）；ftp（文件传输协议）、mailto（电子邮件地址）、file（本地电脑或网络上分享的文件）。

在文件所在的服务器名称或 IP 地址后面是到达目标文件的路径和文件本身的名称。服务器名称或 IP 地址后面有时还跟一个冒号和一个端口号。路径部分包含等级结构的路径定义，一般来说不同部分之间以斜线（/）分隔。查询部分一般用来传送对服务器上的数据库进行动态询问时所需要的参数。

有时候，URL 以斜杠"/"结尾，而没有给出文件名。在这种情况下，URL 引用路径中最后一个目录中的默认文件（通常对应于网站主页），这个文件通常被命名为 index.html 或 default.html。

例如，电子工业出版社官方网站的网址为 http://www.phei.com.cn/，此 URL 就是以"/"结尾而没有包含文件名。查看某本图书时则会打开相应的页面，其 URL 可能包含多级目录和文件名且包含查询参数，例如 http://www.phei.com.cn/module/goods/wssd_content.jsp?bookid=47745。

URL 分为绝对 URL 和相对 URL。绝对 URL 是目标文件的完整路径，这意味着当前页面所在位置与被引用的实际文件的位置无关。相对 URL 以包含当前页面所在文件夹作为参考点来描述目标文件夹的位置。如果目标文件与当前页面在同一个目录中，则该文件的相对 URL 就是"文件名.扩展名"；如果目标文件在当前目录的子目录中，则其相对 URL 是"子目录名/文件名.扩展名"；如果要引用更高层次目录中的文件，则使用两个句点和一条斜杠（../）。通过组合和重复使用"../"，可以引用当前文件所在硬盘上的任何文件。

一般而言，对于同一服务器上的文件，应该总是使用相对 URL，它们更容易输入，而且在将页面从本地系统转移到服务器上时更方便，只要每个文件的相对位置保持不变，链接就仍然是有效的。

2．创建指向外部的超链接

如果要在 HTML 文档中创建指向外部网站的超链接，可以将 a 元素的 href 属性设置为以"http://"开头的 URL，这样会生成指向位于外部网站服务器上的 HTML 文档或其他文件的超链接。当单击这个超链接时，浏览器就会加载指定的网页或打开某种类型的文件。

例 2.14　本例说明如何使用 a 元素创建指向外部的超链接。源代码如下：

```
<!doctype html>
<html>
<head>
<meta charset="gb2312">
<title>创建指向外部的超链接</title>
</head>

<body>
<a href="http://www.baidu.com/">百度</a>
  <a href="http://www.taobao.com/">淘宝网</a>
  <a href="http://www.people.com.cn/">人民网</a>
  <a href="https://pbank.95559.com.cn/personbank/logon.jsp">登录交通银行个人网银</a>
</body>
</html>
```

在本例中创建了 4 个指向外部的超链接，其中前面 3 个超链接的 URL 均以"http://"开头并以一条斜杠"/"结束，此时目标文件为默认文档，即网站的主页。最后一个超链接则是以"https://"开头，而且所指向的目标文档为交通银行个人网银的登录页面，文件名为 logon.jsp。上述网页的显示效果如图 2.15 所示。

3．在超链接中使用相对 URL

创建超链接时，如果目标文档是位于同一服务器上的文件，则可以使用相对 URL 来设置 a 元素的 href 属性，此时浏览器会将这个超链接视为相对引用。

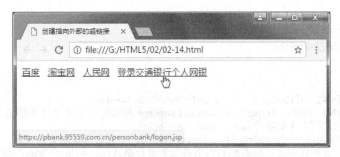

图 2.15　用 a 元素创建指向外部的超链接

例 2.15　本例说明如何使用相对 URL 来设置 a 元素的 href 属性。源代码如下：

```
<!doctype html>
<html>
<head>
<meta charset="gb2312">
<title>相对 URL 应用示例</title>
</head>

<body>
要了解什么是 CSS，请单击<a href="../01/01-04.html">这里</a>。<br>
要了解如何在网页中表示汉语拼音，请单击<a href="02-12.html">这里</a>。
</body>
</html>
```

在本例中分别使用 a 元素创建了两个超链接。在第一个超链接中目标文档也位于同一站点中，其位置上当前目录的上一级目录的 01 子目录，在设置 a 元素的 href 属性时在目标文件名前面添加了"../"。在第二个超链接中，目标文档与当前文档位于同一个目录中，因此直接使用其文件名来设置 href 属性的值即可。上述网页的显示结果如图 2.16 所示。

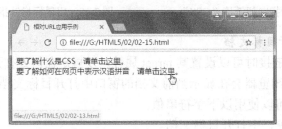

图 2.16　在超链接中使用相对 URL

4．创建内部超链接

使用 a 元素创建超链接时，所链接的目标不仅可以是存在于外部网站服务器上的文件，也可以存在于同一站点的相同或不同目录中的文件，还可以是位于同一个文档的某个 HTML 元素。在最后一种情况下，所创建的链接称为内部链接。

创建内部链接时，应将 a 元素的 href 属性设置为"#<id>"（这种形式与 CSS 中的 id 选择器相同），其中<id>表示要链接的目标元素的 id 属性值。

提示：要创建指向某个元素的内部链接，就必须对该元素设置 id 属性。

例 2.16　本例说明如何使用 a 元素创建指向同一文档中某个目标元素的内部链接。源代码如下：

```
<!doctype html>
<html>
```

```
<head>
<meta charset="gb2312">
<title>创建内部链接</title>
</head>

<body>
<a id="top" href="#h">HTML</a>  |  <a href="#c">CSS</a><hr>
<dfn id="h">HTML</dfn>：HyperText Markup Language 的缩写，中文含义是超文本标记语言。 它通过
标记符号来标记要显示的网页中的各个部分。<br><br><br><br>
<dfn id="c">CSS</dfn>：Cascading Style Sheets 的缩写，中文含义是层叠样式表。CSS 不仅可以静态地
修饰网页，还可以配合各种脚本语言动态地对网页各元素进行格式化。<a href="#top">返回顶部</a>
</body>
</html>
```

在本例中，分别使用 a 元素创建了 3 个内部链接，其中第一个超链接指向 id 为 h 的 dfn 元素，第二个超链接指向 id 为 c 的 dfn 元素，第 3 个超链接指向 id 为 top 的 a 元素。

在浏览器中打开上述网页，并对浏览器窗口大小进行调整，然后单击超链接"CSS"，此时将会跳转到目标元素（id 为"c"的 dfn 元素）所在的位置；若单击超链接"返回顶部"，则重新返回到网页的顶部，即 id 为"top"的 a 元素所在的位置。网页显示效果如图 2.17 和图 2.18 所示。

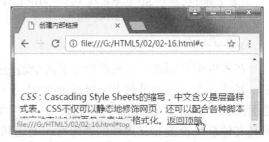

图 2.17　用鼠标指针指向超链接"CSS"　　　　图 2.18　用鼠标指针指向超链接"返回顶部"

5．设置在何处打开目标文档

使用 a 元素创建超链接时可以设置其 target 属性，以规定在何处打开由 href 属性指定的目标文档。默认情况下，浏览器会在显示当前文档的窗口中打开目标文档。

设置 target 属性时可以使用以下字符串值。

_blank：表示在新窗口中打开目标文档。

_self：表示在被单击时的同一框架中打开目标文档，这是默认值。

_parent：表示在父框架中打开目标文档。

_top：表示在窗口主体中打开被链接文档。

注意：由于 HTML5 不再支持 frame（框架）和 frameset（框架集），因此不允许把框架名称设定为目标位置。属性值"_self"、"_parent"及"_top"通常是与 iframe（内联框架）一起使用的。

例 2.17　本例说明如何使用 target 属性设置打开被链接文档的目标位置。源代码如下：

```
<!doctype html>
<html>
<head>
<meta charset="gb2312">
<title>设置打开目标文档的位置</title>
<style>
* { font-family: "微软雅黑"; }
```

```
a:visited { color: blue; }
</style>
</head>

<body>
要在当前标签页中打开"百度",请单击<a href="http://www.baidu.com" target="_self">这里</a>。<br>
要在新的标签页中打开"淘宝网",请单击<a href="http://www.taobao.com" target="_blank">这里</a>。
</body>
</html>
```

在本例中,分别使用 a 元素创建了两个超链接,其中一个超链接的 target 属性为"_self",单击该链接时将在当前标签页中打开百度的首页;另一个超链接的 target 属性为"_blank",单击该链接时将在新的标签页中打开淘宝网的首页。

上述网页的显示效果如图 2.19 所示。

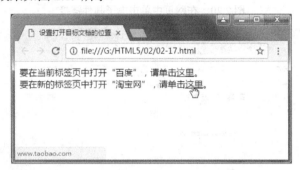

图 2.19　用 target 属性设置打开目标文档的位置

6．创建电子邮件链接

使用 a 元素创建电子邮件链接时,a 元素的 href 属性值应以"mailto:"开头,后跟电子邮件地址。例如:

```
<a href="mailto:admin@server.com">联系我们</a>
```

除了电子邮件地址之外,还可以在 href 属性值中包含邮件主题和邮件内容等。使用 mailto 同时实现多个功能时,第一个功能必须以"?"开头,后面的每个功能均以"&"开头。例如,若要在邮件收件人后面添加邮件主题,可在电子邮件地址后面添加"?subject=主题内容",单词之间的空格应使用"%20"来替换;若要在主题后面添加邮件内容,可在主题内容后面添加"&body=邮件内容"。若要在邮件内容中换行,可在行之间加入"%0d%0a"。

当单击电子邮件链接时,将启动计算机系统中安装的邮件客户端程序。

例 2.18　本例说明如何使用 a 元素创建电子邮件链接。源代码如下:

```
<!doctype html>
<html>
<head>
<meta charset="gb2312">
<title>创建电子邮件链接</title>
<style>
</head>

<body>
在使用本教材的过程中,如有问题可<a href="mailto:hxedu@phei.com.cn?subject=求助&body=尊敬的编
辑老师:您好! %0d%0a 我是一个读者,有一个问题想请教您……">发电子邮件</a>与电子工业出版社联系。
</body>
</html>
```

在本例中使用 a 元素创建了一个电子邮件链接，除了指定收件人外还包含了邮件主题和邮件内容。当单击这个链接时将会启动默认的电子邮件客户端程序，如图 2.20 和图 2.21 所示。

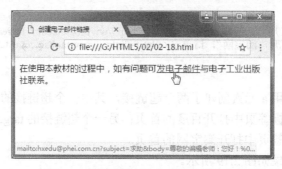

图 2.20　在网页中单击电子邮件链接

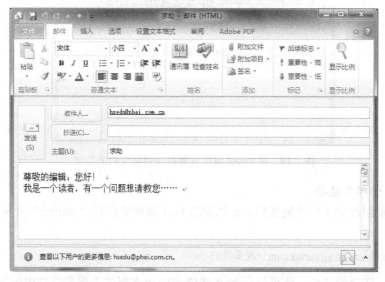

图 2.21　启动电子邮件客户端程序（Outlook）

2.2　组织内容

HTML 文档的内容可以通过多种方式组织在一起，从简单的段落到复杂的列表。下面就来介绍用于组织文档内容的 HTML 元素。

2.2.1　创建段落

在 HTML 文档中段落可以使用 p 元素来定义，浏览器会在段落前后添加一个空行，以分隔不同的段落。p 元素属于流式元素，可以包含短语内容。p 元素没有任何局部属性。HTML5中不再支持 align 属性。

例 2.19　本例说明如何使用 p 元素来定义段落。源代码如下：

```
<!doctype html>
<html>
<head>
<meta charset="gb2312">
```

```
<title>用 p 元素定义段落</title>
</head>

<body>
<p>这是用 p 元素定义的一个段落。</p>
<p>在 HTML 源代码排版中,
连续输入的多个空格     将被浏览器合并成一个,
至于按回车键     产生的换行     则被浏览器忽略。<br>
<strong>注意:</strong>如果仅仅是换行,使用<em>br</em> 元素即可,不需要使用<em>p</em> 元素。
</p>
<p>
白日依山尽,
   黄河入海流。
      欲穷千里目,
         更上一层楼。
</p>
</body>
</html>
```

上述网页的显示效果如图 2.22 所示。

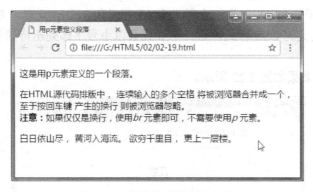

图 2.22　使用 p 元素定义段落

2.2.2　使用 div 元素

div 元素没有具体的含义,它的含义可由全局属性 id 或 class 属性来提供。当没有其他恰当的元素可用时可以使用 div 为内容建立结构并赋予其含义。div 元素属于流式元素,浏览器通常会在该元素的前后插入换行符。

提示:使用 div 可以对块级元素进行组合,这样就能够使用 CSS 样式对它们进行格式化。不过,在编写 HTML5 文档时要优先考虑语义问题。在使用 div 元素之前,应先想想 HTML5 中新增的那些元素,例如 article 和 section。

例 2.20　本例演示如何使用 div 元素。源代码如下:

```
<!doctype html>
<html>
<head>
<meta charset="gb2312">
<title>使用 div 元素</title>
<style>
#poem {                        /* 此选择器用于选择 id 为 poem 的元素 */
   border: 1px solid gray;     /* 设置边框宽度、样式和颜色 */
   padding: 0.5em;             /* 设置内边距 */
   width: 16em;                /* 设置宽度 */
```

```
        margin: 0 auto;                /* 设置外边距，如此设置可使内容水平居中对齐 */
        text-align: center;            /* 设置文本水平对齐方式 */
    }
    </style>
    </head>

    <body>
    <div id="poem">
    <h3>江雪</h3>
    <p><small>[唐]柳宗元</small></p>
    <p>千山鸟飞绝，万径人踪灭。</p>
    <p>孤舟蓑笠翁，独钓寒江雪。</p>
    </div>
    </body>
    </html>
```

本例中创建了一个网页，用于展示唐代诗人柳宗元的一首诗。在文档的 head 部分创建了一个 CSS 样式表，在这个样式表中定义了一个 CSS 规则，其选择器为#peom，通过它可从文档中选择一个 id 为 peom 的元素。创建 CSS 样式表时，注释文字应放在"/*"与"*/"之间。在文档的 body 部分用一个 div 元素组合了一个 h3 元素和 3 个 p 元素，并将其 id 属性设置为 peom，以便应用所定义的 CSS 样式。第一个 p 元素以小号字体列出诗的作者，后面两个 p 元素给出诗的正文。

上述网页的显示效果如图 2.23 所示。

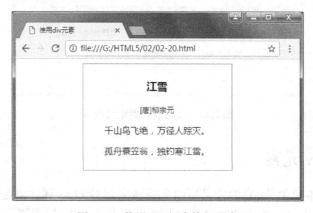

图 2.23　使用 div 组合块级元素

2.2.3 显示预格式化内容

pre 元素用于定义预格式化的文本，被包围在其开始标签与结束标签之间的文本通常会保留空格和换行，而文本也会呈现为等宽字体。pre 元素属于流式元素，它没有局部属性。该元素常用来表示计算机源代码。

例 2.21　本例演示如何使用 pre 元素表示预格式化文本。源代码如下：

```
<!doctype html>
<html>
<head>
<meta charset="gb2312">
<title>表示预格式化文本</title>
</head>
```

```
<body>
<p>请看下面的源程序代码：</p>
<pre>
  $.ajax({
  url: "/api/getWeather",
  data: {
    zipcode: 97201
  },
  success: function( result ) {
    $( "#weather-temp" ).html( "<strong>" + result + "</strong> degrees" );
  }
});
</pre>
</pre>
</body>
</html>
```

本例中使用 pre 元素表示一段源代码。上述网页的显示效果如图 2.24 所示。

图 2.24　用 pre 元素表示预格式文本

2.2.4　定义引用块

blockquote 元素用于定义一个长的引用，也称为块引用。使用 blockquote 元素时，位于其开始标签与结束标签之间的所有文本都会从常规文本中分离出来，浏览器经常会在左右两侧进行缩进（增加外边距）。

例 2.22　本例演示如何使用 blockquote 元素定义一个块引用。源代码如下：

```
<!doctype html>
<html>
<head>
<meta charset="gb2312">
<title>定义块引用</title>
</head>

<body>
<p>什么是物联网？</p>
<blockquote>物联网就是通过射频识别（RIFD）、红外感应器、全球定位系统、激光扫描器、气体感应器等信息传感设备，按约定的协议，把任何物品与互联网连接起来，进行信息交换和通讯，以实现智能化识别、定位、跟踪、监控和管理的一种网络。物联网是基于互联网、传统电信网等信息载体，使所有能够被寻址的普通物理对象实现互连互通的网络。</blockquote>
<p>物联网的定义最初是在 1999 年提出的。物联网是新一代信息技术的重要组成部分，也是信息化时代的重要发展阶段。</p>
```

```
</body>
</html>
```

上述网页的显示效果如图 2.25 所示。

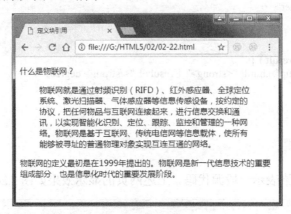

图 2.25　用 blockquote 元素定义块引用

2.2.5　添加主题分隔

hr 元素用于定义文档内容中的主题变化，代表段落级别的主题分隔，并显示为一条横贯页面的水平线。hr 元素是流式元素，也是空元素，它没有局部属性。

注意：在 HTML 4.01 中，不赞成使用 hr 元素的 align、noshade、size 及 width 属性。在 HTML5 中不再支持这些属性。

例 2.23　本例说明如何使用 hr 元素定义水平分隔线。源代码如下：

```
<!doctype html>
<html>
<head>
<meta charset="gb2312">
<title>添加主题分隔</title>
<style>
.peom {text-align: center;}
</style>
</head>

<body>
<div class="peom">
<p><strong>桃花溪</strong><br>
<small>[唐]张旭</small><br>
隐隐飞桥隔野烟，石矶西畔问渔船。<br>
桃花尽日随流水，洞在清溪何处边。</p>
<hr>
<p><strong>早发白帝城</strong><br>
<small>[唐]李白</small><br>
朝辞白帝彩云间，千里江陵一日还。<br>
两岸猿声啼不住，轻舟已过万重山。</p>
</div>
</body>
</html>
```

本例中创建了一个网页，用于展示两首唐诗。在文档的 head 部分定义了一个 CSS 样式表，其中包含一个 CSS 样式规则，其选择器均以圆点"."开头，分别用于选择具有指定 class 属性值的元素。在文档的 body 部分，所有内容都放在一个 class 属性为 peom 的 div 元素中，该 div 元素中的两个段落分别包含一首唐诗，段落之间通过 hr 元素添加一条横贯页面的水平分隔线。上述网页的显示效果如图 2.26 所示。

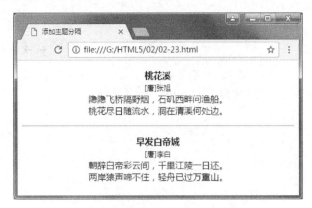

图 2.26　用 hr 元素添加主题分隔线

2.2.6　创建列表

在 HTML 中可以将相关项目组织成列表。列表有以下 3 种类型：用 ol 和 li 元素创建的有序列表；用 ul 和 li 元素创建的无序列表；用 dl、dt 和 dd 元素创建的说明列表。

1．创建有序列表

ol 元素用于定义一个有序列表，该列表中的项目用 li 元素表示。ol 元素属于流式元素，其内容可以有零个或多个 li 元素。

ol 元素具有下列局部属性。

start：规定列表首项的编号值。

type：规定列表的类型，其取值可以是"1"（十进制数字，默认值）、"a"（小写拉丁字母）、"A"（大写拉丁字母）、"i"（小写罗马字母）以及"I"（大写罗马字母）。

reversed：是 HTML5 中新增的属性，若使用该属性，则表示列表编号采用降序。

li 元素表示列表中的一个项目，它只能与其父元素 ol、ul 或 menu 元素搭配使用。当其父元素为 ol 元素时，可用局部属性 value 指定列表项目的编号值，以生成不连续的有序列表。

例 2.24　本例说明如何使用 ol 和 li 元素创建各种类型的有序列表。源代码如下：

```
<!doctype html>
<html>
<head>
<meta charset="gb2312">
<title>创建有序列表</title>
<style>
.mystyle {          /* 此选择器用于选择 class 属性为"mystyle"的元素 */
    width: 7em;     /* 设置元素的宽度 */
    float: left;    /* 用 float 属性设置元素的浮动方向 */
}
</style>
</head>

<body>
<h3>养生食物列表</h3>
```

```
<hr>
<div class="mystyle"> 十进制数字
  <ol>
    <li>红枣</li>
    <li>核桃</li>
    <li>枸杞</li>
    <li>百合</li>
    <li>山药</li>
    <li>莲子</li>
  </ol>
</div>
<div class="mystyle"> 小写拉丁字母
  <ol type="a">
    <li>红枣</li>
    <li>核桃</li>
    <li>枸杞</li>
    <li>百合</li>
    <li>山药</li>
    <li>莲子</li>
  </ol>
</div>
<div class="mystyle"> 大写拉丁字母
  <ol type="A">
    <li>红枣</li>
    <li>核桃</li>
    <li>枸杞</li>
    <li>百合</li>
    <li>山药</li>
    <li>莲子</li>
  </ol>
</div>
<div class="mystyle"> 小写罗马字母
  <ol type="i">
    <li>红枣</li>
    <li>核桃</li>
    <li>枸杞</li>
    <li>百合</li>
    <li>山药</li>
    <li>莲子</li>
  </ol>
</div>
<div class="mystyle"> 大写罗马字母
  <ol type="I">
    <li>红枣</li>
    <li>核桃</li>
    <li>枸杞</li>
    <li>百合</li>
    <li>山药</li>
    <li>莲子</li>
  </ol>
</div>
<div class="mystyle"> 编号降序排列
  <ol reversed>
    <li>红枣</li>
    <li>核桃</li>
    <li>枸杞</li>
    <li>百合</li>
    <li>山药</li>
    <li>莲子</li>
  </ol>
</div>
<div class="mystyle"> 编号不连续列表
```

```
    <ol>
      <li>红枣</li>
      <li>核桃</li>
      <li value="5">枸杞</li>
      <li>百合</li>
      <li>山药</li>
      <li>莲子</li>
    </ol>
  </div>
  </body>
  </html>
```

本例中，在文档的 head 部分创建了一个 CSS 样式表，在该样式表中定义了一个选择符为"`.col`"的 CSS 规则，通过设置 float 属性规定相关元素向左浮动。在文档的 body 部分，首先使用 h3 元素定义一个标题，然后使用一个 hr 元素创建水平线与后面的内容分隔。接着分别使用 7 个 div 元素来放置有序列表，这些 div 元素的 class 属性均设置为"col"，以便应用前面定义的 CSS 样式。7 个有序列表均使用 ol 和 li 元素来创建。不过，它们的属性有所不同。前面 5 个有序列表分别属于不同的类型，后面两个有序列表分别为编号降序排列和编号不连续的有序列表。上述网页的显示效果如图 2.27 所示。

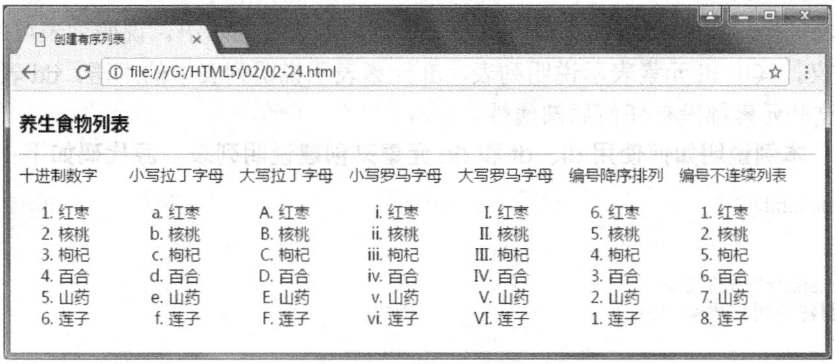

图 2.27　用 ol 和 li 元素创建有序列表

2．创建无序列表

无序列表可用 ul 元素来定义，该列表中的每个项目分别用一个 li 元素表示。ul 元素属于流式元素，其内容是零个或多个 li 元素。创建无序列表时，ul 和 li 元素都没有任何局部属性。无序列表的默认样式是在每个列表项前面显示一个实心圆（●）作为列表项标号。

提示：在 HTML 4.01 中，不赞成使用 ul 元素的 compact 和 type 属性。在 HTML5 中不再支持这两个属性。列表的类型可用 CSS 来定义。

例 2.25　本例说明如何使用 ul 和 li 元素创建无序列表。源代码如下：

```
<!doctype html>
<html>
<head>
<meta charset="gb2312">
<title>创建无序列表</title>
</head>

<body>
HTML5 是 HTML 规范的最新版本，也是一系列 Web 技术的总称。HTML5 包含以下三项重要技术：
<ul>
  <li>HTML5 核心规范：用于定义 HTML 元素并明确其含义</li>
```

```
  <li>CSS 层叠样式表：用于控制 HTML 文档内容的外观</li>
  <li>JavaScript：用于操作 HTML 文档内容并响应用户操作</li>
</ul>
学习 HTML5 网页设计，必须学好这三个方面的内容。
</body>
</html>
```

上述网页的显示效果如图 2.28 所示。

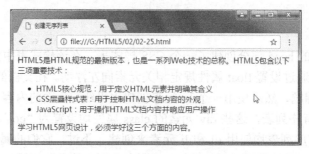

图 2.28　用 ul 和 li 元素创建无序列表

3．创建说明列表

说明列表包含一系列术语/说明组合，即一系列附加定义的术语。说明列表可用 dl、dt 和 dd 元素来定义，其中 dl 元素表示说明列表，dt 元素表示说明列表中的术语，dd 表示说明列表中的定义。这些元素都没有任何局部属性。

例 2.26　本例说明如何使用 dl、dt 和 dd 元素来创建说明列表。源代码如下：

```
<!doctype html>
<html>
<head>
<meta charset="gb2312">
<title>创建说明列表</title>
</head>

body>
<dl>
  <dt><strong>HTML</strong></dt>
  <dd>超级文本标记语言，通过标记符号来标记要显示的网页中的各个部分。</dd>
  <dt><strong>CSS</strong></dt>
  <dd>层叠样式表，用来表现 HTML 或 XML 等文件样式的计算机语言。</dd>
  <dt><strong>JavaScript</strong></dt>
  <dd>客户端脚本语言，用来给 HTML 网页增加动态功能。</dd>
</dl>
</body>
</html>
```

上述网页的显示效果如图 2.29 所示。

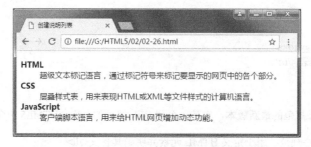

图 2.29　用 dl、dt 和 dd 元素创建说明列表

2.2.7　添加插图

figure 元素规定独立的流内容，其外延不限于图像，还可以是图表、照片、代码等。figure 元素是流式元素，没有局部属性，其内容是流式元素，还可以包含一个 figurecaption 元素，后者表示插图的标题。

例 2.27　本例说明如何使用 figure 元素添加插图。源代码如下：

```
<!doctype html>
<html>
<head>
<meta charset="gb2312">
<title>添加插图</title>
</head>

<body>
<p>下面用 figure 元素添加一个插图。首先用 pre 元素生成插图(符号图案)后，然后用 figure<wbr>caption
元素为该插图添加标题。</p>
<figure>
<pre>
        ((`-"``""-"))
         )  -   -  (
        /  (o _ o)   \
        \    ( 0 )   /
        '-..___'='___..-'
      /`;#'###.  -.  #'#'#;`\
      \_))      '#'     ((_/
       #.    ☆  ☆   ☆    .#
       '#.               .#'
        /'#.           .#'\
       _\\'#.        .#'//_
        (((___)'#'(___
</pre>
<figcaption> 萌萌哒的泰迪熊</figcaption>
</figure>
<p><strong>说明：</strong>这个符号图案来自<a href="http://www.fuhaozj.com/">符号之家</a>网站,特此
表示感谢。</p>
</body>
</html>
```

上述网页的显示效果如图 2.30 所示。

图 2.30　用 figure 元素添加插图

2.3　文档分节

在 HTML5 之前，通常是用 div 元素来表示网页章节的，不过这些 div 元素并没有什么实际意义，它们只是提供给浏览器的指令，用于定义一个文档中的某些部分。HTML5 的新特性之一是增加了一些语义化元素，通过它们可以将网页内容划分成不同的部分，从而赋予网页更好的意义和结构。

2.3.1　添加基本标题

在 HTML 中，可以使用 h1~h6 元素来添加基本标题，其中 h1 元素定义最大的标题，h6 元素定义最小的标题。使用同级标题可将网页内容划分成几个部分，每个部分包含一个主题。同一个主题的各个方面可以使用低一级的标题来表示；使用这些标题元素可以构成网页内容的大纲。各级标题在浏览器中均以粗体字显示，h1 元素所用的字号最大，h6 元素所用的字号最小。h1~h6 元素都是流式元素，它们没有局部属性。

例 2.28　本例演示如何使用 h1~h6 在网页中添加基本标题。源代码如下：

```
<!doctype html>
<html>
<head>
<meta charset="gb2312">
<title>添加基本标题</title>
</head>

<body>
<h1>这是一级标题</h1>
<h2>这是二级标题</h2>
<h3>这是三级标题</h3>
<h4>这是四级标题</h4>
<h5>这是五级标题</h5>
<h6>这是六级标题</h6>
</body>
</html>
```

上述网页的显示效果如图 2.31 所示。

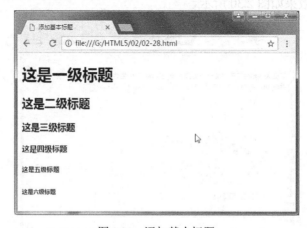

图 2.31　添加基本标题

2.3.2　添加标题组合

有时候需要在网页中添加主标题和副标题，这样可能会同时用到 h1 和 h2 元素。为了不影响 HTML 文档的大纲结构，在这种场合可以使用 hgroup 元素将多个标题元素组合成一个整体来处理。

hgroup 元素是 HTML5 中新增的，它用于对网页中的几个标题进行组合。hgroup 是流式元素，它没有局部属性。hgroup 的内容是一些标题元素（h1~h6）。不过，如果网页中只有主标题而没有副标题，则无须使用 hgroup 元素。

例 2.29　本例说明如何使用 hgroup 元素对主标题和副标题进行组合。源代码如下：

```
<!doctype html>
<html>
<head>
<meta charset="gb2312">
<title>添加标题组合</title>
</head>

<body>
<hgroup>
    <h1>科学家观测 50 亿光年外遥远星系的磁场</h1>
    <h2>在整个宇宙历史中适合生命存活的行星可能相对普遍地出现过</h2>
</hgroup>
    <p>新浪科技讯　北京时间<time datetime="2017-09-05">9 月 5 日</time>消息，据国外媒体报道，天文学
家对一个遥远星系的磁场进行了观测，并指出在整个宇宙历史中，适合生命存活的行星可能相对普遍地出现过。
这个星系距离地球约 50 亿光年，比银河系还年轻 50 亿年。它的磁场规模与银河系的磁场类似，表明磁场可能
是在相对较早的宇宙年龄时出现的。生命只有在具有磁场的行星上才能演化，因为磁场可以形成保护罩，避免
行星表面遭受有害的宇宙辐射。</p>
</body>
</html>
```

本例中分别使用 h1 和 h2 元素在网页中添加了主标题和副标题，并使用 hgroup 元素将主标题和副标题组合起来。上述网页的显示效果如图 2.32 所示。

图 2.32　使用 hgroup 元素组合主标题和副标题

2.3.3　定义独立成篇内容

article 元素是 HTML5 中新增的，它用于定义 HTML 文档中独立的、完整的、可以被外部引用的内容，例如报刊中的一篇文章、一篇论坛帖子、一篇博客文章、一段用户评论，或者一

个独立的插件等。article 属于流式元素，其内容是 style 样式和流内容。article 元素支持 HTML5 全局属性，但没有任何局部属性。除了内容之外，一个 article 元素通常有自己的标题（一般放在 header 元素中），有时还有自己的脚注（一般放在 footer 元素中）。

注意： article 元素可以嵌套使用，此时要求内层 article 元素的内容必须与外层 article 元素的内容相关联。

例 2.30 本例说明如何使用 article 元素设计网络新闻展示页面。源代码如下：

```
<!doctype html>
<html>
<head>
<meta charset="gb2312">
<title>科技新闻</title>
</head>

<body>
<article>
<header>
    <h1>英特尔成立新部门：专注自动驾驶技术</h1>
    <p>
        <time pubdate="pubdate">2016 年 11 月 30 日 09:12</time>
          来源：<cite>新浪科技</cite></p>
</header>
<hr>
<p>新浪科技讯 北京时间 11 月 30 日早间消息，英特尔已成立专门的新部门"自动驾驶集团"（ADG），
推动无人驾驶解决方案的开发。</p>
<footer>
<a href="http://tech.sina.com.cn/">新浪科技
</footer>
</article>
</body>
</html>
```

本例中使用 article 元素展示一篇报导科技新闻的文章。首先在一个 header 元素中放入文章的标题、发布时间和来源，文章标题内容嵌入 h1 元素中，文章发布时间用 time 元素表示，文章来源用 cite 元素表示。然后在 header 元素下方通过插入一个水平线与新闻正文部分分隔开。接着在水平线下方使用一个 p 元素来包含这条新闻的正文内容。最后在正文下方使用一个 footer 元素来嵌入文章的版权信息。整篇文章相对独立、完整。上述网页的显示效果如图 2.33 所示。

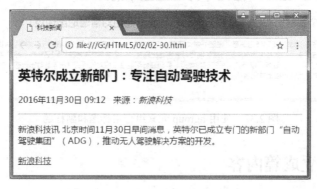

图 2.33　用 article 元素展示科技新闻

2.3.4　定义文档中的节

section 元素是 HTML5 中新增的，它用于定义文档中的节。使用标题元素时实际上已经生成了隐含的节。使用 section 元素可以明确地生成节并将其与标题分开。section 元素是流式元素，其内容是 style 样式和流内容。section 元素支持 HTML5 全局属性，此外还有一个局部属性 cite，用于指定节的 URL（假如该节摘自 web）。

至于在什么情况下应该使用 section 元素并没有明确的规定。一般来说，section 元素包含的是那种应该列入文档大纲或目录中的内容。只有元素内容会被列在文档大纲或目录中时，才适合使用 section 元素。section 元素通常由一些段落和一个标题组成，不过标题并不是必需的。

注意：section 和 div 元素都可以对文档内容进行分块，不过使用 section 元素是进行有意义的分块，无意义的分块应该由 div 来实现。如果仅仅用于设置样式或脚本处理，则应该使用 div 元素。section 元素内部通常必须有标题，标题代表了 section 的意义所在。section 元素可以与 article 元素搭配使用，必要时可以使用 section 元素将一篇文章分为几个节。

例 2.31　本例说明如何使用 section 元素对网页内容进行分块。源代码如下：

```
<!doctype html>
<html>
<head>
<meta charset="gb2312">
<title>定义文档中的节</title>
</head>

<body>
<article>
  <h1>足球运动</h1>
  <p>足球运动是一项以脚为主支配球、按一定规则要求在同一场地上相互对抗、以射球入门多少判断胜负的球类运动。</p>
  <section>
    <h2>足球基本技术</h2>
    <p>足球技术是指运动员在足球比赛中运用身体合理部位所做的各种动作的总称，包括踢球技术、停球技术和运球技术等。</p>
  </section>
  <section>
    <h2>足球基本战术</h2>
    <p>足球战术分为进攻战术和防守战术。足球的基本战术主要包括比赛阵形、进攻战术、防守战术和定位战术。</p>
  </section>
</article>
</body>
</html>
```

本例中使用 article 元素来表示一篇关于足球运动的文章。这篇文章分为 3 节，每节都有一个独立的标题。第一节由一个标题元素（h1）和一个段落元素（p）组成，虽然没有使用 section 元素，但由于已经使用了标题元素，此时会生成一个隐含的节。第二节和第三节分别使用一个 section 元素来明确地定义，这些 section 元素都包含一个标题元素（h2）和一个段落元素（p）。上述网页的显示效果如图 2.34 所示。从图中可以看出，尽管第一节的标题是用 h1 元素定义的，后面两节的标题是用 h2 元素定义的，Chrome 浏览器还是使用相同的字体大小来呈现这些标题文字。

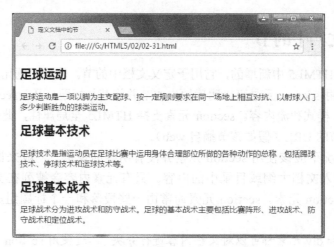

图 2.34　用 section 元素对文档分节

2.3.5　添加页眉和页脚

在 HTML5 中新增了 header 元素和 footer 元素，分别用于定义整个页面或某一节的页眉和页脚。页眉中通常包含标题元素或 hgroup 元素，还可以包含导航元素（nav）以及其他元素（如表格 table 和表单 form）；footer 元素通常包含该节的总结信息，还可以包含作者介绍、版权信息、相关链接以及免责声明等。

header 元素和 footer 元素都是流式元素，它们都没有局部属性。既可以在整个页面中使用这两个元素，也可以在 article 或 section 元素中使用它们。根据需要，可以在页面中使用多个 header 元素和 footer 元素。

例 2.32　本例说明如何使用 header 元素和 footer 元素定义整个页面或部分内容的页眉和页脚。源代码如下：

```
<!doctype html>
<html>
<head>
<meta charset="gb2312">
<title>添加页眉和页脚</title>
</head>

<body>
<header>
   <h1>唐诗二首</h1>
</header>
<hr>
<article>
   <section>
     <header>
        <h1>绝句</h1>
        <p>[唐] 杜甫</p>
     </header>
     <p>两个黄鹂鸣翠柳，一行白鹭上青天。</p>
     <p>窗含西岭千秋雪，门泊东吴万里船。</p>
     <footer>
        <p> <strong>[赏析]</strong> 这是诗人杜甫住在成都浣花溪草堂时写的，描写了草堂周围明媚秀
丽的春天景色。</p>
     </footer>
```

```
      </section>
      <section>
        <header>
          <h1>望庐山瀑布</h1>
          <p>[唐] 李白</p>
        </header>
        <p>日照香炉生紫烟，遥看瀑布挂前川。</p>
        <p>飞流直下三千尺，疑是银河落九天。</p>
        <footer>
          <p> <strong>[赏析]</strong>这是诗人李白五十岁左右隐居庐山时写的一首风景诗，这首诗形象
地描绘了庐山瀑布雄奇壮丽的景色。 </p>
        </footer>
      </section>
    </article>
    <hr>
    <footer>
      <p> <strong>[作者简介]</strong> 李白和杜甫都是唐朝大诗人，李白被誉为"诗仙"，杜甫被誉为"诗
圣"，二人并称李杜。 </p>
    </footer>
  </body>
</html>
```

本例中使用了 3 个 header 元素和 3 个 footer 元素，分别为整个页面或某个 section 元素设置页眉和页脚。第一个 header 元素位于 body 部分开头处，其中仅包含一个 h1 元素，用于对整个页面设置标题。位于页面标题之后的 article 元素包含两个 section 元素，分别用于表现李杜的诗作。这两个 section 元素结构是相同的，即首先用 header 元素和 p 元素列出诗的标题和作者，继而用两个段落展示诗的原文，最后用 footer 元素给出对诗的赏析。在 article 元素之后用 footer 元素为整个页面添加脚注，对两首诗的作者一并进行了介绍。header 元素与 article 元素、article 元素与 footer 元素之间用水平线分隔。上述网页的显示效果如图 2.35 所示。

图 2.35　为页面或文章添加页眉和页脚

2.3.6 定义导航区域

nav 元素是 HTML5 中新增的，用于定义网页中的导航链接区域，它包含到其他页面或同一页面其他位置的链接。nav 元素是流式元素，没有局部属性。使用 nav 元素的目的是规划出网页中的主要导航区域，可以将重要的链接放进 nav 元素中，并不是所有超链接都要被放到 nav 元素中。在一个网页中可以使用多个 nav 元素，作为页面整体或不同部分的导航。

例 2.33 本例说明如何使用 nav 元素定义网页的导航区域。源代码如下：

```
<!doctype html>
<html>
<head>
<meta charset="gb2312">
<title>定义导航区域</title>
</head>

<body>
<header>
  <h1>HTML5</h1>
  <p>万维网的核心语言、超文本标记语言 HTML 的第五次重大修改。</p>
  <h2>目录</h2>
  <nav>
    <ul>
      <li><a href="#dvpt_path1">发展历程</a></li>
      <li><a href="#new_elements1">新增元素</a></li>
      <li><a href="#tech_points">技术要点</a></li>
    </ul>
  </nav>
</header>
<section>
  <h2 id="dvpt_path">发展历程</h2>
  <p>HTML5 草案的前身名为 Web Applications 1.0，于 2004 年被 WHATWG 提出，于 2007 年被 W3C
接纳，并成立了新的 HTML 工作团队。2014 年 10 月 29 日，万维网联盟宣布，经过接近 8 年的艰苦努力，该
标准规范终于制定完成。</p>
</section>
<section>
  <h2 id="new_elements">新增元素</h2>
  <p>为了更好地处理今天的互联网应用，HTML5 添加了很多新元素及功能，例如图形的绘制、多媒
体内容、更好的页面结构、更好的形式处理、应用程序缓存以及存储等。</p>
</section>
<section>
  <h2 id="tech_points">技术要点</h2>
  <p>技术要点包括重要标记、程序接口、元素变化、控件、图表库、标签、事件属性、标签属性、异
常处理、优势等。</p>
</section>
<footer>
  <nav>
    <p>更多详情请参阅：<a  href="https://www.w3.org/html/ig/zh/wiki/HTML5">HTML5 官方文档
</a></p>
  </nav>
</footer>
</body>
</html>
```

本例中创建了一个讲述 HTML5 的网页。在该网页中使用了两个 nav 元素。第一个 nav 元素包含在 header 元素中，通过一个无序列表制作包含页面其他位置的链接的目录。然后通过 3 个 section 元素分别讲述了 HTML5 的发展历程、新增元素以及技术要点。最后在 footer 元素中

添加了第二个 nav 元素，并在其中定义了相关链接。网页显示效果如图 2.36 所示。

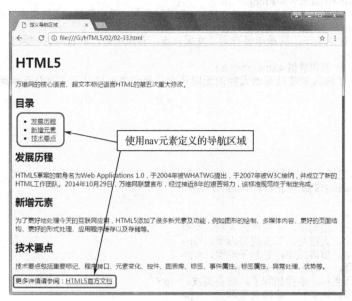

图 2.36　使用 nav 元素定义导航区域

2.3.7　添加附注栏

aside 元素是 HTML5 中新增的，用于定义 article 元素以外的内容。aside 元素的内容应该与 article 元素的内容相关，可用作网页的侧边栏。aside 元素是流式元素，它没有局部属性，其内容可以是 style 元素和流式内容。

例 2.34　本例说明如何使用 aside 元素为文章添加附注栏。源代码如下：

```
<!doctype html>
<html>
<head>
<meta charset="gb2312">
<title>用 aside 元素定义侧边栏</title>
<style>
aside {                          /* 此选择器用于选择 aside 元素 */
    width: 14em;                 /* 设置元素的宽度 */
    float: left;                 /* 设置元素向左浮动 */
    margin-top: 3.5em;           /* 设置上外边距 */
    padding-left: 0.5em;         /* 设置左内边距 */
    padding-right: 0.5em;        /* 设置右内边距 */
    border: 1px solid gray;      /* 设置边框宽度、样式及颜色 */
}
article {                        /* 此选择器用于选择 article 元素 */
    width: 20em;                 /* 设置元素的宽度 */
    float: left;                 /* 设置元素向左浮动 */
    margin-left: 2em;            /* 设置左外边距 */
    text-align: center;          /* 设置文本水平对齐方式为居中对齐 */
}
</style>
</head>

<body>
<aside>
```

```
      <dl>
        <dt><strong>作者简介</strong></dt>
        <dd>苏轼（1037－1101），北宋文学家。一生仕途坎坷，学识渊博，天资极高，诗文书画皆精。</dd>
        <dt><strong>后世影响</strong></dt>
        <dd>在苏轼的笔下，周瑜年轻有为，文采风流，春风得意，并且有儒将风度，指挥若定，胆略非
凡，气概豪迈。</dd>
        <dt><strong>思想感情</strong></dt>
        <dd>抒发了词人对昔日英雄人物的无限怀念和敬仰之情以及词人对自己坎坷人生的感慨之情。
</dd>
      </dl>
    </aside>
    <article>
      <header>
        <hgroup>
          <h1>念奴娇·赤壁怀古</h1>
          <p><small>[宋] 苏轼</small></p>
        </hgroup>
      </header><hr>
      <p>大江东去，浪淘尽，千古风流人物。</p>
      <p>故垒西边，人道是，三国周郎赤壁。</p>
      <p>乱石穿空，惊涛拍岸，卷起千堆雪。</p>
      <p>江山如画，一时多少豪杰。</p>
      <p>遥想公瑾当年，小乔初嫁了，雄姿英发。</p>
      <p>羽扇纶巾，谈笑间，樯橹灰飞烟灭。</p>
      <p>故国神游，多情应笑我，早生华发。</p>
      <p>人生如梦，一尊还酹江月。</p>
    </article>
  </body>
</html>
```

　　本例中制作了一个赏析宋词的网页。在文档的 head 部分创建了一个 CSS 样式表，对 aside 和 article 元素的布局方式进行设置。在文档的 body 部分首先用 aside 元素创建附注栏，在该附注栏中用说明列表给出作者简介、后世影响和思想感情等相关信息；然后用 article 元素展示这首词的详细信息，包括词牌、标题、作者以及词的正文等。网页显示效果如图 2.37 所示。

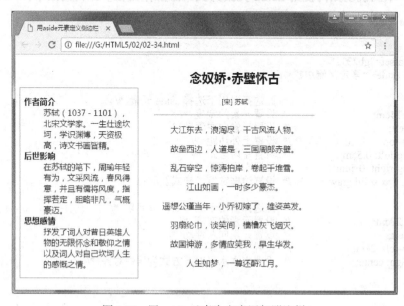

图 2.37　用 aside 元素为文章添加附注栏

2.3.8　添加联系信息

address 元素用于为整个文档或某个部分定义联系信息，包括文档维护者的名字、主页链接、电子邮件地址、通信地址以及电话号码等，这些内容通常呈现为斜体。

如果 address 元素是 article 元素的后代元素，则它为该 article 元素提供联系信息。如果 address 元素是 body 元素的子元素，则它为整个文档提供联系信息。

address 元素中可以包含流式内容，但是标题元素 h1~h6、section、article、header、footer、nav 以及 aside 元素不能用作该元素的后代元素。

注意：不要使用 address 元素来表示文档或文章的联系信息之外的地址。例如，在网页中不能使用该元素来表示客户或用户的地址。

例 2.35　本例说明如何使用 address 元素为整个文档添加联系信息。源代码如下：

```
<!doctype html>
<html>
<head>
<meta charset="gb2312">
<title>用 address 元素添加联系信息</title>
</head>

<body>
<header>
    <h1>HTML5 基础教程</h1>
    <hr>
    <nav>
      <ul>
        <li><a href="#">什么是 HTML5</a></li>
        <li><a href="#">常用 HTML5 标签</a></li>
        <li><a href="#">创建 HTML5 表单</a></li>
      </ul>
    </nav>
</header>
<article>
    <header>
      <h1>什么是 HTML5</h1>
    </header>
    <p>这里是教程正文……</p>
    <br>
</article>
<hr>
<footer>
    <address>
    在学习中如遇到问题，请<a href="mailto:admin@abc.com">联系我</a>
    </address>
</footer>
</body>
</html>
```

本例中首先使用 header 元素为文档定义了页眉，并在其中添加了标题和导航区域；然后使用 footer 元素为文档定义了页脚，并在其中使用 address 元素为整个文档提供联系信息（电子邮件链接）。

这个网页的显示效果如图 2.38 所示。

图 2.38　用 address 元素为文档添加联系信息

2.3.9 定义详情区域

HTML5 中新增了 details 和 summary 元素，前者用于描述有关文档或文档片段的详细信息，后者用于设置 details 元素的标题。默认情况下，浏览器仅显示由 details 元素定义的标题，单击该标题时会显示详细信息。

details 元素属于流式元素，其内容是流式内容和一个可选的 summary 元素。details 元素有一个局部属性 open，该属性指定 details 元素是否可见。summary 元素没有类型，它包含短语内容，只能作为 details 元素的子元素使用。

例 2.36　本例演示如何使用 details 和 summary 元素定义详情区域。源代码如下：

```
<!doctype html>
<html>
<head>
<meta charset="gb2312">
<title>定义详情区域</title>
</head>

<body>
<article>
<header>
<h1>贾岛《题李凝幽居》欣赏</h1>
<p><cite>《题李凝幽居》</cite>是唐代诗人贾岛的作品。这首诗虽只是写了作者走访友人未遇这样一件
寻常小事，却因诗人出神入化的语言，而变得别具韵致。诗中"鸟宿池边树，僧敲月下门"两句历来脍炙人口。
</p>
<details>
    <summary>查看原文</summary>
    <p>闲居少邻并，草径入荒园。</p>
    <p>鸟宿池边树，僧敲月下门。</p>
    <p>过桥分野色，移石动云根。</p>
    <p>暂去还来此，幽期不负言。</p>
</details>
</article>
</body>
</html>
```

本例中通过 article 元素来讲述唐代诗人贾岛的《题李凝幽居》诗，诗的原文包含在 details

元素中，通过 summary 元素为 details 元素设置了标题。打开网页时，只能看到用 summary 元素设置的标题（如图 2.39 所示），单击该标题即可看到 details 元素的内容（如图 2.40 所示）。

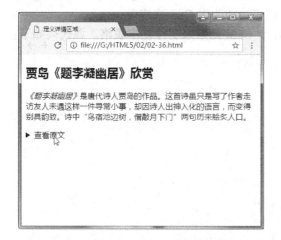

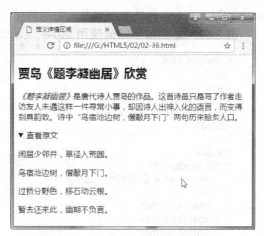

图 2.39　默认情况下只能看到标题　　　　　图 2.40　单击标题即可看到详细内容

2.4　制作表格

在 HTML 中将 table 和相关元素搭配使用可以制作表格，其主要用途是以网格形式来呈现二维数据。表格内部可以放置表格的标题、表格行、表格列、表格单元以及其他表格。在 HTML 的早期版本中，经常使用表格来生成页面布局。在 HTML5 中不再允许这样处理，取而代之的是使用 CSS 来控制页面布局。

2.4.1　创建基本表格

要在网页中制作一个表格，至少要用到 3 个元素，即 table、tr 和 td。table 元素用于生成一个表格。在 table 元素的开始标签和结束标签之间可以包含 caption、colgroup、thead、tbody、tfoot、tr、th 和 td 元素。在 table 的这些子元素中，最重要的是 tr 和 td 元素，前者用于生成表格中的行，后者用于生成表格中的单元格。若要为表格添加标题，可使用 caption 元素。

table 元素是流式元素，它具有一个局部属性 border，用于设置表格的边框。在 HTML 早期版本中，table 元素具有 summary、align、width、bgcolor、cellpadding、cellspacing、frame 和 rules 属性，这些属性在 HTML5 中不再使用，相应的功能应通过 CSS 来实现。

tr 元素用于定义表格中的行。tr 元素没有类型，它可以放置在 table、thead、tfoot 和 tbody 元素内部。在 tr 元素的开始标签与结束标签之间可以包含一个或多个 td 元素或 th 元素。tr 元素没有局部属性，早期版本中的 align、char、charoff、valign 和 bgcolor 属性在 HTML5 中不再使用，相应的功能可用 CSS 来实现。

td 元素用于定义表格中的数据单元格。td 元素没有类型，它可以放置在 tr 元素的内部。在 td 元素的开始标签与结束标签之间可以使用流式内容。

td 元素具有下列局部属性。

colspan：规定单元格可跨过的列数。

rowspan：规定单元格可跨过的行数。

headers：规定表头与单元格相关联。

HTML 早期版本中的 abbr、axis、align、width、char、charoff、valign、bgcolor、height、nowrap 以及 scope 属性在 HTML5 中不再使用，相应功能改用 CSS 来实现。

例 2.37　**本例演示如何使用 table、caption、tr 和 td 元素来制作基本表格。源代码如下：**

```
<!doctype html>
<html>
<head>
<meta charset="gb2312">
<title>制作基本表格</title>
</head>

<body>
<table border="1">
  <caption>td 元素的属性</caption>
  <tr>
    <td>属性</td>
    <td>作用</td>
    <td>备注</td>
  </tr>
  <tr>
    <td>colspan</td>
    <td>规定单元格跨过的列数</td>
    <td>用于制作不规则表格</td>
  </tr>
  <tr>
    <td>rowspan</td>
    <td>规定单元格跨过的行数</td>
    <td>用于制作不规则表格</td>
  </tr>
  <tr>
    <td>headers</td>
    <td>规定表头与单元格相关联</td>
    <td>不会在普通浏览器中产生任何视觉变化</td>
  </tr>
</table>
</body>
</html>
```

本例中使用 table、caption、tr 及 td 元素制作了一个基本表格，其中 table 元素定义表格，caption 元素为该表格添加一个标题，tr 元素在该表格中添加一行，td 元素在表格行中添加一个单元格。该表格由 3 行组成，因此使用了 3 个 tr 元素。每个表格行由 3 个单元格组成，因此在每个 tr 元素中分别使用了 3 个 td 元素，一共使用了 9 个 td 元素。此外，还通过 caption 元素为表格添加了标题。上述网页的显示效果如图 2.41 所示。

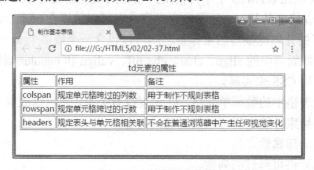

图 2.41　制作基本表格

2.4.2 添加表头单元格

在例 2.37 中，所有单元格都是用 td 元素定义的。因此，它们的默认外观都是一样的，例如单元格内容均采用左对齐。在实际应用中，往往需要将表格首行或首列中的单元格设置为表头单元格，为此可在首行或首列位置上使用 th 元素来代替 td 元素。

th 元素用于定义表格中的表头单元格，可以用来区分数据本身和对数据的说明。th 元素与 td 元素类似，也具有 colspan、rowspan 和 headers 3 个局部属性，并且必须放置在 tr 元素当中。所不同的是，th 元素的内容只能是短语内容，而且呈现为粗体字，其水平对齐方式为居中对齐。

例 2.38　本例说明如何使用 th 元素为表格添加表头单元格。源代码如下：

```
<!doctype html>
<html>
<head>
<meta charset="gb2312">
<title>添加表头单元格</title>
</head>
<body>

<table border="1">
  <caption>学生信息表</caption>
  <tr>
     <th>学号</th>
     <th>姓名</th>
     <th>性别</th>
     <th>电子信箱</th>
  </tr>
  <tr>
     <td>20170001</td>
     <td>张三丰</td>
     <td>男</td>
     <td>zhangsanfeng@163.com</td>
  </tr>
  <tr>
     <td>20170002</td>
     <td>李倩倩</td>
     <td>女</td>
     <td>liqianqian@sina.com</td>
  </tr>
  <tr>
     <td>20170003</td>
     <td>高云飞</td>
     <td>男</td>
     <td>gaoyunfei@126.com</td>
  </tr>
  <tr>
     <td>20170004</td>
     <td>刘爱梅</td>
     <td>女</td>
     <td>liuaimei@gmail.com</td>
  </tr>
  <tr>
     <td>20170005</td>
     <td>蒋志刚</td>
     <td>男</td>
     <td>jiangzhigang@126.com</td>
  </tr>
</table>
```

```
</body>
</html>
```

本例在网页中制作了一个学生信息表。表格的第一行为表头，该行中的所有单元格均使用 th 元素来定义；表格中的其他各行均为数据行，这些行中的所有单元格均使用 td 元素来制作。上述网页的显示效果如图 2.42 所示。

图 2.42　为表格添加表头单元格

2.4.3　对表格行分组

创建某个表格时，也许希望该表格拥有一个标题行、一些包含数据的行以及位于底部的一个总计行。在这种场合，可以考虑使用 thead、tbody 以及 tfoot 元素对表格中的行进行分组，以便针对不同的表格行应用不同的 CSS 样式。

thead、tbody 以及 tfoot 元素分别用于标记表格中的标题行、表尾行和数据行，使用这些元素时要把它们放在 table 元素中。这些元素都没有局部属性，它们所包含的内容都是零个或多个 tr 元素。

提示：如果在 HTML 文档中表格没有使用 tbody 元素，则多数浏览器在处理 table 元素时都会自动插入 tbody 元素。如果在表格中没有使用 thead 元素，则所有 tr 元素都会被视为 tbody 元素的组成部分。

例 2.39　本例说明如何对表格行分组并设置格式。源代码如下：

```
<!doctype html>
<html>
<head>
<meta charset="gb2312">
<title>对表格行分组</title>
<style>
thead th {                          /* 此选择器用于选择 thead 元素中的 th 元素 */
    width: 6em;                     /* 设置宽度 */
}
thead tr {                          /* 此选择器用于选择 thead 元素中的 tr 元素 */
    background-color: gray;         /* 设置背景颜色为灰色 */
    color: white;                   /* 设置前景颜色为白色 */
}
tbody td {                          /* 此选择器用于 tbody 元素中的 td 元素 */
    text-align: center;             /* 设置文本水平对齐方式为居中对齐 */
}
tfoot td {                          /* 此选择器用于 tfoot 元素中的 td 元素 */
    text-align: center;             /* 设置文本水平对齐方式为居中对齐 */
    font-style: italic;             /* 设置单元格文本为斜体 */
}
```

```html
</style>
</head>
<body>

<table border="1">
  <caption>学生成绩表</caption>
  <thead>
    <tr>
      <th>学号</th>
      <th>姓名</th>
      <th>数学</th>
      <th>语文</th>
      <th>平均分</th>
    </tr>
  </thead>
  <tbody>
    <tr>
      <td>20170001</td>
      <td>张三丰</td>
      <td>82</td>
      <td>91</td>
      <td>86.5</td>
    </tr>
    <tr>
      <td>20170002</td>
      <td>李倩倩</td>
      <td>79</td>
      <td>83</td>
      <td>81</td>
    </tr>
    <tr>
      <td>20170003</td>
      <td>高云飞</td>
      <td>85</td>
      <td>79</td>
      <td>82</td>
    </tr>
    <tr>
      <td>20170004</td>
      <td>刘爱梅</td>
      <td>96</td>
      <td>91</td>
      <td>93.5</td>
    </tr>
    <tr>
      <td>20170005</td>
      <td>蒋志刚</td>
      <td>71</td>
      <td>82</td>
      <td>76.5</td>
    </tr>
  </tbody>
  <tfoot>
    <tr>
      <td>最高分</td>
      <td> </td>
      <td>96</td>
      <td>91</td>
      <td>93.5</td>
    </tr>
    <tr>
      <td>最低分</td>
```

```
            <td> </td>
            <td>71</td>
            <td>79</td>
            <td>75</td>
          </tr>
          <tr>
            <td>平均分</td>
            <td> </td>
            <td>82.6</td>
            <td>85.2</td>
            <td>83.9</td>
          </tr>
        </tfoot>
      </table>
    </body>
  </html>
```

本例制作了一个学生成绩表。

在文档的 head 部分创建了一个 CSS 样式表，对 thead、tbody 和 tfoot 元素中包含的行或单元格的样式分别进行了设置。

在文档的 body 部分，用 thead、tbody 和 tfoot 元素将这个表格划分成表头、表体和表尾 3 部分。表头部分包含 1 行，此行中的所有单元格用 th 元素定义；表体部分包含 5 行，这些行中的所有单元格用 td 元素定义，用于显示成绩明细数据；表尾部分包含 3 行，这些行中的所有单元格都用 td 元素定义，用于显示成绩汇总数据。

上述网页的显示效果如图 2.43 所示。

图 2.43　对表格中的行进行分组

2.4.4　对表格列分组

HTML 表格看起来是由一些行和列组成的，然而实际上并不存在"列"元素。实际上，一个表格（table 元素）是由一些行（tr 元素）组成的，而每个行则是由一些单元格（td 或 th 元素）组成的。表格中的列只是一种视觉上的效果。假如希望对表格中的列进行分组，则要用到另外两个元素，即 colgroup 和 col 元素。若要对一个列组规定相同的属性值，可使用 colgroup 元素。若要为一个或多个列规定属性值，可使用 col 元素。

　　colgroup 元素用于定义表格中的列组。通过此元素可以对表格中的列进行分组，以便对不同的列组应用 CSS 样式。colgroup 元素只能用在 table 元素中，放在任意 caption 元素之后，且在任意 thead、tbody、tfoot 及 tr 元素之前。colgroup 元素有一个局部属性 span，用于规定列组横跨的列数。在 colgroup 元素的开始标签与结束标签之间可以包含 col 元素，而且只能在未设置 span 属性时包含 col 元素。不过 colgroup 元素不能用于创建表格列。若要创建列，则必须在 tr 元素内添加 td 元素。

　　col 元素为表格中的一个或多个列定义属性值。该元素只能用在 table 或没有 span 属性的 colgroup 元素中。col 元素有一个局部属性 span，用于规定 col 横跨的列数。通过设置 span 属性可以使用一个 col 元素代表几列，不设置 span 属性的 col 元素只能代表一列。不过 col 元素本身属于空元素，不能用于创建列。若要创建列，则必须在 tr 元素内添加 td 元素。

　　注意： 根据测试，colgroup 和 col 元素目前还存在一些浏览器兼容问题，在主流浏览器中仅支持背景颜色、宽度等少数几种 CSS 样式属性，所以建议谨慎使用。

　　例 2.40　本例演示如何使用 colgroup 和 col 元素对表格中的列进行分组。源代码如下：

```html
<!doctype html>
<html>
<head>
<meta charset="gb2312">
<title>对表格列分组</title>
<style>
table {                                          /* 设置表格元素的 */
    width: 500px; text-align: center             /* 宽度和文本对齐方式 */
}
caption {                                         /* 设置表格标题的 */
    font-size: large; font-weight: bold; padding-bottom: 6px;   /* 字体大小、粗细和底部空白 */
}
#colgp1 {                                         /* 设置 id 为 colgp1 的元素的 */
    background-color: lightgrey;                  /* 背景颜色 */
}
#colgp2 {                                         /* 设置 id 为 colgp2 的元素的 */
    background-color: gray;                       /* 背景颜色 */
}
#colgp3 {                                         /* 设置 id 为 colgp3 的元素的 */
    width: 100px;                                 /* 宽度 */
}
#col1 {                                           /* 设置 id 为 col1 的元素的 */
    background-color: red;                        /* 背景颜色 */
}
#col2 {                                           /* 设置 id 为 col2 的元素的 */
    background-color: blue;                       /* 背景颜色 */
}
</style>
</head>

<body>
<table border="1">
    <caption>设置列组的格式</caption>
    <colgroup id="colgp1" span="2" />
    <colgroup id="colgp2" span="2" />
    <colgroup id="colgp3">
      <col id="col1">
      <col id="col2">
    </colgroup>
    <tr>
      <td>1</td><td>2</td><td>3</td><td>4</td><td>5</td><td>6</td>
```

```
    </tr>
    <tr>
      <td>7</td><td>8</td><td>9</td><td>10</td><td>11</td> <td>12</td>
    </tr>
    <tr>
      <td>13</td><td>14</td><td>15</td><td>16</td><td>17</td><td>18</td>
    </tr>
    <tr>
      <td>19</td><td>20</td><td>21</td><td>22</td><td>23</td> <td>24</td>
    </tr>
    <tr>
      <td>25</td><td>26</td><td>27</td><td>28</td><td>29</td><td>30</td>
    </tr>
  </table>
  </body>
  </html>
```

本例制作了一个 5 行 6 列的表格。

在这个表格中使用 colgroup 元素分别定义了 3 个列组，将前两个 colgroup 元素的 span 属性均设置为 2，这两个列组各包含两列。由于设置了 span 属性，所以这两个 colgroup 元素中不能包含任何内容，相应的 HTML 标签在开始标签中以斜线 "/" 结束即可，不需要使用结束标签。第 3 个 colgroup 元素未设置 span 属性，它包含了两个 col 元素，每个 col 元素代表一列。

在文档的 head 部分创建了一个 CSS 样式表，其中定义的各个 CSS 样式规则通过设置 id 属性应用到各个 colgroup 和 col 属性。

这个网页的显示效果如图 2.44 所示。

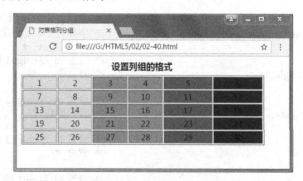

图 2.44　对表格列分组

2.4.5　制作不规则表格

一般情况下表格都是采用简单的网格形式，其中的每个单元格占据网络中的一行和一列。在实际应用中，为了表示更复杂的数据，往往需要制作不规则的表格，为此可将某些相邻的单元格合并起来，这样就会出现一个单元格跨越多列或多行的现象。要制作这种类型的表格，需要设置 td 和 th 元素的 colspan 和 rowspan 属性，以指定单元格跨过列数和行数。

例 2.41　本例演示如何通过设置 td 和 th 元素的 colspan 和 rowspan 属性来制作不规则表格。源代码如下：

```
<!doctype html>
<html>
<head>
<meta charset="gb2312">
```

```
<title>制作不规则表格</title>
<style>
table {                        /* 此选择器用于选择 table 元素 */
    width: 560px               /* 设置宽度为 560 像素 */
}
caption {                      /* 此选择器用于选择 caption 属性 */
    font-size:large;           /* 设置字体大小 */
    font-weight: bold;         /* 设置字体粗细 /
    padding-bottom: 12px;      /* 设置底部内边距 */
}
td {                           /* 此选择器用于 td 元素 */
    padding: 0.5em;            /* 设置内边距 */
    text-align: center         /* 设置文本对齐方式 */
}
.merge {                       /* 此选择器用于 class 属性为 "merge" 的元素 */
    background-color: gray;     /* 设置背景颜色 */
    color: white               /* 设置前景颜色 */
}
</style>
</head>

<body>
<table border="1">
    <caption>不规则表格示例</caption>
    <tr>
        <td>1</td>
        <td class="merge" colspan="2">colspan=2 跨越两列</td>
        <td>4</td>
        <td>5</td>
    </tr>
    <tr>
        <td class="merge" rowspan="2">rowspan=2<br>跨越两行</td>
        <td>7</td>
        <td>8</td>
        <td>9</td>
        <td>10</td>
    </tr>
    <tr>
        <td class="merge" colspan="2" rowspan="2">colspan=2，rowspan2<br>跨越两行两列</td>
        <td>14</td>
        <td>15</td>
    </tr>
    <tr>
        <td>16</td>
        <td>19</td>
        <td>20</td>
    </tr>
    <tr>
        <td>21</td>
        <td>22</td>
        <td>23</td>
        <td>24</td>
        <td>25</td>
    </tr>
</table>
</body>
</html>
```

　　本例中通过设置 td 元素的 colspan 和 rowspan 属性对表格中的某些单元格进行了合并，这些单元格分别跨过了两行、两列以及两行两列。还通过 CSS 样式对合并后的单元格应用了特殊的背景颜色和前景颜色。上述网页的显示效果如图 2.45 所示。

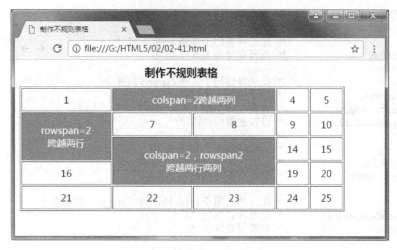

图 2.45　制作不规则表格示例

2.5　嵌入内容

为了丰富 HTML 文档，往往需要在文档中嵌入各种各样的内容，例如图像、音频、视频、图形以及其他网页等，这些内容大多数都存储在外部文件中。下面就来介绍如何在 HTML 文档中嵌入内容。

2.5.1　嵌入图像

使用 img 元素可以在 HTML 文档中嵌入图像。从技术上讲，图像并不会插入 HTML 文档中，而只是链接到该文档。img 元素将为被引用的图像创建一个占位符。img 元素属于短语元素，其标签用法为虚元素形式，即只有一个标签。

img 元素除了支持全局属性，还支持下列局部属性。

alt：指定图像无法显示时的替代文本。

src：指定图像的 URL。

height 和 width：分别指定图像的高度和宽度，单位为像素或百分比。

ismap：将图像设置为服务器端图像映射。

usemap：将图像设置为客户端图像映射。

注意：在 HTML 4.01 中，不赞成使用 img 元素的 align、border、hspace 和 vspace 属性。在 HTML5 中不支持这些属性。

使用 img 元素在文档嵌入图像时，可以通过设置 src 属性指定要显示的图像，并通过设置 alt 属性指定图像无法显示时呈现的文本内容。此外，还要设置其 height 和 width 属性。这是因为图像在 HTML 元素处理完毕后才会加载，如果不指定 height 和 width 属性，浏览器就不知道应该为图像预留多大的屏幕空间，在这种情况下浏览器必须通过检测图像文件本身来确定图像的大小，然后重定位屏幕上的内容来容纳图像，这可能会让浏览者感到晃动。

img 元素可以放置在段落中，也可以与 a 元素搭配起来创建基于图像的超链接。

例 2.42　本例说明如何使用 img 元素嵌入图像和创建图像链接。源代码如下：

```
<!doctype html>
<html>
<head>
<meta charset="gb2312">
<title>图像与图像链接</title>
<style>
#fg { text-align: center}
</style>
</head>
<body>
<p>
    <a href="http://www.phei.com.cn" title="电子工业出版社" target="_blank">
        <img src="../images/phei_logo.jpg" alt="电子工业出版社" width="261" height="51">
    </a>
</p>
<p>电子工业出版社成立于 1982 年 10 月，是工业和信息化部直属的科技与教育出版社，享有"全国优秀出版社"、"讲信誉、重服务"的优秀出版社等荣誉称号。</p>
<figure id="fg"> <img src="../images/phei.jpg" width="360" height="233">
    <figcaption>电子工业出版社</figcaption>
</figure>
</body>
</html>
```

　　本例将 img 元素与 a 元素结合起来创建了一个基于图像的超链接，该图像为电子工业出版社的 logo，单击它即可打开电子工业出版社官方网站。此外，还在 figure 元素中嵌入 img 元素和 figcaption 元素，在网页上创建了一幅带标题的插图，用于显示电子工业出版社所在的华信大厦。网页的显示效果如图 2.46 所示。

图 2.46　图像与图像链接

2.5.2　创建客户端图像映射

　　通过设置 img 元素的 usemap 属性可以将图像设置为客户端图像映射，即带有可单击区域（称为热区）的图像，通过单击该图像上的不同区域可以让浏览器导航到不同的网址。为了创建客户端图像映射，就要定义图像上的各个区域及其所代表的行为，且还需要用到另外两个元素，即 map 和 area。

map 元素用于定义客户端图像映射。map 元素的 name 属性为该元素指定一个唯一的名称。如果将 img 元素的 usemap 属性值设置为 map 元素的名称（必须采取"#map_name"形式），可以将 map 元素与指定的图像关联起来。为了定义图像映射中的各个区域，需要在 map 元素的开始标签与结束标签之间包含一个或多个 area 元素。

area 元素具有下列局部属性。

alt：定义此区域的替换文本。

coords：定义可单击区域的坐标。

href：定义此区域的目标 URL。

hreflang：规定目标 URL 的基准语言。

media：规定目标 URL 的媒介类型，默认值为 all。

ping：给出一个由空格分隔的 URL 列表，当用户单击该链接时这些 URL 会获得通知。

rel：规定当前文档与目标 URL 之间的关系。

shape：规定区域的形状。

target：指定在何处打开目标 URL。

type：规定目标 URL 的 MIME 类型。

在上述属性中，需要对 shape 和 coords 做进一步说明。

shape 属性指定区域的形状，其取值可以是以下 4 种情况。

rect：表示矩形。

circle：表示圆形。

poly：表示多边形。

default：默认区域为整个图像。

coords 属性指定可单击区域的坐标，其取值与 shape 属性的设置有关。

当 shape 属性设置为 rect 时，该区域的形状为矩形，coords 属性的值由 4 个用逗号分隔的整数组成，它们分别表示图像左边缘与矩形左侧、图像上边缘与矩形上侧、图像右边缘与矩形右侧以及图像下边缘与矩形下侧之间的距离。

当 shape 属性设置为 circle 时，该区域的形状为圆形，coords 属性值由 3 个用逗号分隔的整数组成，分别表示图像左边缘到圆心的距离、图像上边缘到圆心的距离以及圆的半径。

当 shape 属性设置为 poly 时，该区域的形状为多边形，coords 属性值必须至少包含 6 个用逗号分隔的整数，每对整数分别代表多边形的一个顶点。

当 shape 属性设置为 default 时，默认区域覆盖整个图像，此时不需要提供 coords 属性值。

注意：在 area 元素的局部属性中，rel、media 和 hreflang 属性是 HTML5 中新增的；alt、hreflang、media、ping、rel 以及 type 属性只能在 href 属性存在时使用。

例 2.43 **本例演示如何使用 img、map 和 area 元素创建客户端图像映射。源代码如下：**

```
<!doctype html>
<html>
<head>
<meta charset="gb2312">
<title>创建客户端图像映射</title>
</head>

<body>
<p>在下面的图像中单击不同的区域可打开不同的网页。</p>
<p><img src="../images/sports.jpg" width="450" height="319" usemap="#Map">
```

```
        <map name="Map">
            <area shape="rect" coords="11,12,210,119" href="swim.html" target="_blank" alt="游泳" title="游泳">
            <area shape="rect" coords="12,123,209,299" href="bike.html" target="_blank" alt="自行车" title="自行
车">
            <area shape="rect" coords="220,28,423,299" href="run.html" target="_blank" alt="跑步" title="跑步">
        </map>
    </p>
</body>
</html>
```

本例创建的客户端图像映射包含 3 个矩形区域，单击不同的区域将打开不同的网页。上述网页的显示效果如图 2.47 所示。

图 2.47　创建客户端图像映射

为了保证单击图像中不同区域时能够打开不同的网页，还需要创建相应的文档。例如，单击"游泳"区域时将打开文档 swim.html，其源代码如下：

```
<!doctype html>
<html>
<head>
<meta charset="gb2312">
<title>游泳</title>
</head>

<body>
<h1>这里是游泳页面</h1>
</body>
</html>
```

2.5.3　嵌入 HTML 文档

在 HTML 文档中可以使用 iframe 元素来创建内联框架（也称为行内框架），用于包含另外一个 HTML 文档。在 iframe 元素的开始标签与结束标签之间可以放置所需要的文本内容，这样就可以应对无法理解 iframe 的浏览器。目前所有浏览器都支持 iframe 元素。

iframe 元素具有下列局部属性。

src：指定在 iframe 元素中显示的文档的 URL。

srcdoc：指定在 iframe 元素中显示的页面的 HTML 内容。

name：指定 iframe 元素的名称，此名称可以设置为 a 等元素的 target 属性值。

sandbox：启用一系列对 iframe 元素中内容（如表单、脚本等）的额外限制。

seamless：规定 iframe 元素看上去像是包含文档的一部分。

height 和 width：指定 iframe 元素的高度和宽度，单位是像素或百分比。

在上述局部属性中，sandbox、seamless 和 srcdoc 属性都是在 HTML5 中新增的。

如果在 iframe 元素中应用 sandbox 属性而不设置任何值，则会禁用脚本、表单、插件以及指向其他浏览上下文的链接。

如果希望独立启用各种功能，则可以通过设置 sandbox 属性值来实现，该属性的可能值如下。

allow-forms：启用表单功能。

allow-scripts：启用脚本功能。

allow-same-origin：允许 iframe 包含的内容被视为与文档其他部分拥有相同的来源位置。

allow-top-navigation：允许链接指向顶层的浏览上下文。

例 2.44　本例演示如何使用 iframe 元素嵌入 HTML 文档。源代码如下：

```
<!doctype html>
<head>
<meta charset="gb2312">
<title>内联框架应用示例</title>
<style>
aside {width: 14em; float: left; }
h1 {text-align: center; }
</style>
</head>
<body>
<header>
  <h1>唐诗欣赏</h1>
</header>
<hr>
<aside>
  <nav>
    <ul>
      <li><a href="poem1.html" target="myframe">王维<cite>《鹿柴》</cite></a></li>
      <li><a href="poem2.html" target="myframe">孟浩然<cite>《春晓》</cite></a></li>
      <li><a href="poem3.html" target="myframe">贾岛<cite>《寻隐者不遇》</cite></a></li>
    </ul>
  </nav>
</aside>
<iframe name="myframe" src="poem1.html" height="200" width="226">
</iframe>
</body>
</html>
```

本例中用 aside 元素制作了一个侧边栏，其中包含一个导航列表，每个超链接分别指向一个不同的网页；通过 CSS 样式设置的这个侧边栏将位于页面左侧。使用 iframe 元素创建内联框架时，设置了 name、src、height 和 width 属性，其中 name 属性被设置为侧边栏中各个超链接的 target 属性值（即指定单击超链接时在此 iframe 中打开目标文档），src 属性指定了打开网页时所显示文档的 URL，height 和 width 属性则设置了框架的高度和宽度。上述网页的显示效果如图 2.48 和图 2.49 所示。

为保证上述例子正常运行，还需要创建另外 3 个 HTML 文档。它们的结构类似，这里只给出文档 poem1.html 的源代码：

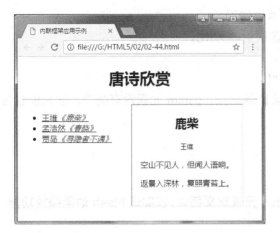

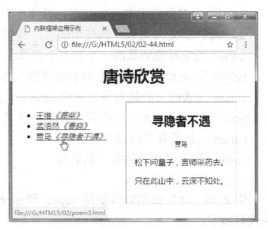

图 2.48　打开网页时显示由 src 属性指定的文档　　　　图 2.49　单击超链接时在框架中打开目标文档

```
<!doctype html>
<html>
<head>
<meta charset="gb2312">
<title>鹿柴</title>
<hgroup>
    <h2>鹿柴</h2>
    <p><small>王维</small></p>
</hgroup>
<p>空山不见人，但闻人语响。</p>
<p>返景入深林，复照青苔上。</p>
</body>
</html>
```

2.5.4　通过插件嵌入内容

所谓插件是指遵循一定规范的应用程序接口编写出来的程序，它只能运行在程序规定的系统平台或软件中。通过插件可以处理浏览器不支持的内容，从而扩展浏览器的功能。在 HTML 中可以使用 embed 和 object 元素为浏览器添加插件支持。

embed 元素是 HTML5 中新增的，用于定义嵌入的内容，例如插件。embed 属于短语元素，其用法是采用虚元素形式，只有一个标签。因此，不要试图在 embed 元素的开始标签和结束标签之间添加文本内容，以说明旧式的浏览器不支持该元素。

embed 元素具有下列局部属性。

height 和 width：分别设置嵌入内容的高度和宽度，单位为像素。

src：指定嵌入内容的 URL。

type：规定嵌入内容的 MIME 类型。

object 元素用于定义一个嵌入的对象，可以实现与 embed 元素相同的效果，但其工作方式略有不同，并且还具有一些额外的功能。object 元素的内容可以是空白，也可以是任意数量的 param 元素，还可以选择添加短语或流式内容作为备用内容。

object 元素具有下列局部属性。

data：指定引用对象数据的 URL。

type：指定由 data 属性规定的文件中出现的数据的 MIME 类型。

name：为对象指定唯一的名称，以便在脚本中使用。

usemap：指定与对象一同使用的客户端图像映射的 URL。

form：指定对象所属的一个或多个表单。

height 和 width：分别指定对象的高度和宽度。

param 元素的功能是为包含它的 object 元素提供参数。param 元素没有类型，它只能包含在 object 元素中，其标签用法采用虚元素形式。

param 元素具有下列局部属性。

name：指定义参数的唯一的名称。

value：指定参数的值。

例 2.45　本例说明如何使用 object 和 embed 元素定义插件，以实现 Flash 动画播放功能。源代码如下：

```
<!doctype html>
<html>
<head>
<meta charset="gb2312">
<title>播放 Flash 动画</title>
</head>

<body style="text-align: center">
<h1>使用插件播放 Flash 动画</h1>
<object width="550" height="400">
  <param name="movie" value="../media/benpao.swf">
  <param name="quality" value="high">
  <embed src="../media/benpao.swf" type="application/x-shockwave-flash" width="550" height="400" />
</object>
</body>
</html>
```

本例中同时使用 object 和 embed 元素来实现 Flash 动画播放功能。通过设置 object 元素的 height 和 width 属性指定了嵌入对象的大小，在开始标签<object>与结束标签</object>之间添加了两个 param 元素和一个 embed 元素；第一个 param 元素将 movie 参数值设置为要播放的 Flash 动画文件的 URL；第二个 param 元素则将以高质量来播放这个动画文件；embed 元素出现在 object 元素中是作为备用内容使用的，它会在 object 元素不可用时显示出来。上述网页的显示效果如图 2.50 所示。

图 2.50　使用插件播放 Flash 动画

2.5.5　嵌入数字表现形式

在 HTML5 中新增了 progress 和 meter 元素，用于嵌入数字的表现形式，前者表示正在运行中的进程，后者则表示某个范围内的值。

1．创建进度条

progress 元素用于创建一个进度条，以表示运行中的进程，可以用来显示 JavaScript 中耗费时间的函数的进程。例如，可以使用 progress 元素来显示下载进程。

progress 元素是短语元素，它可以包含短语内容。

progress 元素具有下列局部属性。

max：指定完成的值。

value：指定进程的当前值。

form：表示进度条所属的表单。

例 2.46　本例演示如何使用 progress 元素表示进度。源代码如下：

```
<!doctype html>
<html>
<head>
<meta charset="gb2312">
<title>进度条示例</title>
<script>
function prg() {                                    //定义名称为 prg 的函数
    var prg=document.getElementById("prg");        //获取 id 为 prg 的 progress 元素并用变量 prg 指向它
    var fc=document.getElementById("fc");          //获取 id 为 fc 的 figcaption 元素并用变量 fc 指向它

    prg.value++;                                    //使 progress 元素的当前值加 1
    fc.innerHTML=prg.value+"%";                    //更新 figcaption 元素显示的内容
    if (prg.value==100) {                           //若达到完成的最大值
        fc.innerHTML="下载完毕！";                   //则更新 figcaption 元素显示的内容
        clearInterval(int);                         //关闭计时器
    }
}
var int=setInterval("prg()", 200);                 //启用计时器，每隔 200ms 执行一次 prg 函数
</script>
</head>

<body>
<p>下载进度：</p>
<figure>
    <progress id="prg" style="width: 200px;" value="0" max="100"></progress>
    <figcaption id="fc" style="color: red">0%</figcaption>
</figure>
</body>
</html>
```

本例中使用 progress 元素创建一个进度条，用于模拟下载进程。在文档的 body 部分使用 figure 元素定义一个插图，在 figure 元素内容中包含一个 progress 元素和一个 figcation 元素，分别给出进度的图形形式和百分比形式。

为了生成动态的进程，在文档的 head 部分定义了一个名为 prg 的 JavaScript 函数，其功能是逐渐增加进度条的当前值并更新百分比，当完成进程时显示"下载完毕！"，并停止计时器。在该函数定义后面，通过调用 setInterval 函数每隔 200ms 执行一次 prg 函数。

上述网页的运行效果如图 2.51 和图 2.52 所示。

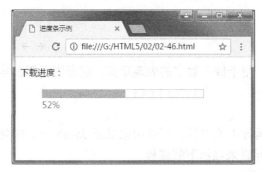

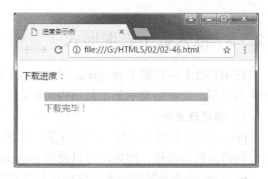

图 2.51　进程进行中的进度条　　　　　　　图 2.52　进程完成时的进度条

2．创建计量条

meter 元素用于创建一个计量条，表示某个范围内所有可能值中的一个，适用于温度、重量、金额等量化的表现，仅用于已知最大值和最小值的度量。

meter 元素属于短语元素，它可以包含短语内容。

meter 元素具有下列局部属性。

high：指定一个值，若高于该值则被界定为过高。

low：定义一个值，若低于该值则被界定为过低。

max：定义最大值，默认值为 1。

min：定义最小值，默认值为 0。

optimum：定义最佳值，若最佳值高于 high 属性值，则意味着值越高越好；若最佳值低于 low 属性值，则意味着值越低越好。

value：定义度量的值。

form：指定该元素所属的表单。

例 2.47　本例说明如何使用 meter 元素创建计量条。源代码如下：

```html
<!doctype html>
<html>
<head>
<meta charset="gb2312">
<title>创建计量条</title>
</head>
<body>

<p>设定 min=0；low=25；high=75；max=100，用计量条表示此范围内的各种可能值</p>
<figure>
    <meter style="width:600px" min="0" optimum="15" low="25" high="75" value="50" max="100"></meter>
    <figcaption>当 optimum=15，value=50 时，<em>optimum &lt; low &lt; value &lt; high</em>，值偏高，呈黄色</figcaption>
</figure>
<figure>
    <meter style="width:600px" min="0" optimum="50" low="25" high="75" value="30" max="100"></meter>
    <figcaption>当 optimum=50，value=30 时，<em>low &lt; value &lt; optimum &lt; high</em>，值正常，呈绿色</figcaption>
</figure>
<figure>
    <meter style="width:600px" min="0" optimum="50" low="25" high="75" value="50" max="100"></meter>
    <figcaption>当 optimum=50，value=50 时，<em>low &lt; optimum = value &lt; high</em>，值最佳，呈绿色</figcaption>
</figure>
<figure>
```

```
        <meter style="width:600px" min="0" optimum="85" low="25" high="75" value="50" max="100"></meter>
        <figcaption>当 optimum=85，value=50 时，<em>low &lt; value &lt; high &lt; optimum</em>，值偏低，
呈黄色</figcaption>
    </figure>
    <figure>
        <meter style="width:600px" min="0" optimum="85" low="25" high="75" value="20" max="100"></meter>
        <figcaption>当 optimum=85，value=20 时，<em>value &lt; low &lt; high &lt; optimum</em>，值太低，
呈红色</figcaption>
    </figure>
    <figure>
        <meter style="width:600px" min="0" optimum="20" low="25" high="75" value="80" max="100"></meter>
        <figcaption>当 optimum=20，value=80 时，<em>optimum &lt; low &lt; high &lt; value</em>，值太高，
呈红色</figcaption>
    </figure>
    </body>
    </html>
```

本例中设定 min=0、low=25、high=75 及 max=100，改变 optimum 和 value 属性的值，创建了 6 个计量条，用于表示此范围内的各种可能值。由于 value 表示的值与 optimum、low、high 属性之间的大小关系不同，计量条分别将呈现出不同的颜色，值偏高或偏低时呈黄色，值正常或最佳时呈绿色，值太高或太低时呈红色。上述网页的显示效果如图 2.53 所示。

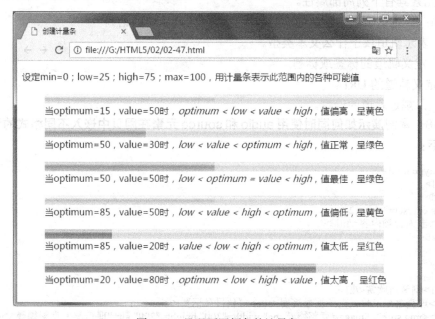

图 2.53　呈现不同颜色的计量条

2.5.6　嵌入音频

HTML5 中新增了 3 个与播放音频有关的元素，即 audio、source 和 track 元素，它们的功能分别是嵌入音频内容、定义备用资源以及规定外部文本轨道。

audio 元素，用于在 HTML 文档中嵌入音频内容，例如音乐或其他音频流。audio 元素可以包含 source 和 track 元素，也可以包含短语或流式内容。通过在<audio>与</audio>之间放置文本内容，可以使旧式浏览器显示出不支持该元素的信息。

audio 元素具有下列局部属性。

autoplay：指定音频在就绪后马上播放。

controls：指定显示音频播放控件。

loop：指定音频应该循环播放。

muted：指定音频输出应该被静音。

preload：指定音频在页面加载时进行加载并预备播放，若使用 autoplay，则忽略该属性。

src：指定要播放的音频的 URL。

source 元素用于定义音频或视频资源，规定可替换的音频或视频文件供浏览器根据它对媒体类型或者编解码器的支持进行选择。source 元素的用法是采用虚元素形式。

source 元素具有下列局部属性。

media：规定媒体资源的类型。

src：规定媒体文件的 URL。

type：规定媒体资源的 MIME 类型。

track 元素的功能是为诸如 audio、video 元素之类的媒体规定外部文本轨道，即用于规定歌词文件、字幕文件或其他包含文本的文件，当媒体播放时这些文件的内容是可见的。

track 元素具有下列局部属性。

default：规定该轨道是默认的（假如没有选择任何轨道的话）。

kind：表示轨道属于什么文本类型。

label：定义轨道的标签或标题。

src：定义轨道的 URL。

srclang：规定轨道的语言。

例 2.48　本例演示如何同时使用 audio 和 source 元素在网页中嵌入不同格式的音乐文件。
源代码如下：

```html
<!doctype html>
<html>
<head>
<meta charset="gb2312">
<title>嵌入音频内容</title>
</head>

<body>
<header>
  <h1>钢琴曲欣赏</h1>
  <p>理查德&middot;克莱德曼演奏<cite>《秋日私语》</cite></p>
  <p><img src="../images/克莱德曼.jpg" width="300" height="299" alt="理查德·克莱德曼"/></p>
</header>
<audio preload="auto" controls autoplay>
  <source src="../media/秋日私语.mp3" type="audio/mp3">
  <source src="../media/秋日私语.ogg" type="audio/ogg">
</audio>
</body>
</html>
```

本例中使用 audio 元素嵌入音乐文件，并对该元素设置了 3 个属性：将 preload 属性设置为 auto，作用是请求浏览器尽快下载音频文件；应用 controls 属性是让浏览器显示出音频文件的播放控件；应用 autoplay 属性是让浏览器在音频就绪时立即播放。在 audio 元素中没有使用 src 属性指定要播放的音频文件，而是使用 source 元素指定了两个不同格式的音乐文件。上述网页的显示效果如图 2.54 所示。

图 2.54　在网页中嵌入音乐文件

2.5.7　嵌入视频

video 元素是 HTML5 中新增的元素，用于在网页中嵌入视频，例如电影片段或其他视频流。通过在该元素的开始标签和结束标签之间放置文本内容，可以使老式浏览器显示出不支持该元素的信息。如果希望指定多种视频格式，可以将 video 元素与 source 元素一起使用。

video 元素具有下列局部属性。

autoplay：规定在视频就绪后立即播放。

controls：规定显示视频播放控件。

height 和 width：分别设置视频播放器的高度和宽度。

muted：指定视频输出应该被静音。

loop：规定对视频进行循环播放。

poster：规定在视频播放之前所显示的图片的 URL。

src：指定要播放的视频的 URL。

preload：告诉浏览器是否要预先加载视频。

例 2.49　本例演示如何使用 video 和 source 元素在网页中嵌入视频文件。源代码如下：

```
<!doctype html>
<html>
<head>
<meta charset="gb2312">
<title>嵌入视频内容</title>
</head>

<body>
<header>
    <h1>播放视频文件</h1>
    <p>同时指定多种格式</p>
</header>
<video width="320" height="240" preload="auto" controls >
    <source src="../media/movie.mp4" type="video/mp4">
    <source src="../media/movie.webm" type="video/webm">
```

```
  </video>
 </body>
</html>
```

上述网页的显示效果如图 2.55 所示。

图 2.55　在网页中嵌入视频

2.5.8　嵌入图形

HTML5 中新增的 canvas 元素用于在网页中绘制图形。该元素中可以包含短语或流式内容，这些内容将在浏览器不支持该元素时作为备用内容显示出来。

canvas 元素具有两个局部属性，即 height 和 width，它们分别用于设置画面的高度和宽度（以像素为单位）。

canvas 元素的作用仅仅是在网页中创建一块画布。为了在这块画布上绘制图形，需要首先通过在 JavaScript 脚本中调用 document 对象的 getElementById 方法获取代表 canvas 元素的对象，然后通过使用参数"2d"调用该对象的 getContext 方法获取一个上下文对象。有了这个上下文对象，便可以开始使用各种绘图方法在画布上绘制图形了。

例 2.50　本例演示如何使用 canvas 元素并结合 JavaScript 脚本编程在网页上绘制图形。源代码如下：

```
<!doctype html>
<html>
<head>
<meta charset="gb2312">
<title>绘制图形</title>
</head>

<body>
<header>
  <h1>绘制图形</h1>
</header>
<hr>
<canvas id="mycanvas" height="120" width="360">您的浏览器不支持 canvas 元素。</canvas>
<script>
  var ctx=document.getElementById("mycanvas").getContext("2d");     //获取画布上下文对象
  ctx.fillRect(10, 10, 80, 80);                        //绘制填充矩形，左上角在(10, 10)，高和宽均为 80
  ctx.strokeRect(130, 10, 80, 80);                     //绘制矩形边框，左上角在(130, 10)，高和宽均为 80
```

```
        ctx.beginPath();                            //开始一条新路径
        ctx.arc(290, 50, 45, 0, 2*Math.PI);         //创建圆形，圆心在(290, 50)，半径为45
        ctx.stroke();                               //绘制已定义路径
    </script>
    </body>
    </html>
```

本例中首先使用 canvas 元素在网页中定义了一个画布，然后在 JavaScript 脚本中获取了这块画布的上下文对象，接着在画布上绘制了填充矩形、矩形边框和圆形。网页运行结果如图 2.56 所示。

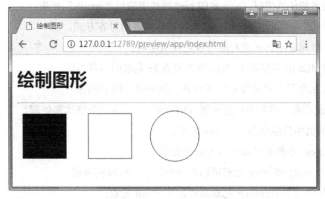

图 2.56　在网页中绘图

 习题 2

一、选择题

1. 要表示一段重要文本，可使用（　　）元素。

A. b　　　　　　　　B. strong　　　　　　　C. i　　　　　　　　D. em

2. 要表示版权符号，可使用实体名称（　　）。

A. 　　　　　B. ®　　　　　　　C. ©　　　　　D. €

3. 要突出显示一段文本，可使用（　　）元素。

A. small　　　　　　B. mark　　　　　　　C. abbr　　　　　　D. dfn

4. 要表示计算机系统的输入，可使用（　　）元素。

A. code　　　　　　B. smap　　　　　　　C. kbd　　　　　　　D. var

5. a 元素的（　　）属性规定链接的目标 URL。

A. href　　　　　　B. hreflang　　　　　　C. media　　　　　D. target

6. 要定义独立成篇的内容，可使用（　　）元素。

A. section　　　　　B. article　　　　　　C. aside　　　　　　D. details

7. 要制作一个表格，至少要用到（　　）元素。

A. table、theadt 和 tbody　　　　　　　　B. table、col 和 caption

C. table、tr 和 td　　　　　　　　　　　D. table、th 和 td

8. area 元素的 shape 属性用于定义图像映射中的区域，下列各项中（　　）不能作为 shape 属性的值。

A. rect　　　　　　B. circle　　　　　　　C. poly　　　　　　D. all

二、判断题

1.（   ）ins 元素定义插入文本，del 元素定义删除文本。

2.（   ）sub 元素定义上标文本，sup 元素定义下标文本。

3.（   ）cite 元素定义其他作品的标题，也可以引用人名。

4.（   ）time 元素仅用于定义时间。

5.（   ）用 ruby、rt 和 rp 元素表示汉语拼音时，rt 元素是可选项。

6.（   ）创建内部链接时，应将 a 元素的 href 属性设置为"#<name"。

7.（   ）创建电子邮件链接时，a 元素的 href 属性值应以"email:"开头。

8.（   ）在 HTML5 中可以使用 align 属性设置 p 元素的对齐方式。

9.（   ）使用 q 和 blockquote 元素都可以定义引用块。

10.（   ）在 HTML5 中不能使用 align 属性设置 hr 元素的对齐方式。

11.（   ）figure 元素用于规定独立的流内容，其外延仅限于图像。

12.（   ）hgroup 元素可将多个标题元素（h1~h6）组合成一个整体来处理。

13.（   ）一个网页中只能使用一个 nav 元素。

14.（   ）在 address 元素中可以使用 article 元素。

15.（   ）thead、tbody 和 tfoot 元素可以对表格的一些行或列分组。

16.（   ）在任何情况下 colgroup 元素都可以包含 col 元素。

三、简答题

1．如何使用 span 元素？

2．什么是 URL？URL 分为哪些类型？

3．如何使用 div 元素？

4．如何创建不连续的有序列表？

5．如何制作不规则表格？

6．使用 img 元素时为什么要设置 height 和 width 属性？

7．如果希望在网页上单击超链接时在 iframe 中打开目标文档，应该如何实现？

8．如何使用 object 和 embed 元素在网页中嵌入 Flash 动画？

9．progress 和 meter 元素的作用分别是什么？

10．audio、source 和 track 元素的作用分别是什么？

11．使用 vedio 元素时如何指定多种视频格式？

12．如何在网页上绘图？

 上机操作 2

1．编写一个网页，要求分别创建一个有序列表和无序列表。

2．编写一个网页，要求使用 header 和 footer 元素为整个网页添加页眉和页脚，使用 article 元素显示新闻内容并为 article 添加页眉和页脚。

3．编写一个网页，要求使用 details 和 summary 元素定义一个详情区域。

4．编写一个网页，要求制作一个不规则表格。

5．编写一个网页，要求使用 img 元素在页面中嵌入一幅图像。

6. 编写一个网页，要求使用 aside 元素添加一个侧边栏并在其中创建一个导航区，当单击超链接时在 iframe 元素中打开目标网页。

7. 编写一个网页，要求使用 object 和 embed 元素在网页中嵌入 Flash 动画，其中 embed 元素为备用内容。

8. 编写一个网页，要求使用 progress 元素制作一个进度条，用于模拟下载过程。

9. 编写一个网页，要求使用 audio 元素嵌入音乐文件，并通过 source 元素指定多种音频格式。

10. 编写一个网页，要求使用 audio 元素嵌入视频文件，并通过 source 元素指定多种音频格式。

11. 编写一个网页，要求使用 canvas 元素创建一块画布，并通过 JavaScript 脚本编程绘制一个矩形边框和一个圆形。

表单是构建 Web 应用程序的基础，可以用于向服务器传输数据。站点访问者可以通过表单输入各种信息，然后将把这些信息提交给服务器进行处理。本章介绍如何创建 HTML 表单，主要内容包括创建和配置表单、使用 button 元素、使用 input 元素及其他表单控件以及表单输入验证。

3.1　创建和配置表单

HTML 文档中的表单由 form 元素和位于其中的一些表单控件元素（如 input、select、button 等）组成，form 元素指定使用何种方法发送数据以及将数据发送到何处去，表单控件则为用户提供输入和提交数据的手段。创建表单时，首先需要使用 form 元素定义表单并设置其属性，然后根据需要在该表单中添加各种表单控件。

3.1.1　制作基本表单

在网页中制作一个基本的表单至少需要 3 个元素，即 form、input 和 button 元素。form 元素用于为用户输入创建 HTML 表单，input 元素用于收集用户输入的信息，button 元素用于向服务器提交所输入的信息。

form 元素在网页上定义一个表单。form 元素为流式元素，它可以包含各种流式内容（如列表、表格），通常主要包含一些说明性标签（label 元素）和各种表单控件元素，例如 input、textarea、select 以及 button 元素等，但不能包含另外一个 form 元素，即表单不能嵌套使用。

form 元素具有下列局部属性。

accept-charset：指定服务器可处理的表单数据字符集。

action：指定当提交表单时向何处发送表单数据，其值通常是位于服务器上的某个动态网页的 URL。如果还没有安装和配置服务器，也可以使用客户端 JavaScript 脚本来模拟服务器端应用程序，此时可以将 action 属性设置为"javascript:function_name()"形式。

autocomplete：指定是否启用表单的自动完成功能，其取值为 on 或 off，默认值为 on。

enctype：指定在发送表单数据之前如何对其进行编码。该属性允许以下 3 个取值：application/x-www-form-urlencoded 是默认的编码方式，这种编码方式不能用来将文件上传到服务器；multipart/form-data 编码方式用于将文件上传到服务器；text/plain 编码方式的工作机制因浏览器而异。

method：指定用于发送表单数据的 HTTP 方法，允许的取值可以是 get 或 post，默认值为

get。GET 请求用于安全交互，即同一请求可以发起任意多次而不会产生额外作用，可以用来获取只读信息；POST 请求用于不安全交互，提交数据的行为会导致一些状态的改变，可以用于会改变应用程序状态的各种操作。

name：指定表单的名称。

novalidate：如果使用此属性，则指定提交表单时不进行验证。

target：指定在何处打开 action 的 URL，其取值可以是_blank、_self、_parent、_top 或者 iframe 元素的 name。

input 元素用于收集用户输入的数据。input 元素是短语元素，其标签用法采用虚元素形式，只使用一个<input>标签即可。input 元素具有一些局部属性，包括 name、disabled、form、type 以及取决于 type 属性值的其他属性。type 属性规定 input 元素的类型，若未设置该属性，则使用默认值 text，此时 input 元素呈现为文本框。

button 元素用于定义按钮，通过该按钮可将数据发送给服务器。button 元素是短语元素，它可以包含短语内容，在其开始标签与结束标签之间可以包含文本，也可以包含多媒体内容。例如，通过在<button>与</button>标签之间包含文本和图像可以制作出图文并茂的按钮。button 元素具有一些局部属性，包括 name、disabled、form、type、value、autofocus 以及取决于 type 属性值的其他属性。type 属性规定按钮的类型，若未设置该属性，则使用默认值 submit，此时按钮为提交按钮。

例 3.1　本例说明如何使用 form、input 和 button 元素制作一个基本表单。源代码如下：

```
<!doctype html>
<html>
<head>
<meta charset="gb2312">
<title>基本表单</title>
<script>
function hello() {                              //定义函数 hello
    var username=document.getElementById("username").value;      //获取提交的用户名
    alert(username+"，你好！");        //弹出包含指定消息和"确定"按钮的警告框
}
</script>
</head>

<body>
<form method="post" action="javascript:hello();">
    输入用户名：
    <input id="username">
    <button>提交</button>
</form>
</body>
</html>
```

本例中，在文档的 head 部分使用 script 元素嵌入一个 JavaScript 脚本块，声明一个名为 hello 的函数，其作用是获取从表单输入和提交的数据，并通过弹出警告框显示一条消息。

在文档的 body 部分使用 form 元素创建了一个表单，设置其 method 属性为 post，即通过 POST 方法提交表单数据；设置其 action 属性为"javascript:hello();"，即把提交的数据发送给名为 hello 的 JavaScript 函数，用于模拟服务器端应用程序。

在表单中添加了一个 input 元素和一个 button 元素。对这个 input 元素设置了 id 属性，以便在 JavaScript 脚本中引用该元素的值；由于未设置 type 属性，所以默认情况下该 input 元素

呈现为文本框，可以用来输入用户名。这个 button 元素为用户提供了一个按钮，由于未设置 type 属性，所以默认情况下该按钮的类型就是提交按钮，单击该按钮时可以将输入的用户名提交给 JavaScript 函数。

在浏览器中打开上述网页后，可以在文本框中输入用户名，然后单击"提交"按钮，此时将弹出一个警告框，其中显示出一句问候语，运行结果如图 3.1 和图 3.2 所示。

图 3.1　输入用户名并单击提交按钮　　　　　图 3.2　通过警告框显示一条消息

3.1.2　在表单中添加说明性标签

创建表单时，可以使用 label 元素为相关的 input 元素添加标注文字。label 元素不会向用户呈现任何特殊效果。不过，它为鼠标用户改进了可用性。如果在 label 元素内点击文本，就会触发此控件。换言之，当用户选择该标签时，浏览器就会自动将焦点转到和标签相关的表单控件上。

label 元素除了支持全局属性，还具有下列局部属性。

for：规定 label 与哪个表单元素绑定，其值为要绑定表单元素的 id 属性值。

form：规定 label 字段所属的一个或多个表单，其值应当与所属表单的 id 属性相同。

例 3.2　本例说明如何使用 label 元素为相关的 input 元素添加说明性标签。源代码如下：

```
<!doctype html>
<html>
<head>
<meta charset="gb2312">
<title>添加说明性标签</title>
<script>
  function msg(){
    var username=document.getElementById("username").value;    //获取用户名
    var email=document.getElementById("email").value;          //获取电子信箱
    alert("您的用户名："+username+"\n 您的电子信箱："+email);      //显示表单数据
  }
</script>
</head>

<body>
<header>
  <h1>填写个人信息</h1>
</header>
<hr>
<form method="post" action="javascript:msg();">
  <table>
    <tr>
      <td><label for="username">用户名：</label></td>
      <td><input id="username"></td>
    </tr>
```

```
  <tr>
    <td><label for="email">电子信箱：</label></td>
    <td><input id="email"></td>
  </tr>
  <tr>
    <td colspan="2" style="text-align: center"><button>提交信息</button></td>
  </tr>
  </table>
 </form>
</body>
</html>
```

本例创建表单时使用表格对表单控件进行布局。在表格第一行第一列和第二列分别放置一个 label 元素和一个 input 元素，并将 label 元素的 for 属性设置为 input 元素的 id 属性值，从而将标签和文本框绑定起来。在表格第二行中也是按这种方式处理的。虽然标签与文本框分别放置在不同的单元格中，但还是通过前者的 for 属性将它们关联起来。上述网页的运行结果如图 3.3 和图 3.4 所示。

图 3.3　输入并提交表单数据

图 3.4　查看表单数据

3.1.3　使用表单外部的控件

在 HTML 早期版本中，input、button 以及其他与表单相关的元素必须放在 form 元素内部。在 HTML5 中不再存在这个限制。HTML5 为 input、button 以及其他与表单相关的元素新增了一个 form 属性，用于指定其所在的表单。因此，无论将这些元素放在哪里，都可以将其 form 属性设置为相关 form 元素的 id 属性值，从而将它们与相关 form 元素关联起来。

例 3.3　本例说明如何通过 form 属性将表单外部的控件与表单关联起来。源代码如下：

```
<!doctype html>
<html>
<head>
<meta charset="gb2312">
<title>添加说明性标签</title>
<script>
  function msg(){
    var username=document.getElementById("username").value;
    var email=document.getElementById("email").value;

    //弹出警告框显示表单数据，"\n"表示回车换行符
    alert("您的用户名："+username+"\n 您的电子信箱："+email);
  }
</script>
</head>
<body>
```

```
<header>
    <h3>填写个人信息</h3>
</header>
<hr>
<form id="myform" method="post" action="javascript:msg();">
</form>
<table>
    <tr>
        <td><label for="username">用户名：</label></td>
        <td><input id="username" form="myform"></td>
    </tr>
    <tr>
        <td><label for="email">电子信箱：</label></td>
        <td><input id="email" form="myform"></td>
    </tr>
    <tr>
        <td colspan="2" style="text-align: center">
            <button form="myform">提交信息</button>
        </td>
    </tr>
</table>
</body>
</html>
```

本例中创建的表单与例 3.2 中创建的表单在组成上基本相同，所不同的是，本例中对 form 元素设置了 id 属性，包括 label、input 和 button 在内的所有表单控件并没有放在 form 元素中，而是放在 form 元素之外。但由于将所有 input 和 button 的 form 属性设置为 form 元素的 id 属性值，因此这个表单照样可以正常工作。上述网页的运行结果如图 3.5 和图 3.6 所示。

图 3.5　输入并提交表单数据

图 3.6　查看表单数据

在这个例子中，由于 form 元素没有包含任何内容，因此也可以作为空元素来处理，用自闭合标签<form ... />形式表示。

3.2　使用 button 元素

button 元素用于定义按钮。在 button 元素内部可以放置不同内容，例如文本或图像。按照 type 属性的不同，button 元素有 3 种用法：当 type 属性为 submit 时，表示按钮的用途是提交表单，即把表单数据发送到服务器，这也是默认情况；当 type 属性为 reset 时，表示按钮的用途是重置表单，即把各个表单控件恢复到初始状态；当 type 属性为 button 时，表示按钮没有具体语义。

不论 type 属性取何值，button 元素均可使用下列局部属性。

name：指定按钮的名称。

autofocus：指定当页面加载时按钮应当自动获得焦点。

disabled：指定应该禁用该按钮。

value：指定按钮的初始值。可由脚本进行修改。

此外，button 元素还具有一些与 type 属性值相关的其他属性。

3.2.1 制作提交按钮

如果将 button 元素的 type 属性设置为 submit，则按钮的功能就是提交表单，这种按钮称为提交按钮。这也是未设置 type 属性时 button 元素的默认行为。

作为提交按钮使用时，button 元素还具有下列局部属性。

form：指定按钮所属的一个或多个表单。

formaction：覆盖 form 元素的 action 属性，另行指定表单将要提交的目标 URL。

formenctype：覆盖 form 元素的 enctype 属性，另行指定表单的编码方式。

formmethod：覆盖 form 元素的 method 属性，取值为 get 或 post，另行指定发送表单数据的 HTTP 方法。

formnovalidate：覆盖 form 元素的 novalidate 属性，另行指定提交表单时不进行验证。

formtarget：覆盖 form 元素的 target 属性，另行指定打开 action 的目标 URL。

例 3.4　本例说明如何使用 button 元素制作提交按钮。源代码如下：

```
<!doctype html>
<html>
<head>
<meta charset="gb2312">
<title>使用 button 元素制作提交按钮</title>
<script>
  function msg(){
    var username=document.getElementById("username").value;
    var email=document.getElementById("email").value;
    alert("您的用户名："+username+"\n 您的电子信箱："+email);
  }
</script>
</head>
<body>

<header>
  <h3>填写个人信息</h3>
</header>
<hr>
<form>
  <table>
    <tr>
      <td><label for="username">用户名：</label></td>
      <td><input id="username"></td>
    </tr>
    <tr>
      <td><label for="email">电子信箱：</label></td>
      <td><input id="email"></td>
    </tr>
    <tr>
      <td colspan="2" style="text-align: center">
      <button type="submit" formmethod="post" formaction="javascript:msg();">提交信息</button></td>
    </tr>
```

```
    </table>
  </form>
</body>
</html>
```

本例中创建的表单与例 3.2 中创建的表单功能相同。所不同的是，本例中并没有对 form 元素设置任何属性，这些功能是通过设置 button 元素以下的属性来实现的：用 type 属性指定按钮为提交按钮，用 formmethod 属性指定提交表单时使用 HTTP POST 方法，用 formaction 属性指定表单数据发送到 JavaScript 函数。上述网页的运行结果如图 3.7 和图 3.8 所示。

图 3.7　输入并提交表单数据　　　　　　　　　图 3.8　查看表单数据

3.2.2　制作重置按钮

如果将 button 元素的 type 属性设置为 reset，则单击该按钮时会将表单内的所有控件恢复为初始状态，这样的按钮称为重置按钮。button 元素作为重置按钮使用时，没有任何额外的局部属性可用。

例 3.5　本例说明如何使用 button 元素制作重置按钮。源代码如下：

```
<!doctype html>
<html>
<head>
<meta charset="gb2312">
<title>个人信息录入页面</title>
<script>
  function msg(){
    var username=document.getElementById("username").value;
    var email=document.getElementById("email").value;
    alert("您的用户名："+username+"\n 您的电子信箱："+email);
  }
</script>
</head>
<body>
<header>
  <h3>填写个人信息</h3>
</header>
<hr>
<form method="post" action="javascript:msg();">
  <table>
    <tr>
      <td><label for="username">用户名：</label></td>
      <td><input id="username"></td>
    </tr>
    <tr>
      <td><label for="email">电子信箱：</label></td>
```

```
      <td><input id="email"></td>
    </tr>
    <tr>
      <td> </td>
      <td><button type="submit">提交</button>       
        <button type="reset">重置</button></td>
    </tr>
  </table>
</form>
</body>
</html>
```

本例中表单包含两个 button 元素，其中一个用于制作提交按钮，另一个用于制作重置按钮。当在两个文本框中依次输入内容并单击重置按钮时，这些文本框都将恢复为空白。上述网页的运行结果如图 3.9 和图 3.10 所示。

图 3.9　输入内容并重置表单　　　　　　　　图 3.10　文本框恢复为初始状态

3.2.3　制作普通按钮

如果将 button 元素的 type 属性设置为 button，则单击该按钮时不会做任何事情。这仅仅是一个普通的按钮而已，它并没有什么特定的功能，既不能提交表单，也不能重置表单。如果希望通过这种普通按钮完成特定的任务，则需要在 JavaScript 脚本中定义一个函数，并且通过设置 button 元素的事件属性 onclick 来调用这个函数。如此设置之后，当单击按钮时就会调用指定函数，从而实现所希望的功能。

例 3.6　本例说明如何使用 button 元素制作一个普通按钮并实现特定的功能。源代码如下：

```
<!doctype html>
<html>
<head>
<meta charset="gb2312">
<title>个人信息录入页面</title>
<script>
  function msg(){
    var username=document.getElementById("username").value;
    var email=document.getElementById("email").value;
    alert("您的用户名："+username+"\n 您的电子信箱："+email);
  }
  function help() {        //定义另一个函数
    alert("请在文本框中依次填写用户名和有效的电子信箱，然后单击提交按钮。");
  }
</script>
</head>
<body>
```

```
<header>
  <h3>填写个人信息</h3>
</header>
<hr>
<form method="post" action="javascript:msg();">
  <table>
    <tr>
      <td><label for="username">用户名：</label></td>
      <td><input id="username"></td>
    </tr>
    <tr>
      <td><label for="email">电子信箱：</label></td>
      <td><input id="email"></td>
    </tr>
    <tr>
      <td></td>
      <td><button type="submit">提交</button>
          
        <button type="reset">重置</button>
          
        <button type="button" onclick="help();">帮助</button></td>
    </tr>
  </table>
</form>
</body>
</html>
```

本例中用 form 元素定义了一个表单，然后在该表单中添加了 3 个 button 元素，并将这些 button 元素的 type 分别设置为 submit、reset 和 button，由此得到了提交按钮、重置按钮和普通按钮。对于这个普通按钮还将其事件属性 onclick 设置为一个函数调用，该函数的定义包含在文档首部的内嵌脚本块中。上述网页的运行结果如图 3.11 和图 3.12 所示。

图 3.11　单击帮助按钮

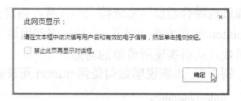

图 3.12　在警告框中显示操作说明

3.3　使用 input 元素

input 元素是应用最多的表单控件，其功能是用于输入收集用户信息。根据 type 属性值的不同，input 元素呈现为多种不同的形式，既可以是文本框，也可以是单选按钮、复选框、掩码后的文本框以及按钮等。input 元素的用法采用虚元素形式，即没有结束标签，只用一个标签即可。如果 input 元素本身没有包含提示信息，则应使用 label 元素为它添加说明性标签。

3.3.1　用 input 元素输入文字

如果将 input 元素的 type 属性设置为 text，则该元素呈现为一个单行文本框，可用于输入单行文本，这也是它的默认功能。

使用 input 元素创建单行文本框时，通常需要设置该元素的下列局部属性。

name：设置文本框的名称。

size：设置文本框能显示的最大字符数目。

maxlength：设置文本框中能输入的最大字符数目。

value：设置文本框的初始值。

placeholder：设置关于输入数据类型的提示。

pattern：设置输入字段的值的模式或格式。

list：设置为文本框提供建议值的 datalist 元素，其值为 datalist 元素的 id。

autofocus：规定文本框在页面加载时是否自动获得焦点。

required：指示用户必须在文本框中输入内容，否则无法通过验证。

readony：设置文本框为只读的，以阻止用户编辑其内容。

disabled：规定当 input 元素加载时禁用此元素。

1．设置文本框的大小和占位符

与文本框大小相关的属性有 size 和 maxlength，前者用于设置文本框能显示的字符数目，后者则用于设置在文本框中能输入的最大字符数目，两者的大小可以相同，也可以不相同。对于具有固定长度的字段（如邮政编码和身份证号等），可以根据实际需要来设置这些属性。

一般情况下，打开网页时文本框都是空的，不包含任何内容。如果有必要，可以通过 value 属性为文本框设置初始内容，也可以通过 placeholder 属性为文本框设置占位符文本，以提示用户应该输入什么类型的数据。

例 3.7　本例说明如何通过相关属性设置文本框的大小和占位符。源代码如下：

```
<!doctype html>
<html>
<head>
<meta charset="gb2312">
<title>填写个人信息</title>
<script>
    function info() {
        alert("表单数据已提交！");
    }
    </script>
</head>
<body>

<header>
    <h3>填写个人信息</h3>
</header>
<hr>
<form method="post" action="javascript:info();">
    <table>
        <tr>
            <td><label for="username">用户名：</label></td>
            <td><input id="username" type="text" size="10"
                    maxlength="10" placeholder="请输入用户名" autofocus></td>
        </tr>
```

```
		<tr>
			<td><label for="id_number">身份证号：</label></td>
			<td><input id="id_number" type="text" size="18"
				maxlength="18" placeholder="请输入 18 位二代身份证号"></td>
		</tr>
		<tr>
			<td><label for="phone_number">手机号：</label></td>
			<td><input id="phone_number" type="text" size="11"
				maxlength="11" placeholder="请输入 11 位手机号"></td>
		</tr>
		<tr>
			<td><label for="postal_code">邮政编码：</label></td>
			<td><input id="postal_code" type="text" size="12"
				maxlength="6" placeholder="请输入 6 位邮政编码"></td>
		</tr>
		<tr>
			<td> </td>
			<td><button type="submit">提交</button>
				       
				<button type="reset">重置</button></td>
		</tr>
	</table>
</form>
</body>
</html>
```

本例中创建表单时用 input 元素创建了 4 个文本框控件，对这些控件设置了 size、maxlength 和 placeholder 等属性，并对用于输入用户名的文本框设置了 autofocus 属性，因此打开网页时每个文本框中显示占位符提示文字，而且第一个文本框会自动获得焦点。上述网页的运行效果如图 3.13 和图 3.14 所示。

图 3.13　第一个文本框自动获得焦点

图 3.14　输入内容后占位符被替换

2．为文本框提供建议值

为了方便用户输入，可以考虑为文本框提供一个建议值列表，这样用户在文本框中输入数据时只需要从列表中选择一项就可以了。如果希望为文本框配备建议值列表，则需要将 input 元素的 list 属性设置为 datalist 元素的 id，从而将 input 元素与 datalist 元素绑定起来。

datalist 元素是 HTML5 中新增的，它需要与 input 元素配合起来使用，其功能是为 input 元素定义一组可能的值。对于不同类型的 input 元素，使用 datalist 元素的方式也有所不同。对于 type 属性为 text 的 input 元素而言，datalist 元素提供的值以自动补全建议值的方式呈现。datalist 元素为短语元素，该元素没有局部属性，它可以包含一些 option 元素和短语内容。提供给用户选择每个建议值分别使用一个 option 元素来指定。

option 元素可以用在 datalist、select 及 optgroup 元素中，其内容为字符数据。option 元素具有下列局部属性。

disabled：设置此选项应在首次加载时被禁用。

label：指定当使用 optgroup 元素时所使用的标注。

selected：设置选项首次显示在列表中时表现为选中状态。

value：设置送往服务器的选项值。

提示：如果列表选项很多，可以使用 optgroup 标签对相关选项进行组合。

例 3.8　本例演示如何使用 datalist 元素为文本框提供建议值列表。源代码如下：

```
<!doctype html>
<html>
<head>
<meta charset="gb2312">
<title>填写个人信息</title>
<script>
  function info() {
    alert("表单数据已提交！");
  }
</script>
</head>
<body>
<header>
  <h3>填写个人信息</h3>
</header>
<hr>
<form method="post" action="javascript:info();">
  <table>
    <tr>
      <td><label for="username">用户名：</label></td>
      <td><input id="username" type="text" size="10"
          maxlength="10" placeholder="请输入用户名" autofocus></td>
    </tr>
    <tr>
      <td><label for="id_number">身份证号：</label></td>
      <td><input id="id_number" type="text" size="18"
          maxlength="18" placeholder="请输入 18 位二代身份证号"></td>
    </tr>
    <tr>
      <td><label for="phone_number">手机号：</label>
      <td><input id="phone_number" type="text" size="11"
          maxlength="11" placeholder="请输入 11 位手机号"></td>
    </tr>
    <tr>
      <td><label for="postal_code">邮政编码：</label>
      <td><input id="postal_code" type="text" size="12"
          maxlength="6" placeholder="请输入 6 位邮政编码"></td>
    </tr>
    <tr>
      <td><label for="education">学历：</label></td>
      <td><input id="education" type="text" size="12"
          maxlength="5" placeholder="请输入您的学历" list="edu_list"></td>
    </tr>
    <tr>
      <td> </td>
      <td><button type="submit">提交</button>
          
      <button type="reset">重置</button></td>
    </tr>
```

```
      </table>
    </form>
    <datalist id="edu_list">
      <option label="小学" value="小学" />
      <option label="初中" value="初中" />
      <option>高中</option>
      <option label="大专" value="大学专科" />
      <option label="本科" value="大学本科">
      <option label="硕士" value="硕士研究生" />
      <option label="博士" value="博士研究生" />
    </datalist>
  </body>
</html>
```

本例中创建表单时添加了一个用于输入学历的文本框，并为它配备了一个建议值列表。这个建议值列表是通过 datalist 元素和 option 元素来创建的。datalist 元素的 id 为 edu_list，将"学历"文本框的 list 属性设置为此 id，即可将文本框与建议值列表绑定起来。在这个网页中填写个人信息时，每当在"学历"文本框中输入一个字，相关的建议值选项列表就会弹出来，从中选择所需的项目即可，如图 3.15 和图 3.16 所示。

图 3.15　输入"大"字时出现的建议值　　　图 3.16　输入"研"字时出现的建议值

3.3.2　用 input 元素输入密码

为了安全起见，在文本框中输入密码时往往需要屏蔽输入的内容。无论输入的是字母还是数字，在屏幕上看到的通常是星号（*）或项目符号（•）。要制作这种密码输入框，只需要将 input 元素的 type 属性设置为 password 即可。

例 3.9　本例说明如何使用 input 元素制作密码输入框。源代码如下：

```
<!doctype html>
<html>
<head>
<meta charset="gb2312">
<title>网站登录</title>
<script>
  function login() {
    alert("表单数据已提交！");
  }
  </script>
</head>

<body>
```

```
<header>
    <h3>网站登录</h3>
</header>
<hr>
<form method="post" action="javascript:login();">
    <table>
        <tr>
            <td><label for="username">用户名：</label></td>
            <td><input id="username" type="text" autofocus></td>
        </tr>
        <tr>
            <td><label for="password">密码：</label></td>
            <td><input id="password" type="password"></td>
        </tr>
        <tr>
            <td> </td>
            <td><button type="submit">提交</button>
                    
                <button type="reset">重置</button></td>
        </tr>
    </table>
</form>
</body>
</html>
```

本例中制作了一个登录表单，打开网页时"用户名"文本框会自动获得焦点，在"密码"框中输入登录密码时输入的内容会显示为项目符号（•），如图 3.17 所示。

图 3.17　使用 input 元素制作的密码输入框

3.3.3　用 input 元素生成按钮

如果将 input 元素的 type 属性设置为 submit、reset 或 button，则会生成类似 button 元素那样的按钮，这些按钮的功能与同类型的 button 按钮相同。由于 input 元素属于虚元素，因此使用该元素生成按钮时不可能将按钮的标题文字放在开始标签与结束标签之间，而必须通过 value 属性来设置按钮的标题。

将 input 元素的 type 属性设置为 submit 时，这个元素还拥有一些额外的局部属性，包括 formaction、formenctype、formmethod、formnovalidate 以及 formtarget。关于这些属性的详细信息，请参阅 3.2.1 节。将 type 属性设置为 reset 或 button 时，input 元素没有额外的局部属性。

　　例 3.10　本例演示如何使用 input 元素生成提交按钮、重置按钮和普通按钮。源代码如下：

```
<!doctype html>
<html>
<head>
```

```
<meta charset="gb2312">
<title>网站登录</title>
<script>
  function login() {
    alert("表单数据已提交！ ");
  }
  function help() {
    alert("请输入用户名和密码，然后单击登录按钮。");
  }
</script>
</head>

<body>
<header>
  <h3>网站登录</h3>
</header>
<hr>
<form method="post" action="javascript:login();">
  <table>
    <tr>
      <td><label for="username">用户名： </label></td>
      <td><input id="username" type="text" autofocus></td>
    </tr>
    <tr>
      <td><label for="password">密码： </label></td>
      <td><input id="password" type="password"></td>
    </tr>
    <tr>
      <td> </td>
      <td><input type="submit" value="登录">  
        <input type="reset" value="重置">  
        <input type="button" value="帮助" onclick="help();"></td>
    </tr>
  </table>
</form>
</body>
</html>
```

本例中创建了一个登录表单，在该表单中用 input 元素分别制作了 3 个不同类型的按钮。在网页上单击普通按钮时将会弹出一个包含帮助信息的警告框，如图 3.18 和图 3.19 所示。

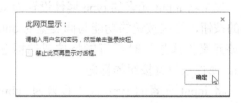

图 3.18　在网页上单击普通按钮　　　　　　图 3.19　警告框中显示帮助信息

3.3.4　用 input 元素生成单选按钮和复选框

单选按钮和复选框的功能都是给用户提供进行选择的手段。单选按钮通常成组出现，允许用户从一组固定的选项中选择一项；复选框则是给用户提供选择"是"或"否"的选项。若要创建单选按钮，将 input 元素的 type 属性设置为 radio 即可；若要创建复选框，将 input 元素的 type 属性设置为 checkbox 即可。使用 label 元素为单选按钮和复选框添加说明性标签时，label 元素通常位于 input 元素之后。

对于单选按钮和复选框，可以对 input 元素的下列局部属性进行设置。

name：设置元素的名称。若要生成一组相互排斥的单选按钮，应将相关 input 元素的 name 属性设置相同的值。

checked：如果设置该属性，则打开网页时单选按钮或复选框处在选中状态。

value：设置元素处在选中状态时的值，该值在提交表单时连同名称一起发送到服务器。对于复选框而言，默认值为 on。

required：规定必须选中复选框或从一组单选按钮中选择一个，否则无法通过数据验证。

提示：提交表单数据时，只有当前处在选中状态的单选按钮和复选框的名称（name）和值（value）才会被发送到服务器。

例 3.11　本例说明如何使用 input 元素生成单选按钮和复选框。源代码如下：

```
<!doctype html>
<html>
<head>
<meta charset="gb2312">
<title>填写个人信息</title>
<style>
.right {text-align: right; }
</style>
</head>
<body>

<header>
    <h3>填写个人信息</h3>
</header>
<hr>
<form method="post" action="javascript:alert('表单数据已提交！');">
  <table>
    <tr>
      <td class="right"><label for="username">用户名：</label></td>
      <td><input id="username" type="text" autofocus></td>
    </tr>
    <tr>
      <td class="right">性别：</td>
      <td><input id="male" name="gender" type="radio" checked><label for="male">男</label> 
        <input id="female" name="gender" type="radio"><label for="female">女</label>
      </td>
    </tr>
    <tr>
      <td class="right">爱好：</td>
      <td>
        <input id="music" name="hobby" type="checkbox" value="音乐">
        <label for="music">音乐</label> 
        <input id="movie" name="hobby" type="checkbox" value="电影">
        <label for="movie">电影</label> 
        <input id="basketball" name="hobby" type="checkbox" value="篮球">
        <label for="basketball">篮球</label>
      </td>
    </tr>
    <tr>
      <td> </td>
```

```
            <td><input type="submit" value="提交">  <input type="reset" value="重置"></td>
        </tr>
    </table>
  </form>
 </body>
</html>
```

本例中制作了一个用于填写个人信息的表单，其中包含一个文本框、一个单选按钮组和一组复选框。对两个单选按钮和 3 个复选框分别设置了相同的名称，这样便于在代码中使用数组进行数据处理。除了用户名需要在文本框中输入之外，性别可通过单选按钮组来选择（单项选择），爱好则通过复选框来选择（多项选择），如图 3.20 所示。

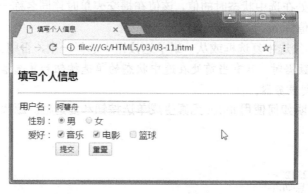

图 3.20　包含单选按钮和复选框的表单

3.3.5　用 input 元素输入数值

在 HTML5 中，对 input 元素新增了 number 和 range 类型，可以用来输入一个任意数值或位于指定范围内的数值。

若要用 input 元素输入一个数值，可将其 type 属性设置为 number，这样由该元素生成的输入框就只能接受数值，而不接受任何非数值内容。有些浏览器（如 Chrome 和 Firefox）还会在输入框的右侧显示一对上下箭头，可用来调整数值的大小。

对于这种 number 类型的 input 元素，可以对下列局部属性进行设置。

name：设置数字输入框的名称。

list：指定为输入框提供建议值的 datalist 元素，其值为要绑定的 datalist 元素的 id 值。

min：设置可接受的最小值，即下调按钮的下限。

max：设置可接受的最大值，即上调按钮的上限。

readonly：设置输入框为只读的，以阻止用户编辑其内容。

required：规定用户必须输入一个值，否则无法通过输入验证。

step：指定调节数值的步长。

value：设置元素的初始值。

在上述属性中，min、max、step 和 value 属性的值可以是整数或小数。

若要用 input 元素输入位于指定范围内的数值，可将其 type 属性设置为 range，此时用户只能通过该控件从这个范围内选择一个数值。range 类型的 input 元素与 number 类型的 input 元素支持的属性相同，只是二者在浏览器中呈现的形态和使用方法有所不同。

例 3.12　本例演示如何使用 number 和 range 类型的 input 元素输入数值。源代码如下：

```html
<!doctype html>
<html>
<head>
<meta charset="gb2312">
<title>填写个人信息</title>
<script>
  function info() {
    var username=document.getElementById("username").value;
    var height=document.getElementById("height").value;
    var weight=document.getElementById("weight").value;
    var msg="用户名："+username+"\n 身高："+height+"cm\n 体重："+weight+"kg";
    alert(msg);
  }

  function set() {
    var weight=document.getElementById("weight");
    var w=document.getElementById("w");
    w.innerHTML=weight.value;
  }
  </script>
</head>
<body>

<header>
  <h3>填写个人信息</h3>
</header>
<hr>
<form method="post" action="javascript:info();">
  <table>
    <tr>
      <td><label for="username">用户名： </label></td>
      <td><input id="username" type="text" autofocus required></td>
    </tr>
    <tr>
      <td><label for="height">身高(cm)： </label></td>
      <td><input id="height" type="number" value="160"
          min="120" max="220" step="1">
      </td>
    </tr>
    <tr>
      <td><label for="weight">体重(kg)： </label></td>
      <td><small id="w">50</small> <input id="weight" type="range" value="50"
          min="35" max="150" step="1" onchange="set();">
      </td>
    </tr>
    <tr>
      <td> </td>
      <td><button type="submit">提交</button>
            
          <button type="reset">重置</button>
      </td>
    </tr>
  </table>
</form>
</body>
</html>
```

本例制作了一个表单，分别使用 number 和 range 类型的 input 元素来输入身高和体重。Chrome 浏览器中 number 型 input 元素呈现为一个右侧带有上下调节箭头的输入框（IE 浏览器中无箭头），可以输入所需数值，也可以按上下箭头键来调节数值大小；range 型 input 元素呈现为一个滑块，可以拖动滑块或按左右箭头键来改变数值大小，只是屏幕上并未显示出当前值（IE 中可显示当前值）。本例中对该 range 型 input 元素设置了事件属性 onchange，通过 small 元素动态显示出当前值。上述网页在 Chrome 浏览器中的运行效果如图 3.21 和图 3.22 所示。

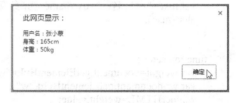

图 3.21　用 number 和 range 型 input 元素输入数值　　　图 3.22　查看表单数据

3.3.6　用 input 元素输入规定格式的字符串

如果将 input 元素的 type 设置为 tel、email 和 url，则该元素只能接受有效的电话号码、电子邮件地址和 URL 网址。与 text 类型的 input 元素一样，这 3 种类型的 input 元素也都支持下列局部属性：name、size、maxlength、value、placeholder、pattern、list、autofocus、required、readony 以及 disabled。

提示：email 类型的 input 元素还支持 multiple 属性。如果设置该属性，则 input 元素可以接受多个电子邮件地址。

例 3.13　本例演示如何使用 input 元素输入有效的电话号码、电子邮件地址和 URL 网址。源代码如下：

```
<!doctype html>
<html>
<head>
<meta charset="gb2312">
<title>填写个人信息</title>
<script>
    function info() {
        alert("表单数据已提交！");
    }
</script>
</head>
<body>

<header>
    <h3>填写个人信息</h3>
</header>
<hr>
<form method="post" action="javascript:info();" autocomplete="off">
    <table>
        <tr>
            <td><label for="username">用户名：</label></td>
            <td><input id="username" type="text" placeholder="请输入用户名" autofocus required></td>
        </tr>
        <tr>
```

```
            <td><label for="email">电子信箱：</label></td>
            <td><input id="email" type="email" placeholder="请输入电子邮件地址" required></td>
         </tr>
         <tr>
            <td><label for="phone_number">电话号码：</label></td>
            <td><input id="phone_number" type="tel" placeholder="请输入电话号码" required></td>
         <tr>
         <tr>
            <td><label for="url">网址：</label></td>
            <td><input id="url" type="url" placeholder="请输入网址" required></td>
         <tr>
            <td> </td>
            <td><button type="submit">提交</button>  <button type="reset">重置</button></td>
         </tr>
      </table>
   </form>
</body>
</html>
```

本例中制作了一个用于填写个人信息的表单，其中包含 text、email、tel 和 url 四种类型的 input 元素，它们均呈现为单行文本框，在外观上毫无差别。如果在 email 和 url 类型的输入框中输入了无效格式的数据，则在提交表单时无法通过表单验证，会自动弹出错误提示信息，并阻止表单提交（如图 3.23 和图 3.24 所示）。这是 HTML5 新增的表单验证功能之一。目前主流浏览器均支持 email 和 url 类型的 input 元素并能识别有效的数据格式，尚不支持 tel 类型的 input 元素，不能对电话号码格式进行检查。

图 3.23　输入无效电子邮件地址时

图 3.24　输入无效网址时

3.3.7 用 input 元素获取日期时间

为了方便用户输入日期和时间，在 HTML5 中为 input 元素新增了下列新类型。

date：选取本地日期（不包含时间和时区信息），例如 2016-12-09。

month：选择年月信息（不包含日、时间和时区信息），例如 2016-12。

week：选取当前周数，例如 2016W49。

time：选取时间，例如 21:30:59:678。

datetime：选取世界日期和时间（包含时区信息），例如 2016-12-09T13:30:59Z。

datetime-local：选取本地日期和时间，例如 2016-12-09T21:30:59。

上述类型的 input 元素给浏览器提供了实现原生日历控件的机会，它们都支持下列局部属性：list、min、max、readonly、required、step 及 value。

目前各个浏览器对这些新类型的支持情况不尽相同。如果对某种类型不支持，则会将 input 元素呈现为普通的文本框。

例 3.14 本例演示如何对 date 类型的 input 元素输入日期。源代码如下：

```html
<!doctype html>
<html>
<head>
<meta charset="gb2312">
<title>填写个人信息</title>
<script>
   function info(){
      var username=document.getElementById("username").value;
      var entry_date=document.getElementById("entry_date").value;
      var email=document.getElementById("email").value;
      var phone_number=document.getElementById("phone_number").value;
      var url=document.getElementById("url").value;
      var msg="用户名："+username+"\n 入职日期："+entry_date+"\n 电子信箱："
              +email+"\n 电话号码："+phone_number+"\n 网址："+url;
      alert(msg);
   }
</script>
</head>
<body>

<header>
      <h3>填写个人信息</h3>
</header>
<hr>
<form method="post" action="javascript:info();">
   <table>
      <tr>
         <td><label for="username">用户名：</label></td>
         <td><input id="username" type="text" placeholder="请输入用户名" autofocus required></td>
      </tr>
      <tr>
         <td><label for="entry_date">入职日期：</label></td>
         <td><input id="entry_date" type="date" value="2006-09-01"
               placeholder="请输入或选择日期"></td>
      </tr>
      <tr>
         <td><label for="email">电子信箱：</label></td>
         <td><input id="email" type="email" placeholder="请输入电子邮件地址" required></td>
      </tr>
      <tr>
         <td><label for="phone_number">电话号码：</label></td>
         <td><input id="phone_number" type="tel" placeholder="请输入电话号码" required></td>
      <tr>
         <td><label for="url">网址：</label></td>
         <td><input id="url" type="url" placeholder="请输入网址" required></td>
      <tr>
         <td> </td>
         <td><button type="submit">提交</button>
                 <button type="reset">重置</button>
         </td>
      </tr>
   </table>
</form>
</body>
</html>
```

本例中制作了一个用于填写个人信息的表单，其中包含各种类型的 input 元素。用于输入"入职日期"的 input 元素看上去与普通文本框无异。不过，一旦用鼠标指针指向该输入框，其右侧就会自动出现上下调节小箭头和下拉箭头，若单击此下拉箭头，则会自动弹出一个日历控件，可以用来改变年、月、日，也可以从中选择所需要的日期，如图 3.25 所示。

图 3.25　使用 date 类型 input 元素输入日期

3.3.8　用 input 元素获取颜色值

如果将 input 元素的 type 属性设置为 color，则该元素只能用来选择颜色。在 color 类型的 input 元素中，颜色值是以#RRGGBB 格式来表示的，其中 RR、GG 和 BB 分别表示红色、绿色和蓝色 3 种分量的十六进制数值，例如白色为#ffffff，黑色为#000000，红色为#ff0000，等等。颜色名称（如 red、blue）不能在这里使用。

例 3.15　本例演示如何使用 color 类型的 input 元素来选取颜色。源代码如下：

```
<!doctype html>
<html>
<head>
<meta charset="gb2312">
<title>填写个人信息</title>
<script>
  function info() {
    var username=document.getElementById("username").value;
    var email=document.getElementById("email").value;
    var color=document.getElementById("color").value;
    var msg="用户名："+username+"\n 电子信箱："+email+"\n 喜欢的颜色："+color;
    alert(msg);
  }
  </script>
</head>
<body>

<header>
  <h3>填写个人信息</h3>
</header>
<hr>
<form method="post" action="javascript:info();">
```

```
<table>
  <tr>
    <td><label for="username">用户名：</label></td>
    <td><input id="username" type="text" placeholder="请输入用户名" autofocus required></td>
  </tr>
  <tr>
    <td><label for="email">电子信箱：</label></td>
    <td><input id="email" type="email" placeholder="请输入电子邮件地址" required></td>
  </tr>
  <tr>
    <td><label for="color">喜欢的颜色：</label></td>
    <td><input id="color" type="color" value="#ff0000"></td>
  <tr>
    <td> </td>
    <td><button type="submit">提交</button>  <button type="reset">重置</button></td>
  </tr>
</table>
</form>
</body>
</html>
```

本例中创建了一个用于填写个人信息的表单，其中包含一个 color 类型的 input 元素。打开网页时这个 input 元素呈现为一个颜色块，其中显示的颜色由该元素的 value 属性决定。单击该颜色块则会弹出"颜色"对话框，可以从中选取所需的颜色，如图 3.26 和图 3.27 所示。

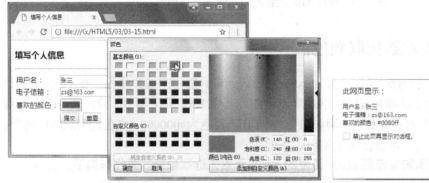

图 3.26　单击颜色块时弹出"颜色"对话框

图 3.27　查看表单数据

3.3.9　用 input 元素获取搜索用词

如果将 input 元素的 type 属性设置为 search，则该元素会呈现为一个单行文本框，可用于输入搜索关键词。这种 search 类型的 input 元素既不会对输入的词语进行限制，也没有搜索当前页面或借助搜索引擎进行搜索的功能，它所支持的额外属性与 text 类型的 input 元素相同。

例 3.16　本例说明如何使用 search 类型的 input 元素获取搜索关键词。源代码如下：

```
<!doctype html>
<html>
<head>
<meta charset="gb2312">
<title>获取搜索关键词</title>
<script>
  function info(){
    var keyword=document.getElementById("keyword").value;
    var msg="关键词："+keyword;
```

```
        alert(msg);
    }
    </script>
</head>

<body>
<header>
    <h3>获取搜索关键词</h3>
</header>
<hr>
<form method="post" action="javascript:info();">
    <p>
        <label for="keyword">输入关键词：</label>
        <input id="keyword" type="search" placeholder="请输入关键词" autofocus required>
        <button type="submit">搜索</button>
    </p>
</form>
</body>
</html>
```

本例中创建了一个搜索表单，其中包含一个 search 类型的 input 元素，该元素看上去就是一个普通的文本框。略有不同的是，一旦在这个搜索输入框中输入内容，则其右侧就会自动出现一个取消按钮，如图 3.28 所示。

图 3.28 用 search 类型的 input 元素创建搜索框

3.3.10 用 input 元素生成隐藏数据项

有时候提交表单时需要将某些数据发送给服务器，但又不希望用户看到或编辑这些数据。在这种情况下，可以将 input 元素的 type 属性设置为 hidden，并将要隐藏起来的数据项设置为该 input 元素的值，由此生成的隐藏数据项虽然在网页上不可见，但在提交表单时它会连同该元素的名称一起发送到服务器。

注意： 不要使用 hidden 类型的 input 元素来保存涉及安全性的机密数据（例如密码等）。因为用户只要查看网页的源代码便可以看到这种类型的 input 元素，而且该元素的值是以明文形式从浏览器发送到服务器的。

例 3.17 本例演示如何使用 hidden 类型的 input 元素生成隐藏的数据项。源代码如下：

```
<!doctype html>
<html>
<head>
<meta charset="gb2312">
<title>注册新用户</title>
<script>
```

```
    function reg(){
        var username=document.getElementById("username").value;
        var password=document.getElementById("password").value;
        var now=document.getElementById("now").value;
        alert("用户名："+username+"\n 密码："+password+"\n 注册时间："+now);
    }
    </script>
</head>
<body>

<header>
    <h3>注册新用户</h3>
</header>
<hr>
<form method="post" action="javascript:reg();">
    <table>
        <tr>
            <td><label for="username">用户名：</label></td>
            <td><input id="username" type="text" placeholder="请输入用户名" autofocus required></td>
        </tr>
        <tr>
            <td><label for="password">密码：</label></td>
            <td><input id="password" name="password" type="password"
                placeholder="请输入密码" required></td>
        </tr>
        <tr>
            <td><label for="password2">确认密码：</label></td>
            <td><input id="password2" name="password2" type="password"
                placeholder="请再次输入密码" required></td>
        </tr>
        <tr>
            <td><input id="now" name="now" type="hidden" value="2016-12-10 9:36"></td>
            <td><button type="submit">提交</button>
                  <button type="reset">重置</button></td>
        </tr>
    </table>
</form>
</body>
</html>
```

本例中创建了一个简单的注册表单，其中包含一个隐藏字段，该字段的值为当前日期和时间，该值在新用户注册成功时通常要保存到数据库中。虽然在网页上看到这个隐藏数据项，但在提交表单时它可以与其他数据项一起发送到表单的 **action** 属性指定的 URL。上述网页的运行结果如图 3.29 和图 3.30 所示。

图 3.29　在网页上看不到隐藏数据项

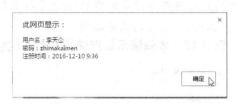

图 3.30　表单数据提交成功

3.3.11　用 input 元素生成图像按钮

如果将 input 元素的 type 属性设置为 image 并指定要使用的图像，则会生成一个图像按钮，单击该按钮时可以提交表单。使用 image 类型的 input 元素时，该元素具有一些额外的局部属性，包括 alt、formaction、formenctype、formmethod、formtarget、formnovalidate、height、src 以及 width。其中，alt 设置图像的备用文字，src 属性设置图像的 URL，height 和 width 属性设置图像的高度和宽度，其他属性与 button 元素的同名属性作用相同。

例 3.18　本例说明如何使用 image 类型的 input 元素生成图像按钮。源代码如下：

```
<!doctype html>
<html>
<head>
<meta charset="gb2312">
<title>填写个人信息</title>
<script>
  function info(){
    var username=document.getElementById("username").value;
    var email=document.getElementById("email").value;
    alert("您的用户名："+username+"\n 您的电子信箱："+email);
  }
  </script>
</head>

<body>
<header>
  <h3>填写个人信息</h3>
</header>
<hr>
<form method="post" action="javascript:info();">
  <table>
    <tr>
      <td><label for="username">用户名：</label></td>
      <td><input id="username" name="username" type="text"></td>
    </tr>
    <tr>
      <td><label for="email">电子信箱：</label></td>
      <td><input id="email" name="email" type="email"></td>
    </tr>
    <tr>
      <td> </td>
      <td><input type="image" src="../images/submit.png"
          height="32" alt="提交按钮图片" title="提交表单"></td>
    </tr>
  </table>
</form>
</body>
</html>
```

本例中制作了一个用于填写个人信息的表单，其中包含一个用 image 类型的 input 元素制作的图片按钮，单击这个按钮时，可以将所输入的数据提交到表单的 action 属性指定的 URL，如图 3.31 和图 3.32 所示。

图 3.31　包含图像按钮的表单　　　　　　　　　　　　图 3.32　查看表单数据

3.3.12 用 input 元素选取上传文件

如果要通过表单选择并上传文件，可将 form 元素的 enctype 属性设置为 multipart/form-data，然后在表单中添加一个 input 元素并将其 type 属性设置为 file，最后再添加一个提交按钮。

file 类型的 input 元素支持下列局部属性。

accept：设置接受的 MIME 类型。

multiple：设置该属性可使 input 元素一次上传多个文件。

required：规定用户必须提供一个值，否则无法通过输入验证。

例 3.19　本例说明如何使用 file 类型的 input 元素来选取要上传的文件。源代码如下：

```
<!doctype html>
<html>
<head>
<meta charset="gb2312">
<title>填写个人信息</title>
<script>
  function info(){
    var username=document.getElementById("username").value;
    var myfile=document.getElementById("myfile").value;
    alert("用户名："+username+"\n 照片："+myfile);
  }
</script>
</head>
<body>
<header>
  <h3>填写个人信息</h3>
</header>
<hr>
<form method="post" action="javascript:info();" enctype="multipart/form-data">
  <table>
    <tr>
      <td><label for="username">用户名：</label></td>
      <td><input id="username" name="username" type="text" required></td>
    </tr>
    <tr>
      <td><label for="myfile">选择照片：</label></td>
      <td><input id="myfile" name="myfile" type="file"
          accept="image/jpeg,image/x-png" multiple required>
      </td>
    </tr>
```

```
    <tr>
      <td> </td>
      <td><button type="submit">上传</button>  <button type="reset">重置</button></td>
    </tr>
  </table>
</form>
</body>
</html>
```

本例中将表单的 enctype 属性设置为 multipart/form-data。该表单包含一个 file 类型的 input 元素，其外观在不同浏览器中有所不同。在 IE 浏览器中该元素呈现为一个只读文本框和位于其右侧的"浏览"按钮，单击该按钮时会弹出一个对话框，用于选择要上传的文件。所选择文件的路径会出现在文本框中。单击"上传"按钮，即可发送表单数据并上传文件（要接收文件需要后台编程处理）。上述网页在 IE 浏览器中的运行结果如图 3.33 和图 3.34 所示。

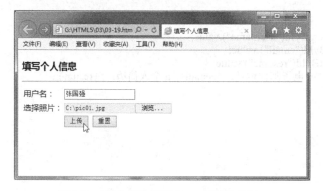

图 3.33　包含 file 类型 input 元素的表单

图 3.34　查看表单数据

3.4　使用其他表单控件

除了 input 元素，在表单中还可以包含其他表单控件。例如，用 textarea 元素定义文本区域以供用户输入多行文本，用 select 和 option 元素定义列表框和下拉式列表框供用户选择单个或多个选项，等等。下面就来介绍这方面的内容。

3.4.1　输入多行文字

textarea 元素定义多行的文本输入控件，这个元素在浏览器中呈现为一个文本区域，其中可以容纳大量文本。textarea 元素为短语元素，通常包含在 form 元素中。textarea 元素的开始标签与结束标签之间可以包含文本，这就是它的内容。

textarea 元素具有下列局部属性。

autofocus：规定在页面加载后文本区域自动获得焦点。

cols：设置文本区域内的可见宽度。

disabled：规定禁用该文本区。

form：设置文本区域所属的一个或多个表单。

name：设置文本框区域的名称。

maxlength：规定文本区域的最大字符数。

name：设置文本区域的名称。

placeholder：设置描述文本区域预期值的简短提示。

readonly：设置规定文本区域为只读。

required：设置文本区域是必填的。

rows：设置文本区内的可见行数。

wrap：设置提交表单时文本区域中的文本如何换行，取值为 hard 或 soft。

例 3.20　本例演示如何使用 textarea 元素定义文本区域。源代码如下：

```html
<!doctype html>
<html>
<head>
<meta charset="gb2312">
<title>填写个人信息</title>
<script>
   function info(){
      var username=document.getElementById("username").value;
      var email=document.getElementById("email").value;
      var resume=document.getElementById("resume").value;
      var msg="用户名："+username+"\n 电子邮件地址："+email+"\n 个人简历："+resume;
      alert(msg);
   }
</script>
</head>
<body>

<header>
   <h3>填写个人信息</h3>
</header>
<hr>
<form method="post" action="javascript:info();" autocomplete="off">
   <table>
      <tr>
        <td><label for="username">用户名：</label></td>
        <td><input id="username" name="username" type="text"
              placeholder="请输入用户名" required></td>
      </tr>
      <tr>
        <td><label for="email">电子信箱：</label></td>
        <td><input id="email" name="email" type="email"
              placeholder="请输入电子邮件地址" required></td>
      </tr>
      <tr>
        <td style="vertical-align: top"><label for="resume">个人简历：</label></td>
        <td><textarea id="resume" name="resume" cols="22"
              rows="5" placeholder="请填写个人简历" required></textarea></td>
      </tr>
      <tr>
        <td> </td>
        <td><button type="submit">提交</button>  <button type="reset">重置</button></td>
      </tr>
   </table>
</form>
</body>
</html>
```

本例中创建了一个用于填写个人信息的表单，在该表单中添加了一个 text 类型的 input 元素、一个 email 类型的 input 元素以及一个 textarea 元素，两个 input 元素均呈现为单行文本框，

textarea 元素呈现为文本区域。上述网页的运行结果如图 3.35 和图 3.36 所示。

图 3.35　包含 textarea 元素的表单　　　　图 3.36　查看表单数据

3.4.2　定义选项列表

select 元素用于创建单选或多选列表。select 元素为短语元素，在其开始标签与结束标签之间可以包含若干个 option 和 optgroup 元素，每个 option 元素定义列表中的一个选项，optgroup 元素定义选项组，用于组合多个相关选项。

select 元素具有下列局部属性。

autofocus：设置在页面加载后列表自动获得焦点。

disabled：规定禁用该列表。

form：设置列表所属的一个或多个表单。

multiple：规定可从列表中选择多个选项。

name：设置列表的名称。

required：设置列表是必填的。

size：设置下拉列表中可见选项的数目。

关于 option 元素的详细信息请参阅 3.3.1 节。

当使用一个长的选项列表时，可使用 optgroup 元素定义选项组，对相关的选项进行组合，这样会使处理更加容易。optgroup 元素属性具有下列局部属性。

label：为选项组设置描述信息。

disabled：设置禁用该选项组。

例 3.21　本例说明如何使用 select 和相关元素创建单选列表和多选列表。源代码如下：

```
<!doctype html>
<html>
<head>
<meta charset="gb2312">
<title>选课页面</title>
<script>
  function info(){
    var student_id=document.getElementById("student_id").value;      //获取学号
    var name=document.getElementById("name").value;                  //获取姓名
    var major=document.getElementById("major").value;                //获取专业
    var course=document.getElementById("course");                    //获取课程列表对象
    var courses=getSelectValues(course);                             //获取选中的所有课程
    var msg="学号："+student_id+"\n 姓名："+name+"\n 专业："+major+"\n 课程："+courses;
```

```
        alert(msg);                                    //显示选课结果
    }
    function getSelectValues(select){      //定义函数，用于获取在多选列表中选中的所有项
        var result=[];                     //定义数组
        var options=select.options;        //获取列表中的所有选项
        var opt;
        for (var i=0, iLen=options.length; i<iLen; i++) {   //遍历列表中的所有选项
            opt = options[i];                              //获取当前选项
            if(opt.selected){                              //若它被选中
                result.push(opt.value);                    //则将其值存入数组
            }
        }
        return result;                                     //返回所有选中项的值
    }
</script>
</head>
<body>

<header>
    <h3>选课页面</h3>
</header>
<hr>
<form method="post" action="javascript:info();" autocomplete="off">
    <table>
        <tr>
            <td><label for="student_id">学号：</label></td>
            <td><input id="student_id" name="student_id" type="text"
                placeholder="请输入学号" required></td>
        </tr>
        <tr>
            <td><label for="name">姓名：</label></td>
            <td><input id="name" name="name" type="text"
                placeholder="请输入姓名" required></td>
        </tr>
        <tr>
            <td><label for="major">专业：</label></td>
            <td><select id="major" name="major">
                <option>计算机</option>
                <option>电子技术</option>
                <option>电子商务</option>
              </select></td>
        </tr>
        <tr>
            <td style="vertical-align: top"><label for="course">课程：</label></td>
            <td><select id="course" name="course" size="10" multiple>
                <optgroup label="计算机类">
                  <option>PS 图像处理</option>
                  <option>Flash 动画制作</option>
                </optgroup>
                <optgroup label="电子技术类">
                  <option label="数字视听设备" value="数字视听设备" />
                  <option label="电子测量仪器" value="电子测量仪器" />
                </optgroup>
                <optgroup label="电子商务类">
                  <option>电子商务策略</option>
                  <option>电子货币技术</option>
                </optgroup>
              </select></td>
        </tr>
        <tr>
            <td> </td>
            <td><button type="submit">提交</button>
```

```
                
              <button type="reset">重置</button></td>
         </tr>
       </table>
     </form>
   </body>
 </html>
```

本例中创建了一个简单的选课表单，表单包含两个列表控件。第一个列表控件（专业列表）的 id 为 major，用于选择专业，对这个列表没有设置 size 属性，默认情况下它只有一行，在浏览器中呈现为下拉式列表，只能用于单项选择。第二个列表控件（课程列表）的 id 为 course，将其 size 属性设置为 10，还设置了 multiple 属性，因此可用于多项选择。按住 Ctrl 键依次单击可选择不相邻的项，按住 Shift 键依次单击可选择连续多项。课程列表中包含 3 个 optgroup 元素，所有选项被分成了 3 个组。上述网页的运行结果如图 3.37 和图 3.38 所示。

图 3.37　在网页上选课

图 3.38　查看选课结果

3.4.3　生成输出字段

output 元素是 HTML5 中新增的，用于定义输出字段，表示一个计算结果。output 元素属于短语元素，在其开始标签与结束标签之间可以包含短语内容。

output 元素具有下列局部属性。

for：设置参加或影响计算的一个或多个元素，其取值为相关元素的 id 值，不同 id 值之间用空格分隔。

form：设置输入字段所属的一个或多个表单。

name：设置输出字段的名称。

例 3.22　本例演示如何使用 output 元素生成输出字段。源代码如下：

```
<!doctype html>
<html>
<head>
<meta charset="gb2312">
<title>计算商品金额</title>
</head>
```

```
<body>
<header><h3>计算商品金额</h3></header>
<hr>
<form oninput="money.value=quant.valueAsNumber*price.valueAsNumber">
  <p>
    <label for="quant">数量：</label>
    <input id="quant" name="quant" type="number" min="1" placeholder="请输入数量">
    <br>
    <label for="price">数量：</label>
    <input id="price" name="price" type="number" min="1" placeholder="价格">
    <br>
    金额：<output for="quant price" name="money">计算结果出现在这里</output>
  </p>
</form>
</body>
</html>
```

本例中创建了一个用于计算商品金额的表单，其中包含两个数字输入框和一个计算字段。在表单元素中设置了事件属性 oninput，规定当用户输入时运行指定的脚本，在赋值语句中使用 valueAsNumber 属性轻松地读取两个数字输入框的数值，并设置该计算字段的数值，后者即时呈现在页面上。上述网页的运行结果如图 3.39 和图 3.40 所示。

图 3.39　刚打开网页的初始状态　　　　　图 3.40　输入数量和价格自动计算金额

3.4.4　生成公开/私有密钥对

keygen 元素是 HTML5 中新增的密钥对生成控件。当该控件所在的表单提交时，私钥将存储在本地密匙库中，公钥将被打包并发送至服务器。公钥可用于验证用户的客户端证书。

keygen 元素属于短语元素，其标签用法采用虚元素形式，只用单个标签即可。该元素具有下列局部属性。

autofocus：设置 keygen 字段在页面加载时获得焦点。

challenge：若使用该属性，则其值将与提交的密钥一起打包。

disabled：规定禁用 keygen 字段。

form：设置 keygen 字段所属的一个或多个表单。

keytype：设置所使用的密钥类型。该属性有以下取值：rsa 指定一个 RSA 加密算法，这是默认值；dsa 指定一个 DSA 加密算法；ec 指定 EC 加密算法。

name：设置 keygen 元素的唯一名称。name 属性用于在提交表单时获取字段的值。

keygen 元素在浏览器中通常呈现为一个下拉列表框，其中包含一些加密级别。不过，目前各浏览器对 keygen 元素的支持不尽相同，某些浏览器尚不支持它。

3.4.5 对表单控件分组

fieldset 元素用来对相关表单控件分组。当把一组表单控件放到 fieldset 元素内时，浏览器会以特殊方式来显示它们，可能有特殊的边界。

fieldset 元素属于流式元素，在其开始标签与结束标签之间可以包含流式内容，在开头位置可以添加一个 legend 元素，用来设置表单控件组的标题。

fieldset 元素具有下列局部属性。

disabled：规定禁用 fieldset。若对 fieldset 元素设置了 disabled 属性，则 fieldset 元素内包含的所有表单控件都将被禁用。

form：设置 fieldset 所属的一个或多个表单。

name：设置 fieldset 的名称。

例 3.23 本例演示如何使用 fieldset 元素对相关表单控件分组。源代码如下：

```
<!doctype html>
<html>
<head>
<meta charset="gb2312">
<title>填写个人信息</title>
</head>

<body>
<header><h3>填写个人信息</h3></header>
<form method="post" action="javascript:alert('表单数据已提交');">
  <fieldset>
    <legend>基本信息</legend>
    <label for="username">用户名：</label>
    <input type="text" id="username" name="username" placeholder="请输入用户名" required><br>
    性别： <input type="radio" id="male" name="gender" checked><label for="male">男</label>
      
    <input type="radio" id="female" name="gender"><label for="female">女</label><br>
    <label for="birthdate">出生日期：</label>
    <input type="date" id="birthdate" name="birthdate" placeholder="请输入出生日期" required>
  </fieldset><br>
  <fieldset>
    <legend>联系方式</legend>
    <label for="phone_number">电话号码：</label>
    <input type="tel" id="phone_number" name="phone_number"
     placeholder="请输入电话号码" required><br>
    <label for="email">电子信箱：</label>
    <input type="email" id="email" name="email" placeholder="请输入电子邮件地址" required><br>
    <label for="qq">QQ 号：</label>
    <input type="text" id="qq" name="qq" placeholder="请输入 QQ 号">
  </fieldset>
  <p style="text-indent: 4em"><button type="submit">提交</button>
        
    <button type="reset">重置</button>
  </p>
</form>
</body>
</html>
```

本例中创建了一个用于填写个人信息的表单，通过两个 fieldset 元素将表单控件分成两组，一组用于填写基本信息，另一个组用于填写联系方式。这个网页的显示效果如图 3.41 所示。

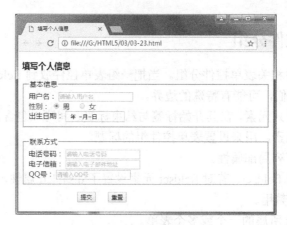

图 3.41　用 fieldset 元素对表单控件分组

3.5　表单输入验证

在 HTML5 之前，对表单数据的验证主要通过 JavaScript 编程来实现。现在 HTML5 提供了表单输入验证功能，在提交表单之前浏览器可以对所输入数据的有效性进行检查，如果出现问题则会阻止提交表单，并提示用户进行修改，必须保证所有数据都有效才能提交表单。在浏览器中验证表单数据的优点是可以让用户立即更正数据，而不需要等到服务器做出响应之后才能发现问题。

3.5.1　确保用户输入内容

若要确保用户必须在某个字段中提供一个值，可以在相应表单控件中设置 required 属性。该属性指示输入字段的值是必须输入的。如果用户没有输入值，则浏览器会阻止提交表单并显示提示信息。

required 属性适用的表单控件如下：

由 textarea 元素生成的文本框区域控件。

由 select 和 option 元素生成列表框控件。

由 input 元素生成的各种输入框控件。该元素的 type 属性值可以是 text、password、radio、checkbox、file、datetime、datetime-local、date、month、time、week、number、email、url、search 及 tel。

对相关表单控件设置 requied 属性时，如果不希望显示默认的提示信息，则可以通过调用 setCustomValidity 方法来自定义提示信息，以便为用户提供更准确的提示信息。具体做法是：通过设置元素的事件属性 oninput，调用 setCustomValidity('')将用户输入时的提示设置为空字符串；通过设置元素的事件属性 oninvalid，调用 setCustomValidity('自定义信息')将用户输入不合法时的提示替换成自定义信息。

若要禁用输入验证，设置表单的 novalidate 属性或提交按钮的 formnovalidate 属性即可。

例 3.24　本例演示如何确保用户必须在文本框中输入内容并设置自定义提示信息。源代码如下：

```
<!doctype html>
```

```
<html>
<head>
<meta charset="gb2312">
<title>网站登录</title>
</head>

<body>
<header>
    <h3>网站登录</h3>
</header>
<hr>
<form method="post" action="javascript:alert('表单数据已提交！')">
    <table>
        <tr>
            <td><label for="username">用户名：</label></td>
            <td><input type="text" id="username" name="username"
                placeholder="请输入用户名" required
                oninvalid="setCustomValidity('用户名不能为空')"
                oninput="setCustomValidity('')">
            </td>
        </tr>
        <tr>
            <td><label for="password">密码：</label></td>
            <td><input type="password" id="password" name="password"
                placeholder="请输入密码" required
                oninvalid="setCustomValidity('密码不能为空')"
                oninput="setCustomValidity('')">
            </td>
        </tr>
        <tr>
            <td> </td>
            <td><input type="submit" value="登录">
                  
                <input type="reset" value="重置">
            </td>
        </tr>
    </table>
</form>
</body>
</html>
```

本例中创建了一个登录表单，其中包含一个单行文本框和一个密码输入框。为了保证用户必须输入用户名和登录密码，对这两个控件均应用了 required 属性，而且通过设置事件属性 oninvalid 和 oninput 对提示信息进行了定制。上述网页的运行结果如图 3.42 和图 3.43 所示。

图 3.42　未输入用户名时的提示信息

图 3.43　未输入密码时的提示信息

3.5.2 确保输入值在某个范围内

如果希望用户在某个字段中输入的值在某个范围内，可以在相应表单控件中设置 min 和 max 属性，以规定该输入字段的最小值和最大值。如果输入的值小于最小值或者大于最大值，则阻止提交表单并显示提示信息。

min 和 max 属性适用于指定类型的 input 元素，其 type 属性值可以是 datetime、datetime-local、date、month、time、week、number 及 range。

例 3.25 **本例说明如何确保输入的值位于某个范围内。源代码如下：**

```html
<!doctype html>
<html>
<head>
<meta charset="gb2312">
<title>理财产品购买</title>
</head>

<body>
<header>
  <h3>理财产品购买</h3>
</header>
<hr>
<form method="post" action="javascript:alert('表单数据已提交！')">
  <table>
    <tr>
      <td>产品名称：</td>
      <td>理财产品 A</td>
    </tr>
    <tr>
      <td><label for="money">购买金额：</label></td>
      <td><input id="money" name="money" type="number"
          min="50000" max="200000" step="1000"
          placeholder="请填写购买金额" required style="width: 16em"></td>
    </tr>
    <tr>
      <td colspan="2"><input id="assent" name="assent" type="checkbox" value="on" required>
        <label for="assent">我已阅读产品说明书并愿意承担相关风险</label>
      </td>
    </tr>
    <tr>
      <td> </td>
      <td><input type="submit" value="购买">
            
        <input type="reset" value="重置">
      </td>
    </tr>
  </table>
</form>
</body>
</html>
```

本例中创建了一个用于模拟购买理财产品的表单，在该表单中使用 number 类型的 input 元素生成了一个数字输入框，设置其 min 属性值为 50000，max 属性值为 200000，step 为 1000，即要求至少购买 50000 元，以 1000 元递增，最多购买 200000 元。该表单中还包含一个设置 required 属性的复选框。如果用户输入的金额低于 50000，或者高于 200000，或者不按 1000 元递增，或者未选中那个复选框，都不符合规定，在上述几种情况下都将阻止提交表单并显示提示信息，如图 3.44 和图 3.45 所示。

 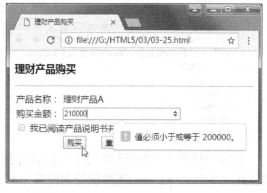

图 3.44　输入值低于 50000 时　　　　　　　图 3.45　输入值高于 200000 时

3.5.3 确保输入值符合指定格式

若要确保用户在某个字段中输入的值符合指定的模式，可以在相应的表单控件中设置 pattern 属性，以规定输入字段的值的模式或格式。如果输入的值不符合指定的模式或格式，则阻止提交表单并显示提示信息。该属性适用于指定类型的 input 元素，其 type 属性值可以是 text、password、email、url、search 及 tel。

例 3.26　本例演示如何通过设置 pattern 属性来确保输入值符合指定格式。源代码如下：

```
<!doctype html>
<html>
<head>
<meta charset="gb2312">
<title>填写个人信息</title>
</head>

<body>
<header>
   <h3>填写个人信息</h3>
</header>
<hr>
<form method="post" action="javascript:alert('表单数据已提交')">
  <table>
    <tr>
      <td><label for="name">姓名：</label></td>
      <td><input type="text" id="name" name="name"
           placeholder="请输入汉字姓名" pattern="^[\u4e00-\u9fa5]{1,7}$" autofocus required>
      </td>
    </tr>
    <tr>
      <td><label for="phone_number">手机号：</label></td>
      <td><input type="text" id="phone_number" name="phone_number"
           placeholder="请输入手机号"
           pattern="^(13[0-9]|14[5|7]|15[0|1|2|3|5|6|7|8|9]|18[0|1|2|3|5|6|7|8|9])\d{8}$" required>
      </td>
    </tr>
    <tr>
      <td><label for="id_number">身份证号：</label></td>
      <td><input type="text" id="id_number" name="id_number"
```

```
                placeholder="请输入身份证号" pattern="^([0-9]){7,18}(x|X)?$" required>
        </td>
      </tr>
      <tr>
        <td> </td>
        <td><button type="submit">提交</button>
              
          <button type="reset">重置</button>
        </td>
      </tr>
    </table>
  </form>
</body>
</html>
```

　　本例中创建了一个用于填写个人信息的表单，在表单中添加了 3 个 text 类型的单行文本框，将这些文本框的 pattern 属性值分别设置为不同的正则表达式，以便对用户输入的中文姓名、手机号以及身份证号进行验证。上述网页的运行结果如图 3.46 和图 3.47 所示。

图 3.46　输入无效手机号时　　　　　　　　图 3.47　输入无效身份证号时

 习题 3

一、选择题

1. 要启用表单的自动完成功能，应将 form 元素的（　　）属性设置为 on。

A．action　　　　　　　　B．accept-charset　　　　　　C．target　　　　　　　　D．autocomplete

2. 下列各项中，button 元素的 type 属性的取值不包括（　　）。

A．submit　　　　　　　　B．post　　　　　　　　　　　C．reset　　　　　　　　D．button

3. 要指明必须在文本框中输入内容，则应对 input 元素设置（　　）属性。

A．placeholde　　　　　　B．pattern　　　　　　　　　C．required　　　　　　　D．autofocus

4. 将 input 元素的 type 属性设置为（　　）时不能生成按钮。

A．set　　　　　　　　　　B．submit　　　　　　　　　C．reset　　　　　　　　D．button

5. 若将 input 元素的 type 属性设置为（　　），则会生成复选框。

A．radio　　　　　　　　　B．checkbox　　　　　　　　C．file　　　　　　　　　D．image

6. 若要用一些 input 元素生成一组相互排斥的单选按钮，可将这些元素的（　　）属性设置成相同的值。

A．name　　　　　　　　　B．title　　　　　　　　　　C．style　　　　　　　　D．class

7. 对于 number 类型的 input 元素，可用（　　）属性设置调节数值的步长。

A. min　　　　　　　　B. max　　　　　　　　　　C. value　　　　　　　　D. step

8. 若要指定 input 元素只接受电子邮件地址，可将其 type 属性设置为（　　）。

A. tel　　　　　　　　B. url　　　　　　　　　　C. email　　　　　　　　D. color

9. 若要通过 input 元素选取本地日期，可将其 type 属性设置为（　　）。

A. datetime-local　　　B. datetime　　　　　　　C. time　　　　　　　　D. date

10. textarea 元素的（　　）属性用于设置文本区域内的可见宽度。

A. cols　　　　　　　　B. width　　　　　　　　C. maxlength　　　　　　D. rows

11. 要从列表框中选择多项，可对 select 元素设置（　　）属性。

A. autofocus　　　　　B. multiple　　　　　　　C. required　　　　　　D. size

12. 下列各项中，（　　）不属于 keygen 元素的 keytype 属性值。

A. asa　　　　　　　　B. rsa　　　　　　　　　C. dsa　　　　　　　　D. ec

二、判断题

1. （　　）要将文件上传到服务器，应将 form 元素的 enctype 属性设置为 text/plain。

2. （　　）若对 form 元素使用 novalidate 属性，则提交表单时进行验证。

3. （　　）将 label 元素的 for 属性设置 input 元素的 name 属性值，可实现二者的绑定。

4. （　　）在 HTML5 中，input、button 等元素必须放在 form 元素内部。

5. （　　）若不设置 input 元素的 type 属性，则该元素在浏览器中呈现为一个单行文本框。

6. （　　）要为 input 文本框提供建议值，可使用 datalist 元素。

7. （　　）要制作密码输入框，可将 input 元素的 type 属性设置为 password。

8. （　　）要用 input 元素获取颜色，可将该元素的 type 属性设置为 color。

9. （　　）将 input 和 img 元素搭配使用，可生成图像按钮。

10. （　　）output 元素的 for 元素指定参加或影响计算的相关元素的 id 值，不同 id 值之间用逗号分隔。

三、简答题

1. 制作一个基本的表单，至少需要哪些元素？

2. HTML5 提供的表单输入验证功能是通过何种方式使用的？

3. 如何保证用户必须在一个表单字段中输入内容？

4. 如何保证用户输入的数值在规定范围内？

5. 如何保证用户输入的字符串符合指定格式？

 **上机操作 3**

1. 制作一个网站登录表单，要求必须输入用户名和密码才能提交表单。

2. 制作一个新用户注册表单，要求用户必须输入以下数据字段。

（1）用户名：使用 text 类型的 input 元素生成单行文本框。

（2）密码和确认密码：使用 password 类型的 input 元素生成密码输入框。

（3）性别：使用 radio 类型的 input 元素生成单选按钮组。

（4）出生日期：使用 date 类型的 input 元素生成日历控件。

（5）电子信箱：使用 email 类型的 input 元素生成输入框。

（6）手机号：使用 text 类型的 input 元素生成单行文本框，并通过 pattern 属性设置输入格式。

（7）爱好：使用 checkbox 类型的 input 元素生成若干个复选框。

（8）简历：使用 textarea 元素生成文本区域。

（9）提交按钮和重置按钮：使用 button 元素来制作。

3．制作一个简单的选课表单，要求用户输入以下数据字段。

（1）学号和姓名：使用 text 类型的 input 元素生成单行文本框。

（2）专业：使用 select 和 option 元素生成下拉式列表框。

（3）课程：使用 select 和 option 元素生成多选列表框。

（4）提交按钮和重置按钮：使用 button 元素来制作。

4．制作一个理财产品购买表单，要求用户必须输入以下数据字段。

（1）购买金额：使用 number 类型的 input 元素生成数字输入框，最小值为 50000，最大值为 100000，步长为 1000。

（2）愿意承担风险：使用 checkbox 类型的 input 元素生成一个复选框。

（3）提交按钮和重置按钮：使用 button 元素来制作。

第4章

CSS3使用基础

CSS3 是 CSS 的升级版本。CSS2.1 是 W3C 现在正在推荐使用的规范；CSS3 在 CSS2.1 的基础上有所改进。CSS3 标准现在仍处在开发过程中，尚未最终定稿。本章介绍使用 CSS3 所需的一些基础知识，主要包括定义和应用 CSS 样式、样式的层叠和继承以及 CSS 属性单位等。

4.1　定义和应用 CSS 样式

CSS 样式由一个或多个 CSS 属性声明组成，每个 CSS 属性声明包含属性名和属性值两个部分，属性名与属性值与冒号分隔，不同 CSS 声明之间用分号分隔。CSS 样式通过两种方式应用于 HTML 元素，一种方式是通过元素的全局属性 style 来设置样式；另一种方式是通过 CSS 选择器匹配元素来设置样式，这种样式可以放在 HTML 文档内部或外部样式表中。

4.1.1　使用元素内嵌样式

大多数 HTML 元素都支持全局属性 style，该属性设置元素的 CSS 样式，称为元素内嵌样式。属性 style 的取值就是一个或多个 CSS 属性声明。style 属性将覆盖任何全局样式设置，例如在 style 元素或在外部样式表中规定的样式。

例 4.1　本例演示如何通过 style 属性设置元素内嵌样式。源代码如下：

```
<!doctype html>
<html>
<head>
<meta charset="gb2312">
<title>唐诗欣赏</title>
</head>

<body>
<article style="text-align: center; border: thin solid gray; border-radius: 20px">
  <header>
    <hgroup>
      <h1 style="font-family: 方正舒体">春夜喜雨</h1>
      <p style="font-family: 楷体">[唐]杜甫</p>
    </hgroup>
  </header>
  <p>好雨知时节，当春乃发生。</p>
  <p>随风潜入夜，润物细无声。</p>
  <p>野径云俱黑，江船火独明。</p>
  <p>晓看红湿处，花重锦官城。</p>
</article>
</body>
</html>
```

本例中使用 article 元素来展示杜甫的一首诗。通过对 article 元素设置 style 属性，设置了文本对齐方式（text-align）、边框（border）的粗细、样式和颜色以及边框半径（border-radius）。由于设置了边框半径，因此整个 article 元素被一个圆角矩形围起来。此外，还对 h1 和 p 元素分别设置了字体（font-family）。

上述网页的显示效果如图 4.1 所示。

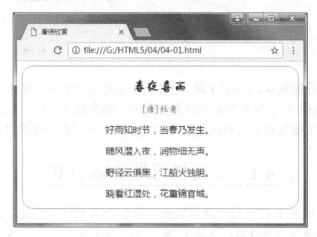

图 4.1　使用元素内嵌样式的效果

4.1.2　使用文档内嵌样式

在 HTML 文档的 head 部分，可以使用 style 元素为文档定义样式信息，称为文档内嵌样式。在 HTML5 中，style 元素也可以用在某些元素（如 article 和 section）中。

style 元素的内容就是由一系列 CSS 样式规则组成的 CSS 样式表，其中每条 CSS 样式规则均由一个 CSS 选择器和 CSS 样式两个部分组成，CSS 选择器指定对哪些元素应用 CSS 样式，CSS 样式由若干条 CSS 属性声明组成并且包含在花括号中，并且跟在 CSS 选择器后面。CSS 选择器不同，所定义的 CSS 样式规则应用的目标元素和应用的方式也有所不同。

例 4.2　本例说明如何定义和应用文档内嵌样式。源代码如下：

```
<!doctype html>
<html>
<head>
<meta charset="gb2312">
<title>古文欣赏</title>
<style type="text/css">
article {                    /* 此选择器用于选择文档中的 article 元素 */
    border: 2px dashed gray;  /* 设置边框宽度、样式和颜色 */
    border-radius: 20px;      /* 设置边框半径以生成圆角矩形 */
    padding: 6px              /* 设置内边距 */
}
hgroup {                     /* 此选择器用于选择文档的 hgroup 元素 */
    text-align: center;       /* 设置文本对齐方式 */
}
h1 {                         /* 此选择器用于文档中的 h1 元素 */
    font-family: "隶书"        /* 设置字体 */
}
h2 {                         /* 此选择器用于文档中的 h2 元素 */
    font-family: "楷体";      /* 设置字体 */
```

```
        font-size: 16px                /* 设置字号 */
    }
    p {                                /* 此选择器用于选择文档中的所有 p 元素 */
        font-family: "幼圆";           /* 设置字体 */
        font-size: 18px;               /* 设置字号 */
        text-indent: 2em;              /* 设置文本首行缩进 */
    }
    </style>
    </head>

    <body>
    <article>
      <header>
        <hgroup>
          <h1>爱莲说</h1>
          <h2>[宋]周敦颐</h2>
        </hgroup>
      </header>
        <p>水陆草木之花，可爱者甚蕃。晋陶渊明独爱菊。自李唐来，世人甚爱牡丹。予独爱莲之出淤泥而
不染，濯清涟而不妖，中通外直，不蔓不枝，香远益清，亭亭净植，可远观而不可亵玩焉。</p>
        <p>予谓菊，花之隐逸者也；牡丹，花之富贵者也；莲，花之君子者也。噫！菊之爱，陶后鲜有闻。
莲之爱，同予者何人？牡丹之爱，宜乎众矣！</p>
    </article>
    </body>
    </html>
```

本例中用一个 article 元素展示周敦颐的《爱莲说》一文。在文档的 head 部分，用 style 元
素定义了一个 CSS 样式表，其中包含 5 条 CSS 样式规则，所用选择器分别为元素名称 article、
hgroup、h1、h2 及 p，对文档中相应元素的所有实例的一些属性进行了设置，所定义的 CSS 样
式将自动应用于文档中相应元素的所有实例。网页显示效果如图 4.2 所示。

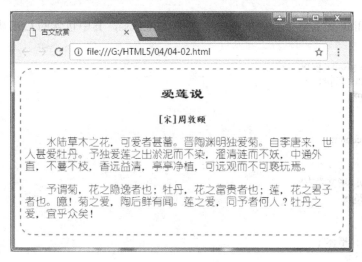

图 4.2　使用文档内嵌样式的效果

4.1.3　使用外部样式表

使用 style 元素定义的文档内嵌样式只能用在当前文档中。制作网站时，通常应使相关页
面具有相同的样式风格，为此可将 CSS 样式表保存到外部文件中。在样式表文件中定义 CSS
样式时，直接给出编写代码定义 CSS 样式即可，不再需要使用 style 元素。

一个样式表文件可以应用到多个 HTML 文档中。具体方法是：在 HTML 文档的 head 部分添加 link 元素，以链接到所需的样式表。当编辑修改样式表文件时，链接到该样式表的所有文档会全部更新以反映所做的更改。

例 4.3　本例演示如何在 HTML 文档中链接所需的外部样式表。HTML 源代码如下：

```
<!doctype html>
<html>
<head>
<meta charset="gb2312">
<title>古文欣赏</title>
<link rel="stylesheet" href="../style/04-03.css" type="text/css">
</head>

<body>
<article>
  <header>
    <hgroup>
       <h1>醉翁亭记（节选）</h1>
       <h2>[宋]欧阳修</h2>
    </hgroup>
  </header>
  <p>环滁皆山也。其西南诸峰，林壑尤美，望之蔚然而深秀者，琅琊也。山行六七里，渐闻水声潺潺而泻出于两峰之间者，酿泉也。峰回路转，有亭翼然临于泉上者，醉翁亭也。作亭者谁？山之僧智仙也。名之者谁？太守自谓也。太守与客来饮于此，饮少辄醉，而年又最高，故自号曰醉翁也。醉翁之意不在酒，在乎山水之间也。山水之乐，得之心而寓之酒也。</p>
</article>
</body>
</html>
```

本例中通过 link 元素链接到外部样式表文件 04-03.css，其中包含的 CSS 源代码如下：

```
article {
    border: 3px groove gray;
    border-radius: 20px;
    padding: 6px;
}
hgroup {
    text-align: center;
}
h1 {
    font-family: "华文隶书";
    font-size: 26px
}
h2 {
    font-family: "楷体";
    font-size: 18px
}
p {
    font-family: "华文行楷";
    font-size: 22px;
    text-indent: 2em
}
```

外部样式表文件中定义了 5 条 CSS 样式规则，所用选择器分别为 article、hgroup、h1、h2 及 p，对文档中相应元素的所有实例的一些属性进行了设置。网页显示效果如图 4.3 所示。

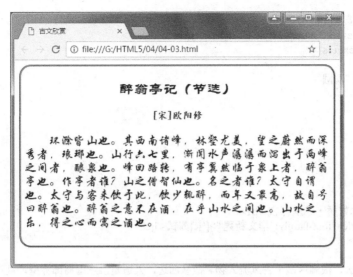

图 4.3　使用外部样式表的效果

4.2　CSS 样式的层叠和继承

要想真正掌握 CSS 样式表，就必须搞清楚样式的层叠和继承。浏览器根据层叠和继承规则确定显示 HTML 元素时各种 CSS 样式属性采用的值。浏览器呈现网页时每个 HTML 元素都有一套 CSS 属性。对于每个 CSS 属性，浏览器都将查看其所有样式来源。

4.2.1　理解 CSS 样式的层叠次序

在讨论 CSS 样式的层叠次序之前，首先要了解样式有哪些来源。前面介绍了定义 CSS 样式的 3 种方式，即元素内嵌样式、文档内嵌样式以及外部样式。这样 3 种样式合称为作者样式。实际上，CSS 样式还有另外两个来源，即浏览器样式和用户样式。

浏览器样式是指 HTML 元素尚未设置任何样式时浏览器对它所应用的默认样式。这些样式随着浏览器不同而略有差异。多数 HTML 元素都有默认的浏览器样式。

大多数浏览器都允许用户定义自己的样式表。这类样式表中包含的样式就是用户样式。各种浏览器都有管理用户样式的方式。

在呈现 HTML 元素时，浏览器按照下列层叠次序来设置 CSS 属性值。

（1）元素内嵌样式：通过元素的 style 属性定义的样式。这种样式优先级最高。

（2）文档内嵌样式：用 style 元素定义的样式。

（3）外部样式：通过 link 元素导入的样式。

（4）用户样式：用户定义的样式。

（5）浏览器样式：即浏览器应用的默认样式。这种样式优先级最低。

例 4.4　本例演示不同来源的 CSS 样式的层叠次序。HTML 源代码如下：

```
<!doctype html>
<html>
<head>
<meta charset="gb2312">
```

```
<title>宋词欣赏</title>
<link rel="stylesheet" href="../style/04-04.css" type="text/css">
<style type="text/css">
p {
    font-family: "幼圆"
}
</style>
</head>

<body>
<article>
    <header>
        <hgroup>
            <h1>念奴娇·赤壁怀古</h1>
            <h2 style="font-family: '华文新魏'">[宋]苏轼</h2>
        </hgroup>
    </header>
    <p>大江东去，浪淘尽，千古风流人物。故垒西边，人道是，三国周郎赤壁。乱石穿空，惊涛拍岸，
卷起千堆雪。江山如画，一时多少豪杰。    遥想公瑾当年，小乔初嫁了，雄姿英发。羽扇纶巾，谈笑间，樯
橹灰飞烟灭。故国神游，多情应笑我，早生华发。人生如梦，一尊还酹江月。</p>
</article>
</body>
</html>
```

本例中 HTML 文档通过 link 元素链接到样式表文件 04-04.css，其中的 CSS 源代码如下：

```
article {
    border: 3px dotted gray;
    border-radius: 20px;
    padding: 6px;
}
hgroup {
    text-align: center;
}
h1 {
    font-family: "华文隶书";
    font-size: 26px;
}
h2 {
    font-family: "楷体";
    font-size: 20px
}
p {
    font-family: "华文行楷";
    font-size: 18px;
    text-indent: 2em
}
```

本例使用 article 元素展示苏轼的词《念奴娇·赤壁怀古》。外部样式表文件 04-04.css 中将
h2 元素的字体设置为楷体，将 p 元素的字体设置为华文行楷；在 HTML 文档的首部用 style 元
素定义了一个 CSS 样式表，其中将 p 元素的字体设置为幼圆，文档内嵌样式的优先级高于外
部样式，因此网页中段落文本的字体为幼圆。页面中通过全局属性 style 将 h2 元素的字体设置
为华文新魏，元素内嵌样式的优先级高于外部样式，因此 h2 元素的字体为华文新魏。网页显
示效果如图 4.4 所示。

图 4.4　CSS 样式的层叠次序

4.2.2　调整 CSS 样式的层叠次序

在 3 种作者样式中，默认情况下元素内嵌样式优先级最高，文档内嵌样式优先级次之，外部样式更次之。换言之，CSS 样式规则按层叠次序覆盖，外部样式可以被文档内嵌样式覆盖，文档内嵌样式可以被元素内嵌样式覆盖，前面定义的样式可以被前面定义的样式覆盖。不过，也可以在样式声明后面附上"!important"，从而将优先级较低的样式标记为重要样式，以改变正常的层叠次序。

例 4.5　本例演示如何用"!important"标记重要样式以提升样式的优先级。源代码如下：

```
<!doctype html>
<html>
<head>
<meta charset="gb2312">
<title>宋词欣赏</title>
<link rel="stylesheet" href="../style/04-04.css" type="text/css">
<style type="text/css">
article {
    border: 3px dotted gray;
    border-radius: 20px;
    padding: 6px;
}
hgroup {
    text-align: center;
}
h1 {
    font-family: "华文隶书";
    font-size: 26px;
}
h2 {
    font-family: "楷体";
    font-size: 18px
}

p {
    font-family: "华文行楷" !important;        /* 标记为重要样式 */
    font-size: 20px;
    text-indent: 2em
}
</style>
</head>
```

```
<body>
<article>
  <header>
    <hgroup>
      <h1>满江红·写怀</h1>
      <h2>[宋]岳飞</h2>
    </hgroup>
  </header>
    <p style="font-family: '幼圆'">怒发冲冠，凭栏处、潇潇雨歇。抬望眼，仰天长啸，壮怀激烈。三十功
名尘与土，八千里路云和月。莫等闲，白了少年头，空悲切！靖康耻，犹未雪。臣子恨，何时灭！驾长车，踏
破贺兰山缺。壮志饥餐胡虏肉，笑谈渴饮匈奴血。待从头、收拾旧山河，朝天阙。</p>
</article>
</body>
</html>
```

本例中使用一个 article 元素来展示岳飞的词《满江红·写怀》。在页面的 head 部分使用 style 元素定义了一个文档内嵌样式，将 p 元素的 font-family 属性设置为华文行楷，并在样式声明后面附上 "!important"，已经将该样式标记为重要样式。

在页面的 body 部分，通过在 p 元素中设置全局属性 style，将 p 元素的 font-family 属性指定为幼圆，这是元素内嵌样式。默认情况下 p 元素的内嵌样式应覆盖文档内嵌样式，段落文本的字体应为幼圆，但由于那条文档内嵌样式已被标记为重要样式，其优先级得到了提升，因此它并没有被覆盖，段落文本的字体最终采用华文行楷。

上述网页的显示效果如图 4.5 所示。

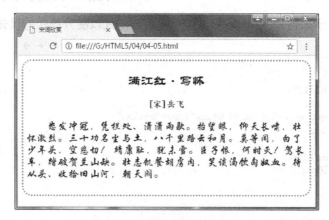

图 4.5　通过标记重要样式提升样式优先级的效果

4.2.3　CSS 样式的继承

HTML 文档由各种各样的 HTML 元素组成，这些元素之间具有明确的关系，包括祖先、后代、父亲、孩子以及兄弟等。CSS 样式的继承是指特定的 CSS 属性自上而下传递到子孙元素。换言之，假如浏览器在直接相关的样式中找不到某个属性的值，则会求助于继承机制，对该属性使用父元素同名属性的值。

不过，也不是所有 CSS 属性都能够被继承。在实际应用中可以参考以下规则：与元素外观有关的相关属性（如 font-family、font-size、color 等）会被继承；与元素在页面上布局相关的属性（如 border 等）则不会被继承。此外，如果想明确指定浏览器在某个属性中使用父元素样式中的值，则可将该属性的值显式地设置为 inherit。

例 4.6　本例演示如何使用 CSS 样式的继承性。源代码如下：

```html
<!doctype html>
<html>
<head>
<meta charset="gb2312">
<title>时政新闻</title>
<style type="text/css">
article {
    border: 1px solid gray;
    border-radius: 20px;
    padding: 6px;
    background-color: navy;
    color: white
}
hgroup {
    text-align: center
}
h1 {
    font-size: 26px;
}
h2 {
    font-size: 18px
}
p {
    text-indent: 2em;
    border: thin solid white;
    padding: 6px;
}
span {
    border: inherit
}
</style>
</head>
<body>

<article>
    <header>
        <hgroup>
            <h1>人工智能崛起暗示地球进入"生命 3.0"时代？</h1>
            <h2>多年以来，如何定义生命，是一个富有争议的话题，科学家们提出了各种观点</h2>
        </hgroup>
    </header>
    <p><span>新浪科技讯 北京时间 9 月 5 日消息</span> 据国外媒体报道，多年以来，如何定义生命，是一个富有争议的话题，科学家们提出了各种观点，其中一些定义认为生命具有较高的特殊要求，例如：是由细胞构成。这可能使未来人工智能机器和地外文明失去了"生命资格"，既然我们不想对未来生命的构想局限于当前所遇到的物种，那么我们应当将生命定义范围更广泛一些。　简单地讲，未来生命是一个具有复杂性和复制性的过程。其复制的并不是物质（由原子构成），而是信息（由比特构成），具体指定原子如何排列。</p>
    </article>
</body>
</html>
```

本例中使用 article 元素展示一条时政新闻。在文档内嵌样式表中设置 article 元素的背景颜色为深蓝，前景颜色为白色。article 元素的这两种样式被其所有后裔元素所继承，但其他样式（如边框、内边距）却没有被其任何后裔元素继承。另外，在文档内嵌样式表中还设置了 p 元素的边框宽度、边框样式和边框颜色，这些属性在默认情况下并不会被其后代元素 span 所继承，不过由于已将 span 元素的 border 属性值设置为 inherit，这将强制 span 元素继承其父元素的 border 属性值。上述网页的显示效果如图 4.6 所示。

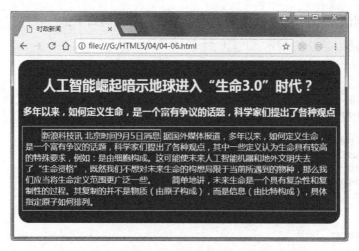

图 4.6　CSS 样式的继承

4.3　CSS 属性单位

使用 CSS 进行网页排版时，经常要在 CSS 属性值后面附上所用的长度单位，还会用到各种不同的 CSS 颜色值。要学会使用 CSS 样式，就必须掌握长度单位和 CSS 颜色。

4.3.1　长度单位

在 CSS 中，长度属性值（如 font-size）由一个数字和长度单位组成，其中长度单位用两个字母表示，在数字与长度单位之间不能出现空格。长度单位分为绝对长度单位和相对长度单位两种类型。

1．绝对长度单位

绝对长度单位不会随着显示设备的不同而改变。这意味着，使用绝对长度单位设置 CSS 属性时，不论在何种设备上显示效果都是一样的。例如，屏幕上的 1cm 与打印机上的 1cm 是一样长的。CSS 支持的几种绝对长度单位在表 4.1 中列出。

表 4.1　绝对长度单位

单位标识符	描　　述	示　　例
cm	厘米（centimeter）	p {font-size: 0.33cm}
mm	毫米（millimeter）	p {font-size: 3.3mm}
pt	磅（point），1pt=1/72in	p {font-size: 12pt}
pc	派卡（pica），1pc=12pt	p {font-size: 0.75pc}
in	英寸（inch），1in=2.54cm=25.4mm=72pt=6pc	p {font-size: 0.13in}

2．相对长度单位

相对长度单位是与其他长度属性挂钩的单位，它能够更好地适合不同的设备。设置 CSS 属性时应首选使用相对长度单位。CSS 支持的几种相对长度单位在表 4.2 中列出。

表 4.2　相对长度单位

单位标识符	描　　　　述	示　　　例
em	与元素中的"M 高度"挂钩	p {font-size: 1.2ecm}
ex	与元素中的"x 高度"挂钩	p {font-size: 1.5ex}
rem	与根元素（html）的"M 高度"挂钩	p {font-size: 1.2rem}
px	CSS 像素（pixel）	p {font-size: 12px}
%	另一长度属性的百分比（假定显示设备分辨率为 96dpi）	p {font-size: 80%}

注意：使用百分比单位（%）时，与其挂钩的另一个属性是各不相同的。例如，对于 font-size 属性，与其挂钩的是元素继承到的 font-size 属性值，对于 width 属性，与其挂钩的则是包含块的宽度。另外，并不是所有属性都能够使用百分比单位。

例 4.7　本例说明如何使用长度单位来设置 CSS 属性值。源代码如下：

```
<!doctype html>
<html>
<head>
<meta charset="gb2312">
<title>相对长度单位应用示例</title>
<style type="text/css">
html {
    font-size: 0.5cm
}
p {
    background-color: gray;
    color: white;
}
</style>
</head>

<body>
<article>
  <header>
    <h1>相对长度单位应用示例</h1>
  </header>
  <p style="font-size: 15pt; height: 2em">段落字号：15pt；段落高度：2em</p>
  <p style="font-size: 20pt; height: 2em">段落字号：20pt；段落高度：2em</p>
  <p style="height: 2rem">根元素字号：0.5cm；段落高度：2rem</p>
</article>
</body>
</html>
```

本例中在文档 head 部分创建了一个 CSS 样式表，将文档根元素的字号设置为 0.5cm，将 p 元素的背景颜色设置为灰色，前景颜色设置为白色。文档的 body 部分包含 3 个 p 元素，使用 style 属性分别对它们设置了元素内嵌样式，这 3 个 p 元素的 heigt 属性均被设置为 2em，使用这个相对长度单位表示段落高度应为 font-szie 属性值的两倍。不过，由于第一个 p 元素的 font-szie 属性值为 15pt，所以段落高度应为 30pt；第二个 p 元素的 font-size 属性值为 20pt，段落高度则应为 40pt。至于最后一个 p 元素的高度，则是与根元素 html 的 font-size 属性挂钩的，由于根元素的字号为 0.5cm，因此最后一个段落的高度应为 1cm。上述网页的显示效果如图 4.7 所示。

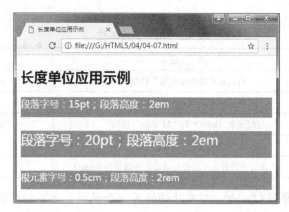

图 4.7　长度单位应用示例

4.3.2　CSS 颜色

在 CSS 中设置颜色属性通常采用 RGB 颜色模式。在 RGB 颜色模式下，1600 万种不同的颜色均由红色（Red）、绿色（Green）和蓝色（Blue）3 种成分混合而成。在 CSS 中设置颜色值通常有以下几种方法：颜色名称、十进制数值、十六进制数值以及颜色函数。

1．使用颜色名称表示颜色

设置颜色值的最简单方法是使用颜色的英文名称。例如，用 black 表示黑色，用 red 表示红色，用 green 表示绿色，用 blue 表示蓝色，用 white 表示白色，等等。

表 4.3 列出了一部分 CSS 颜色名称及其数值形式。如果希望要找到一份完整的 CSS 颜色名称列表，请参阅 http://www.w3.org/TR/css3-color。

表 4.3　部分 CSS 颜色名称

颜色名称	十六进制表示	十进制表示	颜色名称	十六进制表示	十进制表示
black	#000000	0,0,0	green	#008000	0,128,0
silver	#c0c0c0	192,192,192	lime	#00ff00	0,255,0
gray	#808080	128,128,128	olive	#808000	128,128,0
white	#ffffff	255,255,255	yellow	#ffff00	255,255,0
maroon	#800000	128,0,0	navy	#000080	0,0,128
red	#ff0000	255,0,0	blue	#0000ff	0,0,255
purple	#800080	128,0,128	teal	#008080	0,128,128
magenta	#ff00ff	255,0,255	aqua	#00ffff	0,255,255

2．使用十六进制数值表示颜色

使用十六进制数值可以表示红色、绿色、蓝色 3 种颜色成分的值，其表示形式为#RRGGBB，其中 RR、GG 和 BB 分别表示红色、绿色和蓝色成分的值，每个颜色成分的取值范围为 00 到 ff。例如，#000000 表示黑色，#ff00000 表示红色，#0000ff 表示蓝色，#ffffff 表示白色，等等。

3．使用十进制数值表示颜色

使用十进制数值表示红、绿、蓝 3 种颜色成分的值时，各个成分之间用逗号分隔。例如，用"255, 255, 255"表示白色，用"255, 0, 0"表示红色，等等。

4．使用函数表示更复杂的颜色

除了颜色名称、十六进制和十进制数值，还可以使用下列函数来设置颜色属性值。

使用 RGB 模式表示颜色，语法格式如下：

```
rgb(r, g, b)
```

其中，参数 r、g 和 b 分别表示颜色中的红色、绿色和蓝色成分，这些参数的取值可以是正整数或百分比，取值范围为 0~255 或 0.0%~100.0%。

下面是使用 rgb 函数设置颜色的示例。

```
p {color: rgb(128, 60, 220)}
h1 {color: rgb(15%, 20%, 50%)}
```

使用 RGB 模式表示颜色，附加一个表示透明度的 alpha 值（0 表示完全透明，1 表示完全不透明），语法格式如下：

```
rgba(r, g, b, a)
```

其中，参数 r、g 和 b 与 rgb 函数中的同名参数意义相同，参数 a 表示透明度，其取值范围为 0～1，0 表示完全透明，1 表示不透明。

下面是使用 rgba 函数设置半透明背景的示例。

```
p {background-color: rgba(0, 0, 255, 0.5);}
```

通过上述样式将段落的背景颜色设置为蓝色，透明度为 0.5。

例 4.8　本例说明如何设置 CSS 颜色属性。源代码如下：

```
<!doctype html>
<html>
<head>
<meta charset="gb2312">
<title>设置单元格颜色</title>
<style type="text/css">
table {
    width: 400px;
    margin: 0 auto              /* 如此设置边距可使表格在页面上水平居中 */
}
caption {
    margin-bottom: 0.5em        /* 设置表格标题的底部边距 */
}
td {
    height: 36px;               /* 设置单元格的高度 */
    width: 25%;                 /* 如此设置单元格的宽度可使各个单元格宽度相等 */
    text-align: center          /* 设置单元格内容的水平对齐方式 */
}
</style>
</head>

<body>
<table border="1">
    <caption>
    设置单元格颜色
    </caption>
    <tr>
        <td style="background-color: black; color: white">black</td>
        <td style="background-color: silver">silver</td>
        <td style="background-color: gray; color: white">gray</td>
```

```
        <td style="background-color: white; color: black">white</td>
      </tr>
      <tr>
        <td style="background-color: maroon; color: white">maroon</td>
        <td style="background-color: red">red</td>
        <td style="background-color: purple; color: white">purple</td>
        <td style="background-color: magenta;">magenta</td>
      </tr>
      <tr>
        <td style="background-color: green;">green</td>
        <td style="background-color: lime">lime</td>
        <td style="background-color: olive">olive</td>
        <td style="background-color: yellow">yellow</td>
      </tr>
      <tr>
        <td style="background-color: navy; color: white">white</td>
        <td style="background-color: blue; color: white">blue</td>
        <td style="background-color: teal; color: white">white</td>
        <td style="background-color: aqua">aqua</td>
      </tr>
  </table>
  </body>
  </html>
```

本例中制作了一个四行四列的表格。在文档的 head 部分创建了一个样式表，对 table、caption 以及 td 元素的属性进行了设置。在 body 部分通过全局属性 style 对 16 个 td 元素设置内嵌样式，以指定单元格的背景颜色。为了能看清楚单元格中的文字，还对部分单元格设置了前景颜色。所有颜色值均使用颜色名称表示。上述网页的显示效果如图 4.8 所示。

图 4.8　使用单元格颜色的效果

4.3.3　其他单位

除了长度和颜色，CSS 中还有其他一些单位。下面介绍 CSS 中的角度和时间单位。

1．CSS 角度单位

在 CSS 中，角度的表示方式是一个数字后跟一个单位。可用的角度单位如下。

deg：度，取值范围为 0deg~360deg。

grad：百分比，取值范围为 0grad~400grad。

rad：弧度，取值范围为 0rad~6.28rad。

turn：圆周，1trun=360deg。

2．CSS 时间单位

在 CSS 中，时间单位用于度量时间间隔。时间的表示方式是一个数字后跟一个时间单位。

可用的时间单位如下。

s：秒。

ms：毫秒。1s=1000ms。

 习题4

一、选择题

1．在下列各项中，（ ）的优先级最低。

A．元素内嵌样式 B．文档内嵌样式 C．外部样式 D．用户样式

2．在下列各项中，（ ）属于相对长度单位。

A．cm B．pt C．em D．pc

3．在下列各项中，（ ）不能表示 CSS 颜色。

A．颜色名称 B．十进制数值 C．二进制数值 D．十六进制数值

4．在下列各项中，（ ）不属于角度单位。

A．ton B．deg C．grad D．rad

二、判断题

1．（ ）在某个样式声明前面加上"!important"可将其标记为重要样式。

2．（ ）在样式表文件中，可使用 style 元素定义一个样式表。

3．（ ）将某个 CSS 属性值设置为 inherit，可继承父元素的同名属性值。

4．（ ）若使用某个元素名称作为 CSS 选择器，则所定义的样式可自动应用于该元素的所有实例。

5．（ ）在 CSS 中，所有属性值均可使用百分比单位。

三、简答题

1．元素内嵌样式是如何定义的？

2．文档内嵌样式是如何定义的？

3．如何在 HTML5 文档中链接外部样式表？

4．CSS 样式的层叠次序是什么？

5．如何标记重要的样式？

6．如何强制继承父元素的样式？

 上机操作4

1．编写一个网页，要求使用元素内嵌样式设置 h1、p 元素的字体和字号。

2．编写一个网页，要求使用文档内嵌样式设置 h1、p 元素的字体和字号。

3．编写一个网页和一个样式表文件，要求使用外部样式表的样式设置 h1、p 元素的字体和字号。

4．编写一个网页，要求使用文档内嵌样式和元素内嵌样式同时设置 p 元素的字体，并保证文档内嵌样式中设置字体属性不被覆盖。

5．编写一个网页，要求使用绝对长度单位设置 p 元素的字号，使用相对单位设置 p 元素的高度。

6．编写一个网页，要求在页面上创建一个四行四列的表格，并对各个单元格分别设置不同的背景颜色。

使用CSS选择器

使用 CSS 选择器可以从 HTML 文档中找到一个或多个元素，以便使用文档内嵌样式表或外部样式表对这些目标元素的 CSS 属性进行设置。本章专门讨论如何使用 CSS 选择器，主要内容包括使用基本选择器、复合选择器、伪元素选择器以及各种伪类选择器。

5.1 使用基本选择器

使用基本的 CSS 选择器可以实现以下功能：无条件地选择文档中的所有元素；根据元素类型选择指定类型元素的所有实例；根据全局属性 class 选择元素；根据全局属性 id 选择元素；根据某些局部属性选择元素。下面就来介绍这几种基本选择器。

5.1.1 选择所有元素

通配选择器用星号（*）表示，它用来选择文档中的所有元素。支持通配选择器的最低 CSS 版本为 CSS2。通常不建议使用通配选择符，因为它会遍历并选择文档中的所有元素，出于性能考虑，应酌情使用。

例 5.1 **本例说明如何使用通配选择器从页面中选择所有元素。源代码如下：**

```
<!doctype html>
<html>
<head>
<meta charset="gb2312">
<title>通配选择器应用示例</title>
<style type="text/css">
* {                              /* 通配选择器 */
  border: thin gray solid;       /* 设置边框的宽度、颜色和样式 */
  border-radius: 10px;           /* 设置边框半径*/
  padding: 1em;
}
</style>
</head>

<body>
<h1 style="font-size: 20px">通配选择器应用示例</h1>
<p><span>通配选择器</span>用于选择文档中的所有元素</p>
</body>
</html>
```

本例中在文档的 head 部分使用通配选择器创建了一个样式规则，从文档中选择所有元素并使用灰色细线圆角矩形框将它们包围起来。

在文档的 body 部分添加了一个 h1 元素和一个 p 元素，还在 p 元素内部添加了一个 span 元素。通配选择器从文档中选中的内容包括 html 元素、body 元素、h1 元素、p 元素以及 span 元素，所定义的 CSS 样规则自动应用到这些元素上，其结果是它们分别被灰色细线圆角矩形框所包围。

上述网页的显示效果如图 5.1 所示。从这个图中很容易看出 HTML 文档中各个元素相互之间的关系。

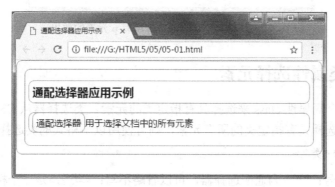

图 5.1　使用通配选择器选择所有元素

5.1.2　根据类型选择元素

类型选择器用于从文档中选择指定类型元素的所有实例，其语法格式如下：

```
<元素类型>
```

用类型选择器定义的样式规则会自动应用于目标元素。类型选择器从 CSS1 开始支持。

例 5.2　本例演示如何使用类型选择器从文档中选择某类元素的所有实例。源代码如下：

```
<!doctype html>
<html>
<head>
<meta charset="gb2312">
<title>类型选择器应用示例</title>
<style type="text/css">
p {
    border: thin gray solid;
    border-radius: 5px;
    padding: 6px;
}
</style>
</head>

<body>
<h1 style="font-size: 20px">类型选择器应用示例</h1>
<p>类型选择器用元素名称来表示</p>
<p>类型选择器用于选择文档中某种元素的所有实例</p>
</body>
</html>
```

本例中使用元素名称 p 作为 CSS 选择器，所定义的 CSS 样式规则自动应用到文档中的两个段落。上述网页的显示效果如图 5.2 所示。

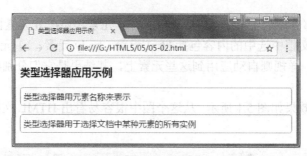

图 5.2　使用类型选择器选择所有 p 元素的效果

5.1.3　根据类属性选择元素

类选择器通过全局属性 class 来选择具有指定类的元素。类选择器从 CSS1 开始支持。

若要从文档中选择具有指定类的所有元素，则可使用以下格式的类选择器：

.<类名>　或　*.<类名>

其中，"."为英文句号；"*"为通配选择器，可以省略不写；<类名>是一个标识符。

例如，类选择器.mystyle 与*.mystyle 是等价的，它们都可以从文档中选择 class 属性值为 mystyle 的所有元素（类型不限）。

若要从某种类型的元素中选择具有指定类的所有元素，则可使用以下格式的类选择器：

<元素类型>.<类名>

其中，<元素类型>是一个类型选择符（即元素名称，如 a、p 等），表示从指定类型的元素进行选择。

例如，若要选择 class 属性值为 mystyle 的所有 h1 元素，可使用类选择器 h1.mystyle；若要选择 class 属性为 mystyle 的所有 p 元素，则可使用类选择器 p.mystyle。实际上，此时的类选择器包含两个筛选条件，即元素的类型和 class 属性值。

提示：设置元素的 class 属性时，也可以同时指定多个类名，不同类名之间用空格分隔。

例 5.3　本例演示如何使用类选择器从文档中选择具有指定类的元素。源代码如下：

```
<!doctype html>
<html>
<head>
<meta charset="gb2312">
<title>类选择器应用示例</title>
<style type="text/css">
.mystyle1 {                    /* 此选择器可用于选择任意类型的元素 */
    border: thin gray solid;
    border-radius: 10px;
    padding: 6px;
}
p.mystyle2 {                    /* 此选择器只能用于选择 p 元素 */
    font-family: "华文行楷";
    font-size: 20px;
}
</style>
</head>

<body>
<h1 style="font-size: 20px" class="mystyle1">类选择器应用示例</h1>
```

```
        <p class="mystyle1">类选择器的语法格式：.&lt;类名&gt;</p>
        <p class="mystyle1 mystyle2"><span class="mystyle1">类选择器</span>用于从选择文档中选择具有指定
类的所有元素</p>
    </body>
</html>
```

　　本例中定义了两条 CSS 样式规则，第一条规则使用类选择器.mystyle1，选中的内容包括
h1 元素、两个 p 元素和 span 元素。第二条规则使用 p.mystyle2，它只能应用于 p 元素。由于将
第二个 p 元素 class 属性值设置为"mystyle1 mystyle2"，因此对该元素同时应用了两条规则，
这个段落被矩形框所包围且字体为华文行楷。

　　上述网页的显示效果如图 5.3 所示。

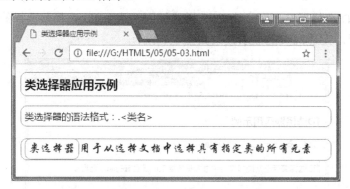

图 5.3　使用类选择器选择具有指定类的元素

5.1.4　根据 id 属性选择元素

ID 选择器通过 id 属性来选择具有指定 id 属性值的元素。从 CSS1 开始支持 ID 选择器。
　　若要从文档中选择具有指定 id 属性值的元素，则可使用以下格式的 ID 选择器：

　　#<id 值>　或　*#<id 值>

其中，"*"为通配选择器，可以省略不写；<id 值>是一个标识符。
　　例如，要从文档中选择 id 属性为 mystyle 的单个元素，则可使用 ID 选择器#mystyle 或
*#mystyle。至于该元素是什么类型，并没有进行限制。
　　若要选择具有指定 id 属性值的某种类型的元素，则可使用以下格式的 ID 选择器：

　　<元素类型>#<id 值>

其中，<元素类型>为元素名称，实际上就是一个类型选择器。
　　例如，要选择 id 属性值为 mystyle 的 h1 元素，则可使用 ID 类选择器 h1#mystyle；要选择
id 属性值为 mystyle 的 p 元素，则可使用 ID 选择器 p#mystyle。此时的 ID 选择器包含两个筛选
条件，即元素类型和 id 属性值。
　　例 5.4　本例说明如何使用 ID 选择器选择具有指定 id 属性值的单个元素。源代码如下：

```
<!doctype html>
<html>
<head>
<meta charset="gb2312">
<title>ID 选择器应用示例</title>
<style type="text/css">
#mystyle {
```

```
        border: thin gray solid;
        border-radius: 6px;
        padding: 6px;
    }
    </style>
    </head>

    <body>
    <h1 style="font-size: 20px">ID 选择器应用示例</h1>
    <p>ID 选择器的语法格式： #&lt;id 值&gt;</p>
    <p id="mystyle">ID 选择器</span>用于从选择文档中选择具有指定 id 属性值的单个元素</p>
    </body>
    </html>
```

本例中使用 ID 选择器定义了一个 CSS 样式规则，这个 ID 选择器选择的内容是 id 属性为 mystyle1 的 p 元素。上述网页的显示效果如图 5.4 所示。

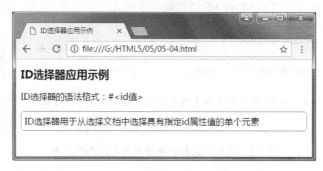

图 5.4　使用 ID 选择器选择具有指定 id 值的元素

5.1.5　根据属性选择元素

属性选择器是根据属性来选择元素的，所选元素的属性应匹配指定的条件。

若要选择属性符合指定条件的元素，则可使用以下格式的属性选择器：

[<条件>]

在这种情况下，将根据指定条件来匹配属性，进而选择具有这种属性的元素，对元素的类型没有什么限制。

若要选择属性符合指定条件的某种类型元素，则可使用以下格式的属性选择器：

<元素类型>[<条件>]

在这种情况下，也将根据指定条件来匹配属性，进而选择具有这种属性的元素，但对元素的类型有所限制，等于多了一个筛选条件。

使用属性选择器时，条件总是放在方括号内。可用的条件在表 5.1 中列出。

表 5.1　属性选择器中的条件

条　件	描　述	CSS 版本
[attr]	包含属性选择器，用于选择具有 attr 属性的元素，忽略属性值	CSS2
[attr="val"]	属性等于选择器，用于选择 attr 属性值等于 val 的元素	CSS2
[attr^="val"]	属性开始选择器，选择 attr 属性值以 val 开头的元素	CSS3

条　件	描　述	CSS 版本
[attr$="val"]	属性结尾选择器，用于选择 attr 属性值以 val 结尾的元素	CSS3
[attr*="val"]	属性包含选择器，用于选择 attr 属性值包含字符串 val 的元素	CSS3
[attr~="val"]	选择 attr 属性具有多个值且其中一个为 val 的元素	CSS2
[attr|="val"]	选择 attr 属性值为连字符（-）分隔且其中第一个字符串为 val 的元素	CSS2

例 5.5　本例演示如何使用属性选择器选择属性符合指定条件的元素。源代码如下：

```
<!doctype html>
<html>
<head>
<meta charset="gb2312">
<title>属性选择器应用示例</title>
<style type="text/css">
[style|="font"] {
  border: thin gray solid;
  border-radius: 6px;
  padding: 6px;
}
p[id] {
    font-size: 18px;
}
p[id$="1"] {
    font-family: "华文行楷";
}
p[id^="my"] {
    font-family: "方正姚体";
}
a[href*="baidu"] {
    color: red;
}
</style>
</head>

<body>
<h1 style="font-size: 22px">属性选择器应用示例</h1>
<p id="p1">属性选择器基于属性的不同特征选择元素</p>
<p  id="myparagraph">若要了解属性选择器的使用方法，可以<a href="http://www.baidu.com">百度一下
</a>。</p>
</body>
</html>
```

本例中使用了以下 5 个属性选择器：[style|="font"]用于选择 style 属性值以连字符（-）分隔且第一个字符串为 font 的元素，结果选中 h1 元素并为它添加了边框；p[id]用于选择包含 id 属性的 p 元素（不管 id 属性值是什么），结果选中两个 p 元素并将其字号设置为 18px；p[id$="1"]用于选择 id 属性值以数字 1 结尾的 p 元素，结果选中第一个 p 元素并将其字体设置为华文行楷；p[id^="my"]用于选择 id 属性值以 my 开头的 p 元素，结果选中第二个 p 元素并将其字体设置为方正姚体；a[href*="baidu"]用于选择 href 属性值中包含 baidu 的 a 元素，结果选中段落中的超链接并将其颜色设置为红色。上述网页的显示结果如图 5.5 所示。

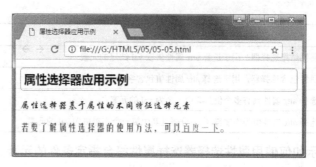

图 5.5　属性选择器应用示例

5.2　使用复合选择器

复合选择器由不同的选择器组合而成。复合选择器的选择效果与其所用的组合方式有关。有的复合选择器可以选择更多的元素，有的复合选择器则会选择更少的元素。

5.2.1　使用并集选择器

若要选择多个选择器匹配的所有元素，可以用逗号分隔各个选择器构成并集选择器以扩大选择范围，语法格式如下：

```
<选择器>, <选择器>, <选择器>
```

其中，<选择器>可以是各种不同的选择器，例如类型选择器、类选择器或 ID 选择器等。并集选择器从 CSS1 开始支持。

例 5.6　本例演示如何使用并集选择器选择多个选择器匹配的元素。源代码如下：

```
<!doctype html>
<html>
<head>
<meta charset="gb2312">
<title>并集选择器应用示例</title>
<style type="text/css">
[style|="font"], #p1 {
    border: thin gray solid;
    border-radius: 6px;
    padding: 6px;
}
</style>
</head>

<body>
<h1 style="font-size: 20px">并集选择器应用示例</h1>
<h2 style="font-size: 16px">用逗号分隔多个选择器即构成并集选择器</h2>
<p id="p1">并集选择器用于多个选择器匹配的元素。</p>
</body>
</html>
```

本例中用属性选择器[style|="font"]和 ID 选择器#p1 构成一个复合选择器，从文档中选择出 h1、h2 和 p 元素，并对这些目标元素加上了边框。上述网页的显示效果如图 5.6 所示。

图 5.6 并集选择器应用示例

5.2.2 选择后代元素

若要选择包含在指定元素中的后代元素，可使用后代选择器，其语法格式如下：

<第一个选择器> <第二个选择器>

其中，<第一个选择器>和<第二个选择器>用空格分隔。

应用后代选择器时，首先用第一个选择器进行选择，然后再用第二个选择器选择匹配元素的后代元素（包括直接后代和辈份更低的后裔元素）。后代选择器从 CSS1 开始支持。

例 5.7 本例说明如何使用后代选择器选择包含在其他元素中的元素。源代码如下：

```
<!doctype html>
<html>
<head>
<meta charset="gb2312">
<title>后代选择器应用示例</title>
<style type="text/css">
td {
    text-align: center;
}
h1 span, #mytable td {
    border: thin gray solid;
    border-radius: 6px;
    padding: 6px;
}
</style>
</head>

<body>
<h1 style="font-size: 20px"><span>后代选择器</span>应用示例</h1>
<table id="mytable" style="width: 360px">
    <tr><td>1</td><td>2</td><td>3</td></tr>
    <tr><td>4</td><td>5</td><td>6</td></tr>
    <tr><td>7</td><td>8</td><td>9</td></tr>
</table>
</body>
</html>
```

本例中使用了两个后代选择器，即"h1 span"和"#mytable td"，它们构成了一个并集选择器。通过后代选择器"h1 span"选中了包含在标题元素 h1 中的 span 元素（这是直接后代，亦即子元素）并为其加了边框；通过后代选择器"#mytable td"选择的内容则是包含在 id 为 mytable 的表格中的 td 元素（这不是直接后代，而是跳过了 tr 元素直达 td 元素）并为其加了边框。上述网页的显示效果如图 5.7 所示。

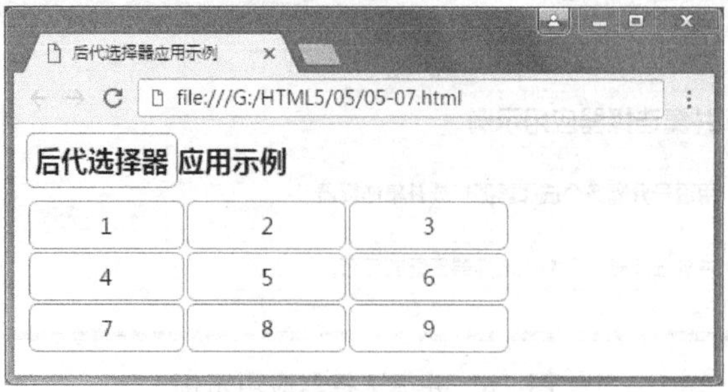

图 5.7　选择后代元素的效果

5.2.3 选择子元素

若要选择指定元素的子元素，则可使用子代选择器，其语法格式如下：

```
<第一个选择器>＞<第二个选择器>
```

其中，<第一个选择器>与<第二个选择器>用大于号分隔。

应用子代选择器时，首先用第一个选择器进行选择，然后再用第二个选择器选择匹配元素的子元素（即直接后代）。子代选择器从 CSS2 开始支持。

例 5.8　本例演示如何使用子代选择器选择指定元素的子元素。源代码如下：

```html
<!doctype html>
<html>
<head>
<meta charset="gb2312">
<title>子代选择器应用示例</title>
<style type="text/css">
h1 > span, p > em {
    border: thin gray solid;
    border-radius: 6px;
    padding: 6px;
}
</style>
</head>

<body>
<h1 style="font-size: 20px"><span>子代选择器</span>应用示例</h1>
<hr>
<p><em>子代选择器</em>用于选择指定元素的<em>子元素</em>。</p>
</body>
</html>
```

本例中使用了两个子代选择器，即"h1 > span"和"p > em"，它们构成了一个并集选择器。通过子代选择器"h1 > span"选中了标题元素 h1 的 span 元素并为其加了边框；通过子代选择器"p > em"则选中了段落元素 p 中的两个 em 元素并为它们加了边框。上述网页的显示效果如图 5.8 所示。

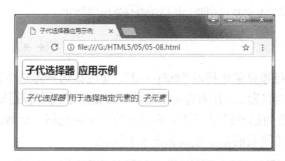

图 5.8　选择子元素的结果

5.2.4　选择兄弟元素

若要选择紧跟在指定元素后面的元素，则可使用相邻兄弟选择器，其语法格式如下：

```
<第一个选择器> + <第二个选择器>
```

其中，<第一个选择器>与<第二个选择器>通过加号"+"连接起来。相邻兄弟选择器从 CSS2 开始支持。

若要选择跟在指定元素后面的元素（可以与前面元素相邻，也可以不相邻），则可使用普通兄弟选择器，其语法格式如下：

```
<第一个选择器> ~ <第二个选择器>
```

其中，<第一个选择器>与<第二个选择器>通过波浪号"~"连接起来。普通兄弟选择器从 CSS3 开始支持。

例 5.9　**本例说明如何使用兄弟选择器选择跟在指定元素后面的元素。源代码如下：**

```
<!doctype html>
<html>
<head>
<meta charset="gb2312">
<title>兄弟选择器应用示例</title>
<style type="text/css">
table {
    width: 400px;
}
td {
    text-align: center;
}
#td1 + td, #td2 ~ td, #td3 ~ td {
    border: thin gray solid;
    border-radius: 6px;
    padding: 6px;
}
</style>
</head>

<body>
<h1 style="font-size: 20px">兄弟选择器应用示例</h1>
<hr>
<table>
    <tr><td id="td1">1</td><td>2</td><td>3</td><td>4</td></tr>
    <tr><td>5</td><td id="td2">6</td><td>7</td><td>8</td></tr>
    <tr><td>9</td><td>10</td><td>11</td><td>12</td></tr>
```

```
    <tr><td id="td3">13</td><td>14</td><td>15</td><td>16</td>/tr>
</table>
</body>
</html>
```

本例中使用了一个相邻兄弟选择器"#td1 + td"，通过该选择器选中紧跟在 id 为 td1 的单元格之后的那个单元格（内容为 2）并为它加上边框。还使用了两个普通兄弟选择器，即"#td2 ~ td"和"#td3 ~ td"，前者的选择结果是位于第二行的两个单元格，后者的选择结果则是位于第四行的 3 个单元格。上述网页的显示效果如图 5.9 所示。

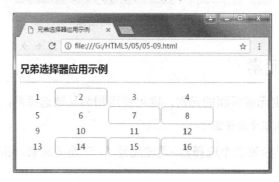

图 5.9　选择兄弟元素的结果

5.3　使用伪元素选择器

在中文里，"伪"字通常含有贬义，其含义无非是"假的，不真实的，不合法的"等。顾名思义，伪元素就是指在 HTML 中并不存在的元素。CSS 中之所以引入伪元素选择器，其目的是为了方便选择文档内容。

5.3.1　选择首行文本

若要选择文本块的首行，可使用伪元素选择器:first-line，其语法格式如下：

```
<选择器>:first-line
```

其中，<选择器>用于指定要选择的文本块。如果省略<选择器>，则默认为通配选择器，此时将选择文档中所有文本块的首行。

:first-line 从 CSS1 开始支持。

提示： 当用户调整浏览器窗口的大小时，浏览器会重新评估哪些内容属于文本块的首行。

例 5.10　本例说明如何使用伪元素选择器:first-line 选择文本块的首行。源代码如下：

```
<!doctype html>
<html>
<head>
<meta charset="gb2312">
<title>选择首行文本</title>
<style type="text/css">
p {
    text-indent: 2em;
}
p:first-line {                          /* 设置段落首行样式 */
    background-color: blue;
```

```
    color: white;
    }
  </style>
  </head>

  <body>
  <h1 style="font-size: 20px">中国经济新方位</h1>
  <p>一切都在变，只有变化本身是永恒的。在驶向民族复兴彼岸的海面上，中国经济航船的经纬度也在
不断变化。这个创造了"二战"后一国经济高速增长持续时间最长记录的经济体，正面临速度换挡节点、结构
调整节点、动力转换节点，在螺旋式上升的发展历程中进入了一个新状态、新格局、新阶段，站在新的历史方
位上。</p>
  </body>
  </html>
```

本例中将段落首行文本设置为蓝底白字，调整浏览器窗口时首行样式不变，如图 5.10 所示。

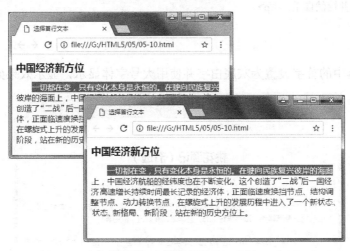

图 5.10　选择首行文本的效果

5.3.2　选择首字母

若要选择文本块的首字母，可使用伪元素选择器:first-letter，语法格式如下：

```
<选择器>:first-letter
```

其中，<选择器>用于指定文本块。若省略，则会选择文档中所有文本块的首字母。

:first-letter 选择器从 CSS1 开始支持。

例 5.11　本例说明如何使用伪元素选择器:first-letter 选择文本块的首字母。源代码如下：

```
<!doctype html>
<html>
<head>
<meta charset="gb2312">
<title>古文欣赏</title>
<style type="text/css">
hgroup {text-align: center; }
p {text-indent: 2em; }
p:first-letter {                    /* 设置段落首字样式 */
font-size: 1.5em;
  background-color: gray;
  color: white;
}
```

```
      </style>
      </head>

      <body>
      <article>
        <header>
          <hgroup>
            <h1 style="font-size: 24px">桃花源记（节选）</h1>
            <h2 style="font-size: 18px">[东晋]陶渊明</h2>
          </hgroup>
        </header>
        <p>晋太元中，武陵人捕鱼为业。缘溪行，忘路之远近。忽逢桃花林，夹岸数百步，中无杂树，芳草
鲜美，落英缤纷，渔人甚异之。复前行，欲穷其林。</p>
        <p>林尽水源，便得一山，山有小口，仿佛若有光。便舍船，从口入。初极狭，才通人。复行数十步，
豁然开朗。土地平旷，屋舍俨然，有良田美池桑竹之属。阡陌交通，鸡犬相闻。其中往来种作，男女衣着，悉
如外人。黄发垂髫，并怡然自乐。</p>
      </article>
      </body>
      </html>
```

本例中将段落中的首字设置为灰底白字并使用大号字体显示，显示效果如图 5.11 所示。

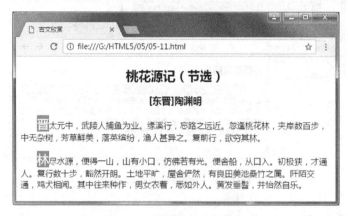

图 5.11　选择首字母的效果

5.3.3 在元素中插入内容

下面介绍两个比较特殊的伪元素选择器，即:before 和:after。它们的功能是在指定元素内容的前面或后面插入由 content 属性指定的内容。

若要在指定元素的内容之前插入内容，可使用伪元素选择器:before，其语法格式如下：

```
<选择器>:before {
    content: "要插入的内容";
    /* 设置其他样式属性，以指定插入内容的格式 */
}
```

其中，<选择器>用于指定目标元素，content 属性指定要插入的内容。该内容将被插入到目标元素的内容之前。在样式声明中还可以设置其他属性，以指定插入内容的格式。content 属性只能与伪元素选择器一起使用。

若要在指定元素的内容之后插入内容和样式，用伪元素选择器:before 替换:after 即可。

伪元素选择器:before 和:after 从 CSS2 开始支持。

除了在指定元素内容的前后插入文字内容之外，还可以通过 content 属性指定其他内容，

如图像、声音或元素的属性值等。请参阅以下代码：

```css
p:before {
    content: url(img.jpg);
}
h1:before
{
    content:url(beep.wav);
}
a:after {
    content: attr(href);
}
```

其中，attr 函数用于返回指定元素的相应属性值。

例 5.12　本例说明如何使用伪元素选择器:before 和:after 在指定元素内容的前面和后面插入内容。源代码如下：

```html
<!doctype html>
<html>
<head>
<meta charset="gb2312">
<title>在元素中插入内容</title>
<style type="text/css">
#p1:before {
    content: "H";
    font-weight: bold;
    background-color: #ffcc33;
    padding: 3px;
}

#p1:after {
    content: "!";
    font-weight: bold;
    background-color: #ffcc33;
    padding: 3px;
}

#p2:before {
    content: url(../images/baidu_log.png);
}
a:after {
    content: " （" attr(href) "） ";
}
</style>
</head>

<body>
<h1 style="font-size: 20px">在元素中插入内容</h1>
<hr>
<p id="p1">ello, World</p>
<p id="p2"><a href="http://www.baidu.com/">百度一下，你就知道</a></p>
</body>
</html>
```

本例中通过伪元素选择器#p1:before 指定在第一个段落开头插入大写字母"H"，通过伪元素选择器#p1:after 指定在该段落结尾插入一个感叹号"!"。通过伪元素选择器#p2:before 指定在第二个段落开头插入一个图片，通过伪元素 a:after 指定在超链接后面添加该链接的网址并放在括号内。网页显示效果如图 5.12 所示。

图 5.12　在元素前后插入内容

5.3.4　通过计数器插入项目编号

前面介绍了使用:before 和:after 选择器与 content 属性在元素中插入文字、图像或属性的方法。下面讨论如何使用这些选择器和属性创建计数器并在文档中插入项目编号。

要创建计数器，首先要通过 counter-reset 声明指定计数器的名称，代码如下：

```
counter-reset: <计数器名称> <初始值>;
```

其中，<计数器名称>是一个标识符，<初始值>是一个正整数。如果未设置计数器的初始值，则其默认值为 1。

例如，下面的代码用于创建一个名为 mycounter 的计数器并将其初始值设置为 100。

```
counter-reset: mycounter 100;
```

也可以在同一个 counter-reset 声明中创建多个计数器并设置其初始值。例如：

```
counter-reset: mycounter 100 othercounter;
```

这一行代码创建了两个计数器，它们的初始值分别为 100 和 1。

创建一个计数器后，即可将其名称作为 counter 函数的参数来设置 content 属性的值，并与:before 和:after 选择器一起来设置样式。代码格式如下：

```
<选择器>:before {
    content counter(mycounter) ". ";
    /* 在这里设置编号的样式（例如字号、颜色等）  */
}
```

这条 CSS 规则将应用到与选择器匹配的所有元素中，在这些元素的内容之前插入编号，后跟一个句点和空格。

默认情况下，计数器的值用十进制整数来表示。根据需要，也可以改用其他数值格式。例如，要使用大写英文字母作为计数器的值，可以这样来设置 content 属性：

```
content counter(mycounter, upper-alpha) ". ";
```

counter 函数中第二个参数用于指定计数器的数值格式，该参数的取值为 list-style-type 属性支持的任意值，详情请参阅 6.5.1 节。

默认情况下，计数器的步长为 1。根据需要，也可以使用 counter-increment 属性来设置其他步长。代码格式如下：

```
counter-increment: <计数器名称> <步长>;
```

例如，下面的代码将计数器 mycounter 的步长设置为 5：

```
counter-increment: mycounter 5;
```

例 5.13 本例演示如何通过 CSS 计数器在文档中插入项目编号。源代码如下：

```
<!doctype html>
<html>
<head>
<meta charset="gb2312">
<title>CSS 计数器应用示例</title>
<style type="text/css">
h1 {
    font-size: 24px;
}

h2 {
    font-size: 18px;
    text-indent: 2em;
}

body {
    counter-reset: mycounter;                  /* 创建计数器 mycounter，其初始值为 1 */
}

h2:before {
    content: counter(mycounter, upper-alpha);  /* 在标题元素 h2 的内容之前插入编号 */
    counter-increment: mycounter 1;            /* 设置计数器的值用大写英文字母表示 */
    border: thin solid gray;                   /* 设置计数器的步长为 1 */
    padding-left: 6px;                         /* 为编号加上边框 */
    padding-right: 6px;                        /* 设置左内边距 */
}                                              /* 设置右内边距 */

</style>
</head>

<body>
<h1>大数据技术与应用</h1>
<h2>大数据的概念和发展背景</h2>
<h2>大数据应用的业务需求</h2>
<h2>大数据应用的总体架构和关键技术</h2>
<h2>大数据与企业级应用的整合策略</h2>
</body>
</html>
```

本例中创建了一个名为 mycounter 的计数器，设置用大写英文字母显示其值，步长为 1，并设置了编号的样式，最终通过 h2:before 选择器在各个标题元素 h2 的内容之前插入了编号。

上述网页的显示效果如图 5.13 所示。

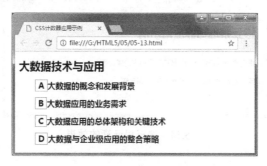

图 5.13　通过计数器插入的项目编号

5.4 使用结构性伪类选择器

结构性伪类选择器能够根据元素在文档中的位置来选择元素。这类选择器均以冒号（:）开头，如:root、:first-child 等。结构性伪类选择器既可以单独使用，也可以与其他选择器组合使用。

5.4.1 使用根元素选择器

:root 选择器称为根元素选择器，它用于选择 HTML 文档中的根元素，即 html 元素。:root 选择器从 CSS3 开始支持。

例 5.14 本例说明如何使用根元素选择器选择文档中的根元素。源代码如下：

```
<!doctype html>
<html>
<head>
<meta charset="gb2312">
<title>根元素选择器应用示例</title>
<style type="text/css">
:root {
    border: thin solid gray;        /* 设置边框的宽度、线型和颜色 */
    border-radius: 12px;            /* 设置边框半径 */
    padding: 6px;                   /* 设置内边距 */
    margin: 6px;                    /* 设置外边距 */
}
</style>
</head>

<body>
<h1 style="font-size: 24px">根元素选择器应用示例</h1>
<hr>
<p>根元素选择器用于选择 HTML 文档中的根元素。</p>
<p>用它总是选择同一个元素，即 html 元素。</p>
</body>
</html>
```

本例中针对根元素定义了一个 CSS 样式，对根元素的边框宽度、线型和颜色进行了设置，还设置了根元素的边框半径、内边距以及外边距等属性。

上述网页的显示效果如图 5.14 所示。

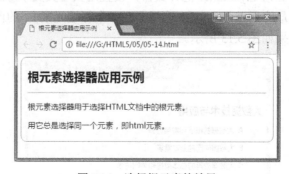

图 5.14 选择根元素的效果

5.4.2　使用子元素选择器

子元素选择器用于选择包含在其他元素中的单个子元素。子元素选择器具有 4 种形式，它们使用和支持的最低 CSS 版本在表 5.2 中列出。

表 5.2　子元素选择器

选　择　器	描　　述	CSS 版本
:first-child	选择父元素的第一个子元素	CSS2
:last-child	选择父元素的最后一个子元素	CSS2
:only-child	选择父元素的唯一子元素	CSS3
:only-of-type	选择父元素特定类型的唯一子元素	CSS3

注意：要选择某种元素的子元素时，可将子元素选择器与匹配父元素的选择器一起使用。由于选择的目标是子元素，因此两个选择器之间应以空格分隔。例如，要选择段落中的第一个子元素，所用选择器应写成 p :first-child，而不能写成 p:first-child。

例 5.15　本例演示了各种子元素选择器的用法。源代码如下：

```
<!doctype html>
<html>
<head>
<meta charset="gb2312">
<title>子元素选择器应用示例</title>
<style type="text/css">
table {
    width: 400px;
}
table td {
    text-align: center;
}
#tr1 :first-child, #tr1 :last-child, body :only-child, table :only-of-type { /* 子元素选择器在此！ */
    border: thin gray solid;
    border-radius: 6px;
    padding: 6px;
    margin: 6px;
}
</style>
</head>

<body>
<table
    <caption>子元素选择器应用示例</caption>
    <tr id="tr1"><td>1</td><td>2</td><td>3</td><td>4</td></tr>
    <tr><td>5</td><td>6</td><td>7</td><td>8</td></tr>
    <tr><td>9</td><td>10</td><td>11</td><td>12</td></tr>
    <tr><td>13</td><td>14</td><td>15</td><td>16</td></tr>
</table>
</body>
</html>
```

本例中使用 4 种不同形式的子元素选择器组成了一个并集选择器。

第一个子元素选择器为 "#tr1 :first-child"，它的选择结果是表格第一行中的第一个单元格（数字 1 所在单元格）。

第二个子元素选择器为"#tr1 :last-child"，它的选择结果是表格第一行中的最后一个单元格（数字 4 所在单元格）。

第三个子元素选择器为"body :only-child"，它的选择结果是表格元素 table。

第四个子元素选择器为"table :only-of-type"，它的选择结果是表格标题 caption 元素。通过子元素选择器选择的 4 个目标元素都被加上了边框，如图 5.15 所示。

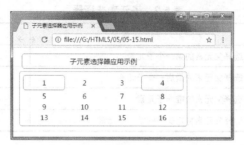

图 5.15　子元素选择器应用示例

5.4.3　根据位置选择子元素

若要根据在某个元素中的位置来选择特定的子元素，可使用带有索引参数的子元素选择器（索引值从 1 开始）。这类选择器在表 5.3 中列出。

表 5.3　带有参数的子元素选择器

选　择　器	描　　　述	CSS 版本
:nth-child(n)	选择父元素的第 n 个子元素	CSS3
:nth-last-child(n)	选择父元素的倒数第 n 个子元素	CSS3
:nth-of-type(n)	选择父元素特定类型的第 n 个子元素	CSS3
:nth-last-of-type(n)	选择父元素特定类型倒数第 n 个子元素	CSS3

提示：使用表 5.3 中的选择器时，索引参数可以是数字、关键词或公式。要选择索引是奇数或偶数的子元素，可使用关键词 odd 和 even 作为参数。也可以使用公式(an+b)作为索引，其中 a 表示周期长度，n 是计数器（从 0 开始），b 是偏移值。

例如，若要设置索引是 3 的倍数的所有 p 元素的背景颜色，可以用 3n+0 作为索引值：

```
p:nth-of-type(3n+0) {
    background-color: gray;
}
```

例 5.16　本例演示如何使用带有参数的子元素选择器。源代码如下：

```
<!doctype html>
<html>
<head>
<meta charset="gb2312">
<title>带参子元素选择器应用示例</title>
<style type="text/css">
table {
    width: 400px;
}
table td {
```

```
      text-align: center;
      width: 25%;
   }
   caption:nth-of-type(1), td:nth-child(1), td:nth-last-child(2) {
      border: 2px gray solid;
      border-radius: 6px;
      padding: 6px;
      margin: 6px;
   }
   tr:nth-of-type(odd) {
      background-color: #eeeeee;
   }
   tr:nth-of-type(even) {
      background-color:#ffcc33;
   }
   </style>
   </head>

   <body>
   <table>
      <caption>带参子元素选择器应用示例</caption>
      <tr><td>1</td><td>2</td><td>3</td><td>4</td></tr>
      <tr><td>5</td><td>6</td><td>7</td><td>8</td></tr>
      <tr><td>9</td><td>10</td><td>11</td><td>12</td></tr>
      <tr><td>13</td><td>14</td><td>15</td><td>16</td></tr>
   </table>
   </body>
   </html>
```

本例中使用了 5 个带参子元素选择器。

第一个带参子元素选择器是 caption:nth-of-type(1)，其选择结果是属于其父元素的第一个 caption 元素，即表格标题。

第二个带参子元素选择器是 td:nth-child(1)，其选择结果是属于其父元素的第一个子元素的每个 td 元素，即数字 1、5、9、13 所在的单元格。

第三个带参子元素选择器是 td:nth-last-child(2)，其选择结果是属于其父元素的倒数第二个子元素的每个 td 元素，即数字 3、7、11、15 所在的单元格。以上 3 个子元素选择器组成了一个并集选择器，由此选择的目标元素都被加上了边框。

第四个带参子元素选择器是 tr:nth-of-type(odd)，其选择结果是表格中的第一行和第三行，这些行的背景颜色都被设置为浅灰色。

第五个带参子元素选择器是 tr:nth-of-type(even)，其选择结果是表格中的第二行和第四行，这些行的背景颜色都被设置为橘黄色。

上述网页显示效果如图 5.16 所示。

图 5.16　带参子元素选择器应用示例

5.5 使用 UI 伪类选择器

元素有各种各样的状态，例如启用或禁用、有效或无效。下面将介绍从 CSS3 开始支持的一组 UI 伪类选择器，使用这些选择器可以根据元素所处的状态来选择所需要的元素。

5.5.1 选择启用或禁用元素

对于一些用来收集用户输入的元素（如 input、textarea 等）而言，若未设置 disenabled 属性，则它们在加载网页时处于启用状态；若设置了 disenabled 属性，则会使它们在加载网页时处于禁用状态。使用 UI 伪类选择器:enabled 可以选择处于启用状态的元素，使用 UI 伪类选择器:disenabled 则可以选择处于禁用状态的元素。

例 5.17　本例说明如何使用:disenabled 选择器选择处于禁用状态的元素。源代码如下：

```
<!doctype html>
<html>
<head>
<meta charset="gb2312">
<title>选择禁用元素示例</title>
<style type="text/css">
input:disabled, button:disabled {
    background-color: #eeeeee;
    border: thin gray solid;
}
</style>
</head>
<body>

<h1 style="font-size: 20px">选择禁用元素示例</h1>
<hr>
<p>正常启用的文本框：<input type="text" autofocus></p>
<p>已被禁用的文本框：<input type="text" disabled></p>
<p style="text-indent: 2em">
    <button>正常启用的按钮</button>
      
    <button disabled>已被禁用的按钮</button>
</p>
</body>
</html>
```

在本例中，使用 UI 伪类选择器:disenabled 从文档中选择出被禁用的文本框和被禁用的按钮并对它们的外观进行了设置，如图 5.17 所示。

图 5.17　选择禁用元素示例

5.5.2　选择已勾选元素

对于单选按钮和复选框而言，若在相应的 input 元素设置 checked 属性，则会使它们在加载网页时处于勾选状态。使用 UI 伪类选择器:checked 可以选择这种已被勾选的元素。

例 5.18　本例说明如何使用 UI 伪类选择器:checked 选择已勾选元素的相邻兄弟元素。源代码如下：

```
<!doctype html>
<html>
<head>
<meta charset="gb2312">
<title>选择勾选元素示例</title>
<style type="text/css">
input:checked+label {
  border: thin dashed red;
  color: blue;
}
</style>
</head>

<body>
<h1 style="font-size: 20px">选择勾选元素示例</h1>
<hr>
<form method="post">
  <table>
    <tr>
      <td><label for="username">用户名：</label></td>
      <td><input type="text" id="username" name="username"></td>
    </tr>
    <tr>
      <td>性别：</td>
      <td><input type="radio" id="male" name="gender" value="男" checked>
        <label for="male">男</label>
          
        <input type="radio" id="female" name="gender" value="女">
        <label for="female">女</label>
      </td>
    </tr>
    <tr>
      <td>爱好：</td>
      <td><input type="checkbox" id="movie" name="hobby" checked>
        <label for="movie">电影</label>
          <input type="checkbox" id="music" name="hobby"
        <label for="musicmovie">音乐</label>
      </td>
    </tr>
    <tr>
      <td> </td>
      <td><input type="submit" value="提交">
          
        <input type="reset" value="重置">
      </td>
    </tr>
  </table>
</form>
</body>
</html>
```

对单选按钮和复选框可设置的样式不多，所以本例中使用兄弟选择器 input:checked+label 对它们相邻的 label 元素的外观进行了设置，对已勾选元素的说明性标签文字加上虚线框，且文字改用蓝色，如图 5.18 所示。

图 5.18　选择已勾选元素示例

5.5.3　选择默认元素

UI 伪类选择器:default 从一组类似的元素中选择默认元素。在一个表单中可以有多个默认元素，包括加载页面时处于勾选状态的单选按钮和复选框以及提交按钮。

例 5.19　本例演示如何使用 UI 伪类选择器:default 选择表单中的默认元素。源代码如下：

```
<!doctype html>
<html>
<head>
<meta charset="gb2312">
<title>选择默认元素示例</title>
<style type="text/css">
input:default {                      /*  选择默认的输入元素  */
    outline: medium groove red;   /*  设置轮廓的宽度、样式和颜色属性*/
}
</style>
</head>

<body>
<h1 style="font-size: 20px">选择默认元素示例</h1>
<hr>
<form method="post" action="javascript:alert('表单数据已提交！')">
  <table>
    <tr>
      <td><label for="username">用户名：</label></td>
      <td><input type="text" id="username" name="username" autofocus></td>
    </tr>
    <tr>
      <td>性别：</td>
      <td><input type="radio" id="male" name="gender" value="男" checked>
        <label for="male">男</label>
          
        <input type="radio" id="female" name="gender" value="女">
        <label for="female">女</label>
      </td>
    </tr>
    <tr>
      <td>爱好：</td>
      <td><input type="checkbox" id="movie" name="hobby" checked>
```

```
            <label for="movie">电影</label>
              
            <input type="checkbox" id="music" name="hobby">
            <label for="music">音乐</label>
        </td>
    </tr>
    <tr>
        <td> </td>
        <td><input type="submit" value="提交">
              
            <input type="reset" value="重置">
        </td>
    </tr>
    </table>
</form>
</body>
</html>
```

本例中使用 UI 伪类选择器 input:default 选择出默认的表单控件并对其轮廓样式进行了设置，如图 5.19 所示。

图 5.19　选择默认元素示例

5.5.4　选择有效和无效元素

HTML5 提供了表单输入验证功能，可以在提交表单之前对所输入数据的有效性进行检查。使用 UI 伪类选择器:valid 可以选择通过输入验证的 input 有效元素，使用 UI 伪类选择器:invalid 则可以选择未通过输入验证的 input 无效元素。

例 5.20　本例说明如何使用 UI 伪类选择器:valid 和:invalid 选择通过输入验证的有效元素和未通过输入验证的无效元素。源代码如下：

```
<!doctype html>
<html>
<head>
<meta charset="gb2312">
<title>填写个人信息</title>
<style type="text/css">
input[type="text"]:valid, input[type="email"]:valid {
    background-color: #33ff00;
}
input[type="text"]:invalid, input[type="email"]:invalid {
    background-color: #ff99ff;
}

</style>
```

```
    </head>
    <body>
    <h1 style="font-size: 20px">填写个人信息</h1>
    <hr>
    <form method="post" action="javascript:alert('表单数据已提交！')" >
      <table>
        <tr>
          <td><label for="username">用户名：</label></td>
          <td><input type="text" id="username" name="username" required autofocus></td>
        </tr>
        <tr>
          <td><label for="email">电子信箱：</label></td>
          <td><input type="email" id="email" name="email" required></td>
        </tr>
        <td> </td>
          <td><input type="submit" value="提交">  <input type="reset" value="重置"></td>
        </tr>
      </table>
    </form>
    </body>
    </html>
```

本例中创建了一个用于填写个人信息的表单。在样式表中，使用 input[type="text"]:invalid 和 input[type="email"]:invalid 对文本输入框和电子邮件地址输入框通过验证时的样式进行了设置。由于对 text 和 email 类型的 input 元素都设置了 required 属性，所以未输入内容时两个输入框的背景颜色均为红色，一旦在"用户名"框中输入内容或在"电子信箱"框中输入有效的电子邮件地址，背景颜色立即变为绿色，表明已通过验证，如图 5.20 和图 5.21 所示。

图 5.20 部分输入通过验证时的状态

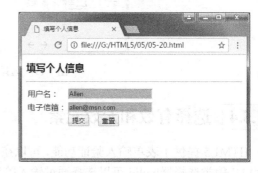

图 5.21 全部输入通过验证时的状态

5.5.5 选择限定范围的元素

对于 number 类型的 input 元素，可以对其设置 min 和 max 属性值，以指定可输入数值范围的下限和上限。使用 UI 伪类选择器:in-range 可以选择其值位于指定范围内的 input 元素，使用 UI 伪类选择器:out-of-reange 则可以选择其值超出指定范围的 input 元素。

例 5.21 本例演示如何使用 UI 伪类选择器:in-range 和:out-of-reange 来选择其值位于指定范围内和超出指定范围的 input 元素。源代码如下：

```
<!doctype html>
<html>
<head>
<meta charset="gb2312">
<title>填写学生成绩</title>
<style type="text/css">
```

```
input[type="number"]{width: 160px;}
input[type="number"]:in-range {
  background-color: #33ff00;
}
input[type="number"]:out-of-range {
  background-color: #ff6699;
}

</style>
</head>
<body>
<h1 style="font-size: 20px">填写学生成绩</h1>
<hr>
<form method="post" action="javascript:alert('表单数据已提交！')" >
  <table>
    <tr><td><label for="usual_grade">平时成绩：</label></td>
      <td><input type="number" id="usual_grade" name="usual_grade" min="0" max="40" step="1"></td>
    </tr>
    <tr><td><label for="final_grade">期末成绩：</label></td>
      <td><input type="number" id="final_grade" name="final_grade" min="0" max="60" step="1"></td>
    </tr>
    <tr><td> </td>
      <td><input type="submit" value="提交">  <input type="reset" value="重置"></td>
    </tr>
  </table>
</form>
</body>
</html>
```

本例中使用选择器:in-range 选择了其值位于指定范围的数字框并设置其背景色为绿色，使用选择器:out-of-reange 选择了超出范围的数字框并设置其背景色为红色，如图 5.22 所示。

图 5.22　位于和超出范围的数字框的状态

5.5.6　选择必填和可选字段

对于 input 元素设置 required 属性，可以确保用户输入必须输入内容才能提交表单。使用 UI 伪类选择器:required 可以选择这种具有 required 属性的 input 元素（必填字段）。对于未设置 required 属性的 input 元素（可选字段），则可以使用 UI 伪类选择器:optional 来选择。

例 5.22　**本例演示如何使用 UI 伪类选择器:required 和:optional 来选择必填字段和可选字段。源代码如下：**

```
<!doctype html>
<html>
<head>
<meta charset="gb2312">
<title>注册新用户</title>
```

```
<style type="text/css">
label {                                    /* 选择说明性标签 */
    float: left;                           /* 设置向左浮动 */
    margin-right: 3px;                     /* 设置外右边距 */
}
input:required+label:before {              /* 在必填字段的标签内容之前插入内容 */
    content: "*";                          /* 插入内容为星号，表示必填 */
    color: red;                            /* 插入文字为红色 */
}
input:optional {                           /* 选择可选字段 */
    outline: thin solid #53ecdb;           /* 设置轮廓的宽度、样式和颜色 */
}
</style>
</head>

<body>
<h1 style="font-size: 20px">注册新用户</h1>
<hr>
<form method="post" action="javascript:alert('表单数据已提交！')" >
  <p>
    <input type="text" id="username" name="username" required>
    <label for="username">用户名：</label>
  </p>
  <p>
    <input type="email" id="email" name="email" required>
    <label for="emaile">电子信箱：</label>
  </p>
  <p>
    <input type="url" id="url" name="url">
    <label for="url">个人主页：</label>
  </p>
  <p style="text-indent: 5em;">
    <input type="submit" value="提交">
      
    <input type="reset" value="重置">
  </p>
</form>
</body>
</html>
```

为了使用相邻兄弟选择器选择表单控件的说明性标签，本例在段落中先放置 input 元素而后放置相关的 label 元素。但通常这种说明性标签总是位于表单控件之前，因此在文档内嵌样式表中设置 label 元素向左浮动，然后通过选择器 input:required+label:before 选择了必填字段的标签并在其内容之前插入一个红色星号，表示这是必填字段。对于未设置 required 属性的"个人主页"文本框、"提交"按钮和"重置"按钮，则使用 UI 伪类选择器 input:optional 来进行选择并对它们添加蓝色的轮廓线。网页显示效果如图 5.23 所示。

图 5.23   选择必填和可选字段示例

5.6　使用动态伪类选择器

所谓动态伪类选择器是一类比较特殊的选择器，它们是相对于文档的固定状态而言的，可以根据条件的改变来匹配元素。

5.6.1　选择各种状态的超链接

默认情况下，超链接文本未被访问时呈现蓝色且带下画线，已被访问时呈现为紫色且带下画线。也可以根据需要改变这种默认外观。

要设置超链接的外观，可以通过下列伪类选择器来实现。

:link：用于选择所有未被访问的超链接；

:visited：用于选择所有已被访问的超链接；

:hover：用于选择鼠标指针悬停于其上的超链接；

:active：用于选择活动的超链接。单击一个超链接时它就会成为活动的。

上述伪类选择器从 CSS1 开始支持。

提示：除了超链接之外，伪类选择器:hover 和:active 也可以用于选择其他元素，如按钮、段落、表格单元格等。

例 5.23　本例演示如何使用伪类选择器来设置超链接的外观。源代码如下：

```
<!doctype html>
<html>
<head>
<meta charset="gb2312">
<title>设置超链接文本外观</title>
<style type="text/css">
a:after {                          /* 在 a 元素内容之后插入网址（放在括号内） */
  content: "（"attr(href)"）"
}
a:link, a:visited {                /* 设置未被访问和已被访问的超链接 */
  color: darkblue;                 /* 设置文本颜色为深蓝色 */
  text-decoration: none;           /* 设置文本无修饰，去掉下画线 */
}
a:hover {                          /* 设置鼠标指针悬停于其上时的超链接 */
  color: brown;                    /* 设置文本颜色为棕色 */
  text-decoration: underline;      /* 设置文本修饰，加下画线 */
}
a:active {                         /* 设置活动链接样式 */
  color: red;
}
</style>
</head>

<body>
<h1 style="font-size: 22px">设置超链接文本外观</h1>
<hr>
<p><a href="http://www.phei.com.cn/" target="_blank">电子工业出版社</a></p>
<p><a href="http://www.hxedu.com.cn/" target="_blank">华信教育资源网</a></p>
</body>
</html>
```

打开网页后可以看到超链接文本的颜色为深蓝色且不带下画线；若将鼠标指针悬停在超链

接上，则文本变成棕色且带下画线；单击某个超链接并按住鼠标按钮不放，则会看到超链接文本变成红色（变成活动链接）；依次单击两个超链接，将会在新的标签页中打开电子工业出版社官网和华信教育资源网，此时超链接文本外观未发生变化。网页显示效果如图5.24和图5.25所示。

图5.24　已被访问超链接的外观　　　　　　　图5.25　鼠标指针悬停于超链接时的外观

5.6.2　选择获得焦点的元素

一个表单中通常包含若干个表单输入控件，如文本框、文本区域及列表框等。但是，在同一时刻，只能有一个输入控件获得焦点。使用键盘上的Tab键或者单击鼠标，可以在不同输入控件之间移动焦点。使用伪类选择器:focus可以选择获得焦点的元素。这个伪类选择器从CSS2开始支持。

例5.24　本例演示如何使用伪类选择器:focus选择当前获得焦点的元素。源代码如下：

```
<!doctype html>
<html>
<head>
<meta charset="gb2312">
<title>网站登录</title>
<style type="text/css">
input:focus {
    outline: thin solid #69ef80;
}
</style>
</head>

<body>
<h1 style="font-size: 22px">网站登录</h1>
<hr>
<form method="post" action="javascript:alert('表单数据已提交')">
  <table >
    <tr>
      <td><label for="username">用户名：</label></td>
      <td><input type="text" id="username" name="username" required></td>
    </tr>
    <tr>
      <td><label for="password">密码：</label></td>
      <td><input type="password" id="password" name="password" required></td>
    </tr>
    <tr>
      <td> </td>
      <td><input type="submit" value="提交">
          
```

```
            <input type="reset" value="重置"></td>
        </tr>
    </table>
</form>
</body>
</html>
```

本例中使用伪类选择器 input:focus 来选择当前获得焦点的 input 元素，并对该元素添加一个绿色轮廓，如图 5.26 和图 5.27 所示。

图 5.26 利用"用户名"文本框获得焦点 图 5.27 利用"提交"按钮获得焦点

5.6.3 选择被用户选取的内容

在浏览网页时，通过拖动鼠标可以选取一部分文字内容。使用伪类选择器::selection 可以选择被用户选取的元素部分内容。这个选择器从 CSS3 开始支持。

提示：只能向::selection 选择器应用少量的 CSS 属性，包括 color、background、cursor 及outline 等。

例 5.25 本例说明如何使用伪类选择器::selection 选择被用户选取的内容。源代码如下：

```
<!doctype html>
<html>
<head>
<meta charset="gb2312">
<title>选择被用户选取的内容</title>
<style type="text/css">
::selection {
    background-color: darkgreen;
    color: white;
}
    a{color: blue;}
</style>
</head>

<body>
<h1 style="font-size: 22px;">请试着选取页面上的文本</h1>
<hr>
<p>这是一个段落。</p>
<div>这是 div 元素中的文本。</div>
<br>
如有问题，请<a href="http://www.baidu.com" target="_blank">百度一下</a>吧。
</body>
</html>
```

本例中通过伪类选择器::selection 设置了被用户选取的文本的样式。当用户在页面上拖动鼠标选取文字时，被选取的内容将呈现为绿底白字，如图 5.28 和图 5.29 所示。

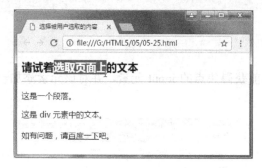

图 5.28　选取标题中的文本

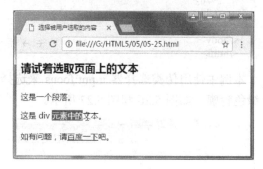

图 5.29　选取段落中的文本

5.7　使用其他伪类选择器

下面介绍的几个伪类选择器可以用来实现不同的功能，包括对任意选择器取反、选择没有子元素的元素以及根据 URL 片段标识符或 lang 属性值选择元素。

5.7.1　使用:not 选择器

使用:not 选择器可以对指定的选择器取反，语法格式如下：

```
:not(<选择器>)
```

其中，<选择器>是任意类型的选择器；:not 用于该选择器取反，选择结果是不匹配该选择器的每个元素。:not 也称为否定选择器，这个伪类选择器从 CSS3 开始支持。

例 5.26　本例说明如何使用伪类选择器:not 对其他选择器取反。源代码如下：

```
<!doctype html>
<html>
<head>
<meta charset="gb2312">
<title>否定选择器应用示例</title>
<style type="text/css">
table {
    width: 360px;
}
td {
    text-align: center;
    padding: 6px;
}
td:not(:nth-child(2)) {
    border: thin solid gray;
    border-radius: 6px;
}
</style>
</head>

<body>
<h1 style="font-size: 22px">否定选择器应用示例</h1>
<hr>
<table>
    <tr>
```

```
      <td>1</td><td>2</td><td>3</td><td>4</td></tr>
    <tr>
      <td>5</td><td>6</td><td>7</td><td>8</td></tr>
    <tr>
      <td>9</td><td>10</td><td>11</td><td>12</td></tr>
    <tr>
      <td>13</td><td>14</td><td>15</td><td>16</td></td>
    </tr>
  </table>
  </body>
  </html>
  </html>
```

本例中通过否定选择器 td:not(:nth-child(2))选择了表格中除第二列之外的其他各列，网页
显示效果如图 5.30 所示。

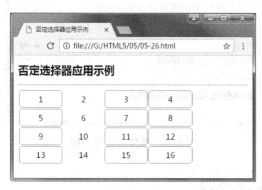

图 5.30　否定选择器应用示例

5.7.2　使用:empty 选择器

使用:empty 选择器可以选择空元素，即没有子元素（包括文本节点）的元素。这个伪类选
择器从以 CSS3 开始支持。

例 5.27　本例演示如何使用伪选择器:empty 选择空元素。源代码如下：

```
<!doctype html>
<html>
<head>
<meta charset="gb2312">
<title>选择空元素</title>
<style type="text/css">
p:empty {
   height: 18px;
   width: 200px;
   background-color: red;
}
p:nth-child(5):empty {
   height: 18px;
   width: 260px;
   background-color: blue;
}
</style>
</head>

<body>
<h1 style="font-size: 22px;">选择空元素示例</h1>
```

```
<hr>
<p></p>
<p>这是一个段落。</p>
<p></p>
</body>
</html>
```

本例中首先通过伪类选择器 p:empty 选择了文档中的两个不包含任何内容的空段落并设置其背景颜色为红色，但随后又通过 p:nth-child(5):empty 选择了不是其父元素的第五个子元素的空段落，后面定义的样式覆盖了前面定义的样式，因此第二个段落的背景颜色变成了蓝色。网页显示效果如图 5.31 所示。

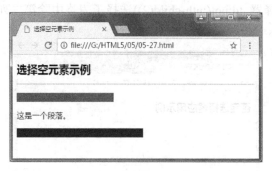

图 5.31　选择空元素示例

5.7.3　使用:target 选择器

附在 URL 后面的#锚名称指向文档内的某个具体元素，这个被链接的元素就是目标元素。使用伪类选择器:target 可以选择当前活动的目标元素。

例 5.28　本例说明如何使用伪类选择器:target 选择当前活动的目标元素。源代码如下：

```
<!doctype html>
<html>
<head>
<meta charset="gb2312">
<title>选择目标元素示例</title>
<style type="text/css">
a:link, a:visited {
    background-color: white;
    color: darkblue;
    text-decoration: none;
}
a:hover {
    text-decoration: underline;
}
:target {
    background-color: brown;
    color: white;
}
</style>
</head>

<body>
    <nav><a id="top" href="#h">HTML</a>　│　<a href="#c">CSS</a></nav>
    <header><h1 style="font-size: 22px;">选择目标元素示例</h1></header>
<hr>
<p id="h"><dfn>HTML</dfn>：HyperText Markup Language 的缩写，中文含义是超文本标记语言。 它
```

通过标记符号来标记要显示的网页中的各个部分。</p>
```
    <br>
    <br>
    <br>
    <p id="c"><dfn>CSS</dfn>：Cascading Style Sheets 的缩写，中文含义是层叠样式表。CSS 不仅可以静态
地修饰网页，还可以配合各种脚本语言动态地对网页各元素进行格式化。<a href="#top">返回顶部</a></p>
    </body>
    </html>
```

本例中创建的两个超链接分别指向页面内的两个段落。当单击某个超链接时将跳转到相应
的段落，该段落成为当前活动的目标元素，此时伪类选择器:target 会选中该段落，令其外观发
生变化，如图 5.32 和图 5.33 所示。

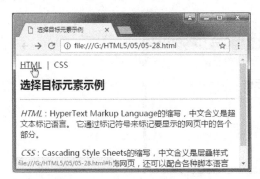

图 5.32　单击包含锚名称的超链接　　　　　图 5.33　活动目标元素呈现为棕底白字

5.7.4　使用:lang 选择器

全局属性 lang 规定元素内容的语言代码，例如简体中文用 zh 表示，英文用 en 表示，法文
用 fr 表示，德文用 de 表示，等等。使用伪类选择器:lang 可以选择带有以指定值开头的 lang 属
性的元素，其语法如下：

```
:lang(<语言代码>)
```

伪类选择器:lang 从 CSS1 就开始支持。

例 5.29　本例说明如何使用伪类选择器:lang 选择具有指定语言的元素。源代码如下：

```
<!doctype html>
<html>
<head>
<meta charset="gb2312">
<title>选择具有指定语言的元素示例</title>
<style type="text/css">
:lang(zh) {
    width: 120px;
    background-color: gray;
    color: white;
    padding: 3px;
}
:lang(en) {
    width: 180px;
    border: thin solid gray;
    border-radius: 3px;
    padding: 3px;
}
</style>
```

```
    </head>

    <body>
    <h1 style="font-size: 22px">选择具有指定语言的元素示例</h1>
    <hr>
    <p lang="zh">知识就是力量。</p>
    <p lang="en">Knowledge is power.</p>
    </body>
    </html>
```

本例中包含两个段落，它们的语言分别是简体中文和英文。通过伪类选择器:lang(zh)选择了语言为简体中文的段落，通过伪类选择器:lang(en)选择了语言为英文的段落，这两个段落具有不同的外观，如图5.34所示。

图 5.34　选择指定语言的元素示例

 习题 5

一、选择题

1．CSS 通配选择器用（　　）表示。

A．#　　　　　　　　　　B．%　　　　　　　　　　C．*　　　　　　　　　　D．@

2．若要选择 href 属性值包含字符串 www 的 a 元素，应使用的选择器是（　　）。

A．a[href="www"]　　B．a[href^="www"]　　C．a[href$="www"]　　D．a[href*="www"]

3．若要选择文本块中的首字母，应使用的选择器是（　　）。

A．:first-line　　　　B．:first-letter　　　　C．:before　　　　D．:after

4．若要选择指定元素的唯一子元素，应使用的选择器是（　　）。

A．:first-child　　　　B．:last-child　　　　C．:only-child　　　　D．:only-of-type

5．若要选择已被禁用的元素，应使用的选择器是（　　）。

A．:disenabled　　　　B．:enabled　　　　C．:checked　　　　D．:required

6．若要选择其值位于指定范围内的元素，应使用的选择器是（　　）。

A．:valid　　　　B．:invalid　　　　C．in-range　　　　D．:out-of-reange

7．若要选择鼠标指针悬停于其上时的元素，应使用的选择器是（　　）。

A．:hover　　　　B．visited　　　　C．:active　　　　D．:link

8．若要对指定的选择器取反，应使用的选择器是（　　）。

A．:empty　　　　B．:not　　　　C．:lang　　　　D．:target

二、判断题

1. （　　）用类型选择器的样式会自动应用到元素。

2. （　　）用类选择器和 ID 选择器定义的样式会自动应用到元素。

3. （　　）并集选择器中的各个选择器应以空格来分隔。

4. （　　）伪元素选择器:before 用于在指定元素之前插入内容。

5. （　　）结构性伪选择器:root 总是选择 head 元素。

6. （　　）伪类选择器:focus 可用于选择获得焦点的元素。

7. （　　）伪类选择器::selection 可用于选择被用户选取的元素。

8. （　　）伪类选择器:empty 可用于不包含任何子元素（但可以包含文本）的元素。

三、简答题

1. 后代选择器与子代选择器有什么不同？

2. 相邻兄弟选择器与普通兄弟选择器有什么不同？

3. 如何创建和应用 CSS 计数器？

4. 如何使用:before 选择器在元素内容之前插入图像？

上机操作 5

1. 编写一个网页并添加 h1 和 p 元素，要求通过类型选择器设置 h1 元素和 p 元素的样式。

2. 编写一个网页并添加 h1 和 p 元素，要求通过类选择器设置 h1 元素和 p 元素的样式。

3. 编写一个网页并添加 h1 和 p 元素，要求通过 ID 类型选择器设置 h1 元素和 p 元素的样式。

4. 编写一个网页并添加一些段落，要求通过伪元素选择器设置段落首行和首字母的样式。

5. 编写一个网页并创建表单，要求通过伪类选择器:valid 和:invalid 设置 input 元素的样式。

6. 编写一个网页并创建表单，要求通过伪类选择器在必填元素的说明标签内容前添加一个红色星号。

7. 编写一个网页并创建表单，要求通过伪类选择器:in-range 和:out-of-range 设置 input 元素的样式。

8. 编写一个网页并创建两个超链接，要求通过伪类选择器:link、:visited、:hover 设置其样式。

CSS 规则由选择器和样式声明两部分组成。第 5 章详细讨论了如何使用 CSS 选择器选择所需的元素，在此基础上本章将介绍如何设置各种各样的 CSS 样式，主要内容包括设置文本样式、边框和背景、盒模型样式、元素的定位以及列表和表格样式等。

6.1 设置文本样式

文本是网页中的基本组成部分，设置文本样式是网页设计的重要内容。下面讨论如何通过设置相关 CSS 属性对文本样式进行精确的控制。

6.1.1 设置字体

与字体相关的 CSS 属性主要包括：font-family（字体名称）、font-size（字体大小）、font-style（字体样式）、font-weight（字体粗细）、font-variant（是否小型大写字母）以及 font（字体复合属性）。

1．设置字体名称

使用 font-family 属性可以设置元素中文本所用的字体序列。设置该属性时字体名称按优先顺序排列，以逗号隔开。浏览器会遍历所定义的字体序列，直至找到合适的字体为止。该属性对应的脚本特性为 fontFamily。

提示：一般字体名称不必加引号，如果字体名称包含空格、数字或者符号（如连接符），则应使用引号括起来，以避免引发错误。

在下面的示例中，设置了 code 元素使用的字体并指定了两种后备字体：

```
code { font-family: Courier, "Courier New", "Times New Roman"; }
```

2．设置字体大小

使用 font-size 属性可以设置元素中的字体大小，其取值如下。

绝对大小：根据元素字号进行调节，从小到大依次为 xx-small、x-small、small、medium、large、x-large、xx-large。

相对大小：相对于父元素中的字号进行相对调节，使用 em 单位计算，取值有 smaller 和 larger。这两个值将字号设置为比父元素更小或更大的尺寸。

长度：用长度值指定文字大小，如 12px。不允许为负值。

百分比：用百分比指定文字大小，其值是基于父元素中字体的大小。不允许为负值。

inherit：设置从父元素继承字体大小。

font-size 属性对应的脚本特性为 fontSize。

3．设置字体样式

使用 font-style 属性可以设置元素中的文本字体样式，其取值如下。

normal：指定文本字体样式为正常的字体（默认值）。

italic：指定文本字体样式为斜体。对于没有设计斜体的特殊字体，如果要使用斜体外观将应用 oblique。

oblique：指定文本字体样式为倾斜的字体（假斜体）。这是人为地使文字倾斜，而不是去选取字体中的斜体字。

font-style 属性对应的脚本特性为 fontStyle。

4．设置字体粗细

使用 font-weight 属性可以设置元素中文本字体的粗细，其取值如下。

normal：正常字体，相当于数字值 400。这是默认值。

bold：粗体，相当于数字值 700。

bolder：定义比继承值更大的值。

lighter：定义比继承值更小的值

整数：用数字表示文本字体粗细，取值范围为 100～900，增量为 100。

font-weight 属性对应的脚本特性为 fontWeight。

5．设置字体变形

使用 font-variant 属性可以设置元素中的文本是否为小型大写字母，其取值如下。

normal：正常的字体，这是默认值。

small-caps：小型的大写字母字体。

font-variant 属性对应的脚本特性为 fontVariant。

6．设置字体复合属性

font 属性用于设置元素中的文本特性，该属性是复合属性，其取值中包含字体样式、字体变形、字体粗细、字体大小、行高和字体名称属性的值。字体大小与行高之间用斜杠"/"隔开，其他各属性值用空格隔开。设置 font 属性的语法格式如下：

```
font: <font-style> <font-variant> <font-weight> <font-size> / <line-height> <font-family>
```

例 6.1　本例说明如何设置文本的字体名称、字体大小、字体粗细和字体样式。源代码如下：

```
<!doctype html>
<html>
<head>
<meta charset="gb2312">
<title>科技新闻设置字体示例</title>
<style type="text/css">
#h1 {
    font-family: "黑体";
    font-size: x-large;
}
#p1 {
    border: thin solid gray;
    border-radius: 6px;
    font-family: "微软雅黑";
    font-size: medium;
    text-indent: 2em;
```

```
        padding: 6px;
    }
    span:first-child {
        font-style: italic;
    }
    span:nth-child(2) {
        font-weight: bold;
    }
    </style>
    </head>
    <body>
    <h1 id="h1">科学家控制量子运动至量子基态</h1>
    <p id="p1">美国加州理工学院的研究人员表示他们发现了在一个相对大的物体里观察和控制某种名为
"<span>量子运动</span>"的方法。在过去几年里，几个科研小组了解了如何冷却微米级别物体的运动，从而
在底部产生这种状态，或者称为<span>量子基态</span>。</p>
    </body>
    </html>
```

上述网页显示效果如图 6.1 所示。

图 6.1　设置字体示例

6.1.2　设置文本样式

在网页排版中，除了设置文本的字体、字号等之外，经常还需要对文本应用一些基本的样式，例如设置文本的对齐方式、首行缩进、字间距和行间距及文本方向等。下面就来讨论如何通过 CSS 属性来设置文本的基本样式。

1．设置文本对齐方式

使用 text-align 属性可以设置元素内容的水平对齐方式，其取值如下。

left：内容左对齐。

center：内容居中对齐。

right：内容右对齐。

justify：内容两端对齐，但对于强制打断的行及最后一行不做处理。

text-align 属性对应的脚本特性是 textAlign。

2．设置首行缩进

使用 text-indent 属性用于设置元素中文本的缩进，其取值可以是长度值或百分比。

text-indent 属性对应的脚本特性是 textIndent。

3．设置字间距

与字间距相关的 CSS 属性有两个，即 letter-spacing 和 word-spacing。

使用 letter-spacing 属性可以设置元素中的字符间距，其取值可以是 normal（默认值）、长

度值或百分比，可以使用负值。

letter-spacing 属性对应的脚本特性是 letterSpacing。

使用 word-spacing 属性可以设置元素中单词之间的间距，其取值可以是 normal（默认值）、长度值和百分比。

word-spacing 属性对应的脚本特性为 wordSpacing。

提示：word-spacing 属性将指定的间距添加到每个单词之后，但最后一个单词被排除在外。判断是否为单词的依据是单词之间是否有空格。

4．设置行间距

使用 line-height 属性可以设置元素的行高，即字体底端与字体内部顶端之间的距离，其取值可以是 normal（默认值）、长度值、百分比和数字。不允许为负值。

line-height 属性对应的脚本特性为 lineHeight。

5．设置文本方向

使用 direction 属性可以设置文本流的方向，其取值如下。

ltr：文本流从左到右（默认值）。

rtl：文本流从右到左。

direction 属性对应的脚本特性为 direction。

6．处理空白

使用 white-space 属性可以设置元素内空格的处理方式，其取值如下。

normal：默认处理方式。

pre：用等宽字体显示预先格式化的文本，不合并文字之间的空白距离，当文字超出边界时不换行。

nowrap：强制在同一行内显示所有文本，合并文本之间的多余空白，直到文本结束或者遭遇 br 对象。

pre-wrap：用等宽字体显示预先格式化的文本，不合并文字之间的空白距离，当文字碰到边界时发生换行。

pre-line：保持文本的换行，不保留文字之间的空白距离，当文字碰到边界时发生换行。

white-space 属性对应的脚本特性为 whiteSpace。

7．控制断行

使用 word-wrap 属性可以设置当内容超过指定容器的边界时是否断行，其取值如下。

normal：允许内容顶开或溢出指定的容器边界（默认值）。

break-word：内容将在边界内换行。如果需要，单词内部允许断行。

word-wrap 属性对应的脚本特性为 wordWrap。

例 6.2　本例演示如何使用 CSS 属性设置段落的对齐方式、首行缩进、字间距和行间距。源代码如下：

```
<!doctype html>
<html>
<head>
<meta charset="gb2312">
<title>什么是物联网</title>
<style type="text/css">
h1 {
    font-size: 22px;
    text-align: center;
```

```
    }
    :nth-child(3) {
        text-indent: 38px;
        letter-spacing: 3px;
        line-height: 1.6;
    }
    </style>
    </head>
    <body>
    <article>
        <header>
            <h1>什么是物联网</h1>
        </header>
        <hr>
        <p>物联网（Internet of Things，IOT）是基于互联网、传统电信网等信息载体，使所有能够被寻址的
普通物理对象实现互连互通的网络。物联网是新一代信息技术的重要组成部分，也是信息化时代的重要发展阶
段。</p>
        <p>物联网就是物物相连的互联网。物联网的核心和基础仍然是互联网，是在互联网基础上的延伸和
扩展的网络；物联网的用户端延伸和扩展到了任何物品与物品之间，进行信息交换和通信，也就是物物相连。
</p>
    </article>
    </body>
    </html>
```

本例中对标题元素 h1 的字号和对齐方式进行了设置。页面中有两个段落，仅对其中第一个段落的首行缩进、字间距和行间距进行了设置，另一个段落则采用默认样式。网页显示效果如图 6.2 所示，从中可以看出两个段落之间的区别。

图 6.2 设置文本样式示例

6.1.3 装饰文本与大小写转换

使用 text-decoration 属性可以设置元素中文本的装饰，其取值如下。

none：文本无修饰。

underline：文本加下画线。

overline：文本加上画线。

line-through：文本加上贯穿线。

blink：文本带闪烁效果。

提示：设置 text-decoration 属性时，可以同时使用上述属性值（none 除外）。例如，若同时使用 underline 和 overline（两者用空格隔开），则会使文本同时带上画线和下画线。

text-decoration 属性对应的脚本特性为 textDecoration。

超链接文本总是带有下画线。要去掉下画线，将 text-decoration 属性设置为 none 即可。

对于英文内容，可使用 text-transform 属性设置元素中文本的大小写，其取值如下。

none：无转换。

capitalize：将每个单词的第一个字母转换成大写。

uppercase：将每个单词转换成大写。

lowercase：将每个单词转换成小写

text-transform 属性对应的脚本特性为 textTransform。

例 6.3 本例说明如何对超链接设置文本装饰和英文字母大小写形式。源代码如下：

```
<!doctype html>
<html>
<head>
<meta charset="gb2312">
<title>文本修饰与大小写转换</title>
<style type="text/css">
a:link, a:visited {
    text-decoration: none;
    color: navy;
}
a:hover {
    text-decoration: overline underline;
    color: brown;
}
a:after {
    content: " （" attr(href) "） "
}
li {
    line-height: 2;
}
ul :first-child {
    text-transform: lowercase;
}
ul :nth-child(2) {
    text-transform: capitalize;
}
ul :last-child {
    text-transform: uppercase;
}
</style>
</head>

<body>
<h1 style="font-size: 24px;">文本修饰与大小写转换</h1>
<hr>
<p><a href="http://www.phei.com.cn/" target="_blank">电子工业出版社</a></p>
<ul>
    <li>转换为全部小写：THIS IS A BOOK.</li>
    <li>单词首字母大写：this is a book.</li>
    <li>转换为全部大写：this is a book.</li>
</ul>
</body>
</html>
```

本例中使用伪类选择器:link 和:visited 对未被访问的超链接样式进行了设置，去掉了默认的下画线，并将文本颜色改为海军蓝。此外，还使用结构性伪类选择器:first-child、:nth-child(2)

以及:last-child 对无序列表中 3 个选项的样式进行设置，通过 text-transform 属性实现了大小写字母的转换。网页显示效果如图 6.3 和图 6.4 所示。

图 6.3　打开网页时超链接的状态　　　　　图 6.4　用鼠标指向超链接时的状态

6.1.4　设置文本阴影

使用 text-shadow 属性可以设置元素中文本的文字是否有阴影及模糊效果，设置该属性时应使用以下语法格式：

text-shadow: <h-shadow> <v-shadow> <blur> <color>

其中，<h-shadow>用来设置阴影离开文字的水平距离，可以为负值；<v-shadow>用来设置阴影离开文字的垂直距离，可以为负值；<blur>用来设置对象的阴影半径（即阴影向外模糊时的模糊范围），不允许取负值；<color>用于设置对象的阴影的颜色。

text-shadow 属性从 CSS3 开始支持，其对应的脚本特性为 textShadow。

提示：使用 text-shadow 属性时可以设定多组阴影特殊效果，各组参数值以逗号分隔。

例 6.4　本例说明如何通过设置 text-shadow 属性制作各种特效文字。源代码如下：

```
<!doctype html>
<html>
<head>
<meta charset="gb2312">
<title>设置阴影字效果</title>
<style type="text/css">
p {
    text-align: center;
    font: bold 32px/60% "微软雅黑";
    text-transform: uppercase;
}
.demo1 {
    color: navy;
    text-shadow: 3px 3px 0 lightgrey;
}
.demo2 {
    color: red;
    text-shadow: 0 0 20px yellow;
}
.demo3 {
    color: #cccccc;
    text-shadow: -1px -1px 0 #ffffff, 1px 1px 0 #333333, 1px 1px 0 #444444;
}
</style>
```

```
</head>

<body>
<p class="demo1">文本阴影  Text Shadow</p>
<p class="demo2">发光效果  Glow Effect</p>
<p class="demo3">浮雕效果  Emboss Effect</p>
</body>
</html>
```

本例中创建了 3 个样式,其中样式 demo1 设置了阴影的水平偏移和垂直偏移并设置了阴影颜色;demo2 未设置阴影偏移,而是通过设置阴影的模糊值和阴影颜色生成发光效果;样式 demo3 设置了 3 组阴影属性,从而生成浮雕效果。在页面上创建了 3 个段落,对各个段落分别应用样式 demo1、demo2 或 demo3。网页显示效果如图 6.5 所示。

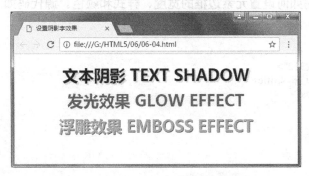

图 6.5 使用 text-shadow 属性制作特效字

6.2 设置边框和背景

为了美化网页,经常要设置元素的边框和背景样式。下面就来介绍与边框和背景相关的一些属性,通过这些属性可以设置元素的边框、背景、盒子阴影以及轮廓等样式。

6.2.1 设置元素的边框

要对元素添加边框,需要设置 3 个属性,即 border-width、border-style 和 border-color,这些属性分别用于设置边框的宽度、样式和颜色。

1.设置边框宽度

使用 border-width 属性可以设置四周边框的宽度,该属性的取值可以使用非负长度值,也可以使用下列预定义值。

medium:定义默认宽度的边框,计算值为 3px。

thin:定义比默认宽度细的边框,计算值为 1px。

thick:定义比默认宽度粗的边框,计算值为 5px。

border-width 属性对应的脚本特性是 borderWidth。

2.设置边框样式

使用 border-style 属性可以设置四周边框的样式,其取值如下。

none:没有边框。

hidden:隐藏边框。

dotted：点状边框。

dashed：虚线边框。

solid：实线边框。

double：双线边框。

groove：槽线边框。

ridge：脊线边框。

inset：内嵌边框。

outset：外凸边框。

border-style 属性对应的脚本特性是 borderStyle。

例 6.5 本例说明如何设置元素边框的宽度、样式和颜色。源代码如下：

```
<!doctype html>
<html>
<head>
<meta charset="gb2312">
<title>设置单元格边框</title>
<style type="text/css">
table {
    width: 400px;
    margin: 0 auto;
}
caption {
    font-size: larger;
    font-weight: bold;
    margin-bottom: 12px;
}
td {
    text-align:center;
    height: 50px;
    padding: 16px;
    border-width: thick;
    border-color: blue;
    text-transform: capitalize;
}
tr:first-child td:first-child {
    border-style: none;
}
tr:first-child td:nth-child(2) {
border-style: hidden;
}
tr:first-child td:nth-child(3) {
border-style: dotted;
}
tr:first-child td:nth-child(4) {
border-style: dashed;
}
tr:first-child td:last-child {
    border-style: solid;
}
tr:nth-child(2) td:first-child {
border-style: double;
}
tr:nth-child(2) td:nth-child(2) {
border-style: groove;
}
tr:nth-child(2) td:nth-child(3) {
border-style: ridge;
```

```
}
tr:nth-child(2) td:nth-child(4) {
border-style: inset;
}
tr:last-child td:last-child {
    border-style: outset;
}
</style>
</head>

<body>
<table>
    <caption>设置单元格边框</caption>
    <tr>
        <td>none</td><td>hidden</td><td>dotted</td><td>dashed</td><td>solid</td>
    </tr>
    <tr>
        <td>double</td><td>groove</td><td>ridge</td><td>inset</td><td>outset</td>
    </tr>
</table>
</body>
</html>
```

本例对表格中所有单元格的边框宽度和颜色做了统一设置，但对各个单元格设置了不同的边框样式，如图 6.6 所示。

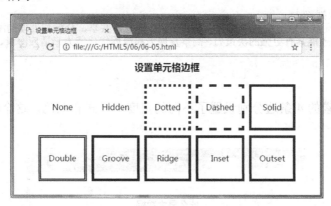

图 6.6 对表格单元格设置不同样式的边框

3．设置单条边的边框样式

如果希望为元素的某条边应用不同的边框宽度、样式和颜色，则要单独使用下列属性。

上边：border-top-width、border-top-style、border-top-color 及 border-top。

下边：border-bottom-width、border-bottom-style、border-bottom-color 及 border-bottom。

左边：border-left-width、border-left-style、border-left-color 及 border-left。

右边：border-right-width、border-right-style、border-right-color 及 border-right。

上述各组属性中最后一个是复合属性，其语法格式与 border 属性相同。

例 6.6 本例说明如何为元素的 4 条边设置不同的边框。源代码如下：

```
<!doctype html>
<html>
<head>
<meta charset="gb2312">
<title>什么是大数据</title>
<style type="text/css">
```

```
h1 {
    font-size: 22px;
    text-align: center;
}
p {
    text-indent: 2em;
    width: 490px;
    padding: 6px;
    margin: 0 auto;
    border-top-width: thin;
    border-top-style: solid;
    border-top-color: red;
    border-right-width: thick;
    border-right-style: dotted;
    border-right-color: blue;
    border-bottom-width: 6px;
    border-bottom-style: double;
    border-bottom-color: green;
    border-left-width: medium;
    border-left-style: dashed;
    border-left-color: brown;
}
</style>
</head>

<body>
<h1>什么是大数据</h1>
    <p>大数据是指无法用现有的软件工具提取、存储、搜索、共享、分析和处理的海量的、复杂的数据集合，是需要新处理模式才能具有更强的决策力、洞察发现力和流程优化能力来适应海量、高增长率和多样化的信息资产。</p>
</body>
</html>
```

本例对段落元素的 4 条边分别设置了不同的宽度、样式和颜色，这个网页的显示效果如图 6.7 所示。

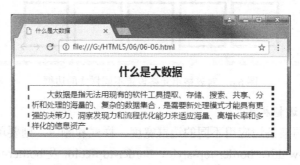

图 6.7   对 4 条边设置不同的边框

4．使用复合属性 border

若要一次性设置元素边框的宽度、样式和颜色，可使用复合属性 border，语法格式如下：

border: <border-width> <border-style> <border-color>

其中，参数<border-width>、<border-style>和<border-color>分别指定元素边框的宽度、样式和颜色，这些参数值以空格隔开。

border 属性对应的脚本特性为 border。

若要设置某一条边的宽度、样式和颜色，则可使用相应的复合属性。例如，要设置上边的边框属性，可使用复合属性 border-top，语法格式如下：

```
borde-top: <border-top-width> <border-top-style> <border-top-color>
```

　　例 6.7　本例说明如何使用复合属性 border 来设置元素边框的宽度、样式和颜色。源代码如下：

```
<!doctype html>
<html>
<head>
<meta charset="gb2312">
<title>什么是云计算</title>
<style type="text/css">
h1 {
    font-size: 22px;
    text-align: center;
}
p {
    width: 400px;
    padding: 6px;
    margin: 0 auto;
    text-indent: 2em;
    border: thin solid gray;
    text-transform: capitalize;
}
</style>
</head>
<body>
<article>
    <header>
        <h1>什么是云计算</h1>
    </header>
    <p>云计算（cloud computing）是基于互联网的相关服务的增加、使用和交付模式，通常涉及通过互
联网来提供动态易扩展且经常是虚拟化的资源。</p>
</article>
</body>
</html>
```

　　本例中使用复合属性 border 设置了段落边框的宽度、样式和颜色，网页的显示效果如图 6.8
所示。

图 6.8　复合属性 border 应用示例

6.2.2　创建圆角边框

　　为了美化网页，对元素添加边框时还可以将 4 个角设置为圆角。对于元素边框的 4 个角，
应分别使用下列属性来设置其圆角半径。

上左：border-top-left-radius。

上右：border-top-right-radius。

下右：border-bottom-right-radius。

下左：border-bottom-left-radius。

上述属性的取值可以是长度值或百分比，不允许为负值。

设置上述属性时，若只提供一个值，则同时用于设置水平圆角半径和垂直圆角半径；若提供两个值，则第一个值用于设置水平半径，第二个值用于设置垂直半径。

也可以使用复合属性 border-radius 同时设置 4 个角所使用的圆角半径，该属性可以包含一个或两个参数。若只提供一个参数，则同时指定垂直半径和水平半径；若提供两个参数，则它们应以斜杠"/"分隔，分别表示水平半径和垂直半径。

对于水平圆角半径和垂直圆角半径参数，允许设置 1～4 个参数值，不同参数值应以空格隔开，具体说明如下：

若只提供一个参数，则用于设置全部 4 个角。

若提供两个参数，则第一个参数用于上左和下右，第二个参数用于上右和下左。

若提供 3 个参数，则第一个参数用于上左，第二个参数用于上右和下左，第三个参数用于下右。

若提供全部 4 个参数，则会按照上左、上右、下右、下左的顺序作用于 4 个角。

border-radius 属性对应的脚本特性为 borderRadius。

例 6.8　本例说明如何通过设置 border-radius 属性创建圆角边框。源代码如下：

```
<!doctype html>
<html>
<head>
<meta charset="gb2312">
<title>关于云计算中的"云"</title>
<style type="text/css">
h1 {
    font-size: 22px;
    text-align: center;
}
p {
    width: 400px;
    padding: 6px;
    margin: 18px auto;
    text-indent: 2em;
    border: thin solid gray;
}
p:nth-child(2) {
    border-radius: 12px;
}
p:last-child {
    border-top-left-radius: 12px;
    border-top-right-radius: 12px;
}
</style>
</head>

<body>
<article>
    <header>
        <h1>关于云计算中的"云"</h1>
    </header>
```

```
    <p>"云"是网络、互联网的一种比喻说法。过去在图中往往用云来表示电信网，后来也用来表示互
联网和底层基础设施的抽象。</p>
    <p>"云"是指一些可以自我维护和管理的虚拟计算资源，通常一些大型服务器集群，包括计算服务
器、存储服务器和宽带资源等。</p>
    </article>
    </body>
    </html>
```

本例中对段落元素设置了宽度、内边距、外边距、首行缩进以及边框等属性，并对两个段落分别设置了圆角半径。第一个段落的 4 个角都应用了圆角；第二个段落仅在上左和上右两个角应用了圆角，其他两个角则保持直角，如图 6.9 所示。

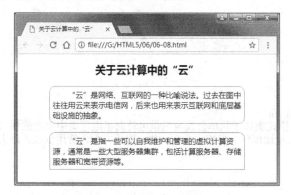

图 6.9　创建圆角边框示例

6.2.3　创建图像边框

除了用 border-style 属性指定边框的样式外，还可以使用图像为元素创建自定义边框。要为元素配置图像边框，需要用到下列 CSS3 属性。

border-image-source：设置图像的来源，其值可以是 none 或 url（<图像>）。当 border-image 为 none 或图像不可见时，将会显示 border-style 所定义的边框样式效果。

border-image-slice：设置切分图像的位移，其值可以是 1～4 个长度值或百分比。该属性指定从上、右、下、左方位来分割图像，将图像分成 4 个角、4 条边和中间区域共 9 份，形成九宫格，中间区域始终是透明的（即没图像填充），除非加上关键字 fill。

border-image-width：设置图像边框的宽度，其值可以是 auto、1～4 个长度值或百分比。若省略该属性，则用 border-width 属性来定义图像边框的宽度。

border-image-outset：设置边框图像向外扩展的部分，其值可以是 1～4 个长度值或百分比。

border-image-repeat：设置图像填充边框区域的模式，其值可以是 stretch、repeat 或 round 中的一个或两个。

也可以使用复合属性 border-image 同时设置图像的来源、切分位移、边框宽度、扩展部分和填充模式，语法格式如下：

border-image: <图像来源> <切分位移> / <边框宽度> / <扩展部分> <填充模式>

例 6.9　本例说明如何为文章内容设置图像边框。源代码如下：

```
<!doctype html>
<html>
<head>
<meta charset="gb2312">
```

```
<title>云计算的模式</title>
<style type="text/css">
article {
    border: 50px solid gray;
    border-image-source: url(../images/border.png);
    border-image-slice: 50;
    border-image-width: auto;
    border-image-repeat: round;
}
h1 {
    text-align: center;
}
p {
    text-indent: 2em;
}
</style>
</head>

<body>
<article>
    <h1>云计算的模式</h1>
    <p>云计算采用的模式类似于从单台发电机供电转向了电厂集中供电的模式。这意味着计算能力也可
以作为一种商品进行交流，就像煤气、自来水和电一样，取用方便，费用低廉，最大的不同之处在于，它是通
过互联网进行传输的。</p>
</article>
</body>
</html>
```

本例中为 article 元素设置了图像边框，网页的显示效果如图 6.10 所示。

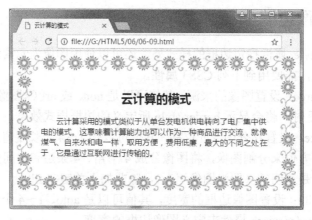

图 6.10　创建图像边框示例

6.2.4　设置元素的背景

元素的背景既可以是某种颜色（纯色或渐变色），也可以是一个或多个图像，背景图像总
是位于背景颜色之上。下面就来讨论如何使用与元素背景相关的 CSS 属性。

1．设置背景颜色和图像

使用 background-color 属性可以设置元素的背景颜色，该属性的取值可以是某种颜色，也
可以是 transparent（表示透明），后者为默认值。

background-color 属性对应的脚本特性为 backgroundColor。

使用 background-image 属性可以设置元素的背景图像，其取值可以是 none 或指定图像的

URL，允许指定多个背景图像，不同 URL 以逗号分隔。

　　设置 background-image 属性时，也可以通过下列 CSS 函数创建渐变色来确定图像。

> 线性渐变：linear-gradient(<方向>, <起始色标>, <终止色标>)
> 径向渐变：radial-gradient(<形状> <尺寸> at <位置>, <起始色标>, <终止色标>)
> 重复线性渐变：repeating-linear-gradient(<方向>, <色标 1>, <色标 2>, …)
> 重复径向渐变：repeating-radial-gradient(<形状> <半径> at <位置>, <色标 1>, <色标 2>, …)

其中，参数<方向>指定渐变方向，可用角度值或关键字 to left、to right、to top、to bottom 来设置；<色标>指定渐变起止颜色，由颜色和位置组成，位置可用长度值或百分比表示；<形状>可为 circle（圆形）或 ellipse（椭圆），位置可用长度值或百分比表示；半径为长度值。

　　提示：如果设置了 background-image 属性，建议也同时设置 background-color 属性，以便在背景图像不可见时与文本颜色保持一定的对比度。如果同时定义了背景颜色和背景图像，则背景图像始终覆盖在背景颜色之上。如果定义了多组背景图，并且背景图之间存在重叠，则写在前面的将覆盖在写在后面的图像之上。

　　background-image 属性对应的脚本特性为 backgroundImage。

　　例 6.10　**本例演示如何使用 background-image 属性为元素设置背景颜色和背景图像。**源代码如下：

```
<!doctype html>
<html>
<head>
<meta charset="gb2312">
<title>设置元素的背景图像</title>
<style type="text/css">
body {
    height: 328px;
    background-image: linear-gradient(white, navy);
}
article {
    width: 343px;
    height: 258px;
    padding: 0px;
    margin: 6px auto 6px auto;
    border: thick outset gray;
    background-image: url(../images/snow.jpg);
}
p {
    text-align: center;
    line-height: 398px;
}
</style>
</head>

<body>
<article>
    <p>忽如一夜春风来，千树万树梨花开。</p>
</article>
</body>
</html>
```

　　本例通过调用 CSS 函数 linear-gradient 为 body 元素设置了渐变背景色，起始颜色为 white，终止颜色为 navy，渐变方向从上向下；此外还为 article 元素设置了边框和背景图像。上述网页的显示效果如图 6.11 所示。

图 6.11　设置背景颜色和背景图像

2．设置背景图像的尺寸

使用 background-size 属性可以设置元素的背景图像的尺寸大小，其取值可以是长度值或百分比，也可以是以下预定义值。

auto：使用背景图像的真实大小。

cover：将背景图像等比缩放到完全覆盖容器，背景图像有可能超出容器。

contain：将背景图像的宽度或高度等比缩放到与容器的宽度或高度相等，背景图像始终被包含在容器内。

对于该属性，可以提供一个或两个参数值（cover 和 contain 除外）。若只提供一个，则该值将用于定义背景图像的宽度，第二个值默认为 auto，即高度为 auto，此时背景图以提供的宽度作为参照来进行等比缩放。若提供两个，则第一个用于定义背景图像的宽度，第二个用于定义背景图像的高度。

background-size 属性对应的脚本特性为 backgroundSize。

3．设置背景图像的平铺方式

对某个元素设置背景图像之后，还需要使用 background-repeat 属性设置背景图像在该元素中是如何铺排填充的。该属性的取值如下。

repeat-x：背景图像沿横向平铺。

repeat-y：背景图像沿纵向平铺。

repeat：背景图像沿横向和纵向平铺（默认值）。

no-repeat：背景图像不平铺。

round：背景图像自动缩放直到适应且填充满整个容器（CSS3）。

space：背景图像以相同的间距平铺且填充满整个容器或某个方向（CSS3）。

设置 background-repeat 属性时，允许提供两个参数。此时第一个参数用于横向，第二个参数用于纵向。若只提供了一个参数，则同时用于横向和纵向。特殊值 repeat-x 和 repeat-y 除外，因为 repeat-x 相当于 repeat no-repeat，repeat-y 相当于 no-repeat repeat，即其实 repeat-x 和 repeat-y 等价于提供了两个参数值

background-repeat 对应的脚本特性为 backgroundRepeat。

例 6.11　本例说明如何设置背景图像的大小和平铺方式。源代码如下：

```
<!doctype html>
<html>
```

```
<head>
<meta charset="gb2312">
<title>设置背景图像的大小和平铺方式</title>
<style type="text/css">
h1 {
    font-size: 22px;
    text-align: center;
}
table {
    width: 500px;
    height: 300px;
    margin: 0 auto;
}
td {
    border: thin solid gray;
    background-image: url(../images/flower.jpg);
    background-size: 32px;
    text-align: center;
    font-size: 28px;
    font-weight: bold;
}
#td1 {
    background-repeat: repeat;
}
#td2 {
    background-repeat: repeat-x;
}
#td3 {
    background-repeat: repeat-y;
}
#td4 {
    background-repeat: no-repeat;
}
#td5 {
    background-repeat: round;
}
#td6 {
    background-repeat: space;
}
</style>
</head>

<body>
<h1>设置背景图像的大小和平铺方式</h1>
<table>
    <tr>
        <td id="td1">repeat</td>
        <td id="td2">repeat-x</td>
        <td id="td3">repeat-y</td>
    </tr>
    <tr>
        <td id="td4">no-repeat</td>
        <td id="td5">round</td>
        <td id="td6">space</td>
    </tr>
</table>
</body>
</html>
```

本例中对表格中的各个单元格设置了相同的背景图像，背景图像的大小也一样，但各个单元格背景图像的平铺方式有所不同，网页显示效果如图 6.12 所示。

图 6.12　设置背景图像的大小和平铺方式

4．设置背景图像的位置

对某个元素设置背景图像之后，可以使用 background-position 属性来设置背景图像的位置。在背景图像不平铺（no-repeat）时，该属性用得比较多。该属性的值可以是长度值或百分比（允许为负值），也可以是下列预定义值。

center：背景图像横向和纵向居中。

left：背景图像在横向上填充从左边开始。

right：背景图像在横向上填充从右边开始。

top：背景图像在纵向上填充从顶部开始。

bottom：背景图像在纵向上填充从底部开始。

设置该属性时，可以提供两个值，默认值为 0% 0%，效果等同于 left top。在 CSS3 中允许提供 4 个值，此时长度值或百分比偏移前都必须跟着一个关键字（即 left、center、right、top 或 bottom），该偏移量相对关键字位置进行偏移。

background-position 属性对应的脚本特性为 backgroundPosition。

例 6.12　本例说明如何设置背景图像的大小和位置。源代码如下：

```
<!doctype html>
<html>
<head>
<meta charset="gb2312">
<title>设置背景图像的大小和位置</title>
<style type="text/css">
h1 {
    font-size: 22px;
    text-align: center;
}
table {
    margin: 0 auto;
}
td {
    border: thin solid gray;
    text-align: center;
    vertical-align: top;
    background-image: url(../images/mountain.jpg);
    background-size: 64px;
    background-repeat: no-repeat;
    width: 120px;
    height: 120px;
```

```
}
#td1 {
    background-position: 20px 60px;
}
#td2 {
    background-position: 70% 30%;
}
#td3 {
    background-position: right center;
}
#td4 {
    background-position: right bottom;
}
</style>
</head>

<body>
<h1>设置背景图像的大小和位置</h1>
<table>
    <tr id="tr1">
        <td id="td1">20px 60px</td>
        <td id="td2">60% 45%</td>
        <td id="td3">right center</td>
        <td id="td4">right bottom</td>
    </tr>
</table>
</body>
</html>
```

本例将表格中的 4 个单元格设置为相同的背景图像，这些背景图像的大小也相同，而且都设置为不平铺，但对这些背景图像设置了不同的位置，如图 6.13 所示。

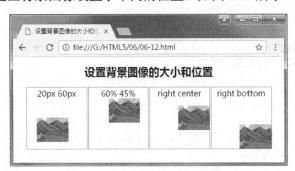

图 6.13　设置背景图像的大小和位置

5．设置元素的背景附着方式

对某元素设置背景图像之后，可以使用 background-attachment 属性设置背景图像是随元素内容滚动还是固定的，该属性的取值如下。

fixed：背景图像相对于窗体固定，即内容滚动时背景不动。

scroll：背景图像相对于元素固定，即元素内容滚动时背景图像不会跟着滚动。但背景图像会随元素的祖先元素或窗体一起滚动。

local：背景图像附着在元素内容上，即背景随内容一直滚动（CSS3）。

background-attachment 属性对应的脚本特性为 backgroundAttachment。

6．设置背景图像的开始位置

使用 ackground-origin 属性可以设置元素的背景图像计算位置时的参考原点，该属性的取值如下。

padding-box：从内部边距区域（含内部边距）开始显示背景图像（默认值）。

border-box：从边框区域（含边框）开始显示背景图像。

content-box：从内容区域开始显示背景图像。

background-origin 属性对应的脚本特性为 backgroundOrigin。

在 HTML 文档中，一个具有背景的元素由内容、内部边距（padding）、边框（border）和外部边距（margin）构成，其结构示意图如图 6.14 所示。

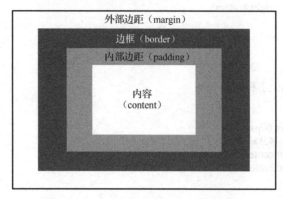

图 6.14　具有背景的元素结构示意图

例 6.13　本例演示如何通过 background-origin 属性设置背景图像开始显示的位置。 源代码如下：

```
<!doctype html>
<html>
<head>
<meta charset="gb2312">
<title>设置背景图像的开始位置</title>
<style type="text/css">
h1 {
    font-size: 22px;
    text-align: center;
}
table {
    margin: 0 auto;
}
td {
    width: 106px;
    height: 96px;
    vertical-align: bottom;
    font-weight: bold;
    border: 9px dotted gray;
    background-image: url(../images/scape.jpg);
    background-position: left top;
    background-repeat: no-repeat;
    background-size: 100px;
    padding: 28px;
}
#td1 {
    background-origin: border-box;
}
#td2 {
    background-origin: padding-box;
}
```

```
#td3 {
   background-origin: content-box;
   vertical-align: top;
}
</style>
</head>

<body>
<h1>设置背景图像的开始位置</h1>
<table>
   <tr>
      <td id="td1">border-box</td>
      <td id="td2">padding-box</td>
      <td id="td3">content-box</td>
   </tr>
</table>
</body>
</html>
</html>
```

本例对表格中的 3 个单元格设置了相同的背景图像，但这些背景图像开始显示的位置各不相同，网页显示效果如图 6.15 所示。

图 6.15　设置背景图像的开始位置

7. 设置背景图像的显示范围

使用 background-clip 属性可以设置元素的背景图像向外裁剪的区域，其取值如下。

padding-box：从内边距区域（不含内边距）开始向外裁剪背景。

border-box：从边框区域（不含边框）开始向外裁剪背景。

content-box：从内容区域开始向外裁剪背景。

text：将前景内容的形状（如文字）作为裁剪区域向外裁剪，这样可以实现使用背景作为填充色的遮罩效果。

background-clip 属性对应的脚本特性为 backgroundClip。

例 6.14　本例演示如何使用 background-clip 属性设置元素的背景图像向外裁剪的区域，源代码如下：

```
<!doctype html>
<html>
<head>
<meta charset="gb2312">
<title>设置背景图像的显示区域</title>
<style type="text/css">
```

```
    h1 {
        font-size: 22px;
        text-align: center;
    }
    table {
        margin: 0 auto;
    }
    td {
        width: 50%;
        height: 96px;
        text-align: center;
        vertical-align: bottom;
        font-weight: bold;
        border: 9px dashed red;
        background-color: skyblue;
        background-image: url(../images/xihu.jpg);
        background-position: left top;
        background-repeat: no-repeat;
        background-size: 136px;
        padding: 30px;
    }
    #td1 {
        background-clip: border-box;
    }
    #td2 {
        background-clip: padding-box;
    }
    #td3 {
        background-clip: content-box;
        /*vertical-align: top;*/
    }
    #td4 {
        background-clip: text;
        background-size: 198px 136px;
        -webkit-text-fill-color: transparent;
        text-transform: uppercase;
        font-size: 60px;
    }
    </style>
    </head>

    <body>
    <h1>设置背景图像的显示区域</h1>
    <table>
        <tr>
            <td id="td1">border-box</td>
            <td id="td2">padding-box</td>
        </tr>
        <tr>
            <td id="td3">content-box</td>
            <td id="td4">text</td>
        </tr>
    </table>
    </body>
    </html>
```

　　本例为表格中的 4 个单元格设置了相同的背景颜色和背景图像，但这些单元格中背景图像的显示区域有所不同，最后一个单元格呈现出遮罩文字效果。上述网页在 Firefox 浏览器中的显示效果如图 6.16 所示。

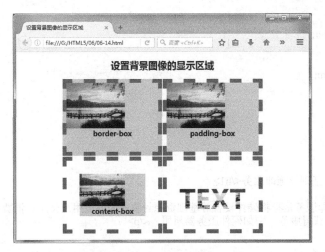

图 6.16　设置背景图像的显示区域

8．使用复合属性 background

使用复合属性 background 可以一次性设置元素的各种背景特性，语法格式如下：

background: <background-image> <background-repeat> <background-position>/ <background-size>
<background-origin> <background-clip> <background-attachment> <background-color>

例如，要在同一个元素上定义 3 个背景图像，可以使用以下缩写形式：

background:url(image.jpg) no-repeat scroll 10px 20px/50px 60px content-box padding-box,
url(image.jpg) no-repeat scroll 10px 20px/70px 90px content-box padding-box,
url(imgage.jpg) no-repeat scroll 10px 20px/110px 130px content-box padding-box #cccccc;

6.2.5　设置边框阴影

CSS3 提供一个新的属性 box-shadow，可以用于设置或获取元素边框的阴影。语法格式如下：

box-shadow: <阴影水平偏移> <阴影垂直偏移> <阴影模糊> <阴影外延> <阴影类型> <阴影颜色>

其中，<阴影水平偏移>和<阴影垂直偏移>为长度值，可以为负值；<阴影模糊>和<阴影外延>
也是长度值，前者不允许为负值，后者可以为负值；<阴影类型>为 inset 时，阴影类型为内阴
影，该值为空时阴影类型为外阴影。box-shadow 属性值设置为 none 时，无阴影。

提示：对属性 box-shadow 属性可以设置多组效果，每组参数值以逗号分隔。

box-shadow 属性对应的脚本特性为 boxShadow。

例 6.15　本例说明如何为元素的边框设置阴影。源代码如下：

```
<!doctype html>
<html>
<head>
<meta charset="gb2312">
<title>设置边框阴影</title>
<style type="text/css">
article {
    width: 400px;
    border: thin solid blue;
    box-shadow: 12px 12px 12px gray;
    padding-left: 12px;
    padding-right: 12px;
    margin: 0 auto;
}
```

```
article h1 {
    text-align: center;
}
article p {
    text-indent: 2em;
}
</style>
</head>

<body>
<article>
    <header>
        <h1>什么是基础设施即服务</h1>
    </header>
    <p>基础设施即服务是指将硬件设备等基础资源封装成服务供用户使用。消费者通过 Internet 可以从
完善的计算机基础设施获得服务，例如硬件服务器租用。</p>
</article>
</body>
</html>
```

本例中为 article 元素设置了边框和边框阴影，网页显示效果如图 6.17 所示。

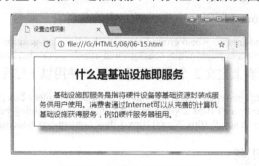

图 6.17　设置边框阴影示例

6.2.6　设置元素轮廓

轮廓（outline）是绘制于元素周围的边框，位于元素边框边缘的外围，可以起到突出元素的作用。与边框不同的是，轮廓不占用空间，而且轮廓有可能是非矩形。

要为元素添加轮廓，需要用到以下属性。

outline-color：设置轮廓的颜色。

outline-style：设置轮廓的样式。该属性的取值与 border-style 属性的取值一样。

outline-width：设置轮廓的宽度。该属性的取值可以是长度值，也可以使用预定义值 thin、medium 和 thick。

outline-offset：设置轮廓相对于边框边缘的偏移。

也可以使用复合属性 outline 同时设置元素轮廓的样式、颜色和宽度，语法格式如下：

```
outline: <轮廓宽度> <轮廓样式> <轮廓颜色>
```

其中，各个参数的取值参见相应的属性。

例 6.16　本例说明如何为元素添加轮廓。源代码如下：

```
<!doctype html>
<html>
<head>
```

```
<meta charset="gb2312">
<title>网站登录</title>
<style type="text/css">
form {
    border: thin solid black;
    border-radius: 6px;
    box-shadow: 3px 3px 3px gray;
    padding: 6px;
    width: 296px;
    margin: 0 auto;
}
form h1 {
    font-size: 20px;
    text-align: center;
    margin-bottom: 3px;
}
form table {
    padding: 6px;
}
input:focus {
    outline: 3px outset #0CF34A;
    outline-offset: 1px;
}
</style>
</head>

<body>
<form method="post">
    <h1>网站登录</h1>
    <table>
        <tr>
            <td><label for="username">用户名：</label></td>
            <td><input type="text" id="username" name="usrename" autofocus></td>
        </tr>
        <tr>
            <td><label for="password">密码：</label></td>
            <td><input type="password" id="password" name="password"></td>
        </tr>
        <tr>
            <td> </td>
            <td><input type="submit" value="登录">
                  
                <input type="reset" value="重置"></td>
        </tr>
    </table>
</form>
</body>
</html>
```

本例中创建了一个登录表单，并为获得焦点的 input 元素设置了绿色轮廓，网页显示效果如图 6.18 和图 6.19 所示。

图 6.18　输入用户名

图 6.19　输入密码

6.3 设置盒模型样式

CSS 对 HTML 元素生成了一个描述该元素在页面布局中所占空间的矩形元素框，可以形象地将其看作是一个盒子。CSS 围绕这些盒子产生了一种"盒模型"概念，通过定义一系列与盒子相关的属性，可以控制各个盒子乃至整个 HTML 文档的布局结构和表现效果。下面介绍与盒模型相关的一些 CSS 属性。

6.3.1 理解盒模型

标准 CSS 盒模型的结构示意图如图 6.20 所示。该模型规定了处理 HTML 元素的内容（content）、内边距（padding）、边框（border）及外边距（margin）的方式。

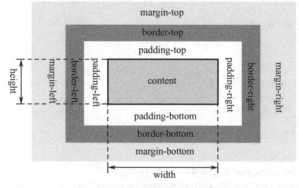

图 6.20　盒模型结构示意图

与 CSS 盒模型相关的属性包括内容（content）、内边距（padding）、边框（border）、外边距（margin）。这些属性与日常生活中盒子的属性是一样的。内容就是盒子里面装的东西；内边距（也称为填充或内补白）就是防止损坏盒子里的东西而添加的减震材料；边框则是指盒子本身；外边距（也称边界或外补白）说明盒子之间要留一定的间隙，保持通风。

由于元素的内边距、边框和外边距都有上（top）、下（bottom）、左（left）、右（right）之分，因此相关的每个 CSS 属性也都有 4 个。例如，元素的边框属性包括上边框（border-top）、右边框（border-right）、下边框（border-bottom）及左边框（border-left）。至于元素的高度（height）和宽度（width），则是指元素内容本身的高度和宽度。

6.3.2 设置元素的内边距

内边距用于在元素内容与元素边框之间添加空白。既可以为每条边单独设置内边距，也可以使用复合属性 padding 同时设置所有内边距的值。与内边距相关的属性如下。

padding-top：为上边设置内边距。

padding-right：为右边设置内边距。

padding-bottom：为下边设置内边距。

padding-left：为左边设置内边距。

padding：设置所有边的内边距。

上述属性的取值均为长度值或百分比，默认值为 0。

复合属性 padding 可以有 1～4 个参数值。若只提供一个，则用于全部的四边；若提供两个，则第一个用于上、下，第二个用于左、右；若提供 3 个，则第一个用于上，第二个用于左、右，第三个用于下；若提供全部 4 个参数值，则按上、右、下、左的顺序作用于 4 条边。

例 6.17　本例说明如何设置元素的内边距。源代码如下：

```
<!doctype html>
<html>
<head>
<meta charset="gb2312">
<title>设置元素内边距示例</title>
<style type="text/css">
h1 {
    font-size: 20px;
}
li {
    width: 360px;
    border: thin solid gray;
    background-color: gray;
    background-clip: content-box;
    color: white;
    margin-bottom: 12px;
    text-align: center;
}
#li1 {
    padding-top: 6px;
    padding-right: 12px;
    padding-bottom: 18px;
    padding-left: 24px;
}
#li2 {
    padding: 12px;
}
#li3 {
    padding: 6px 12px;
}
#li4 {
    padding: 6px 18px 24px;
}
</style>
</head>

<body>
<h1>设置元素内边距示例</h1>
<ul>
    <li id="li1">上 6 右 12 下 18 左 24</li>
    <li id="li2">4 条边均为 12</li>
    <li id="li3">上下 6 左右 12</li>
    <li id="li4">上 6 右 18 下 24 左 18</li>
</ul>
</body>
</html>
```

本例中创建了一个无序列表，其中包含 4 个选项。对这些选项设置了相同的宽度（内容的宽度，不包含内边距）、相同的背景颜色，还将 background-clip 属性设置为 content-box，以防止背景颜色延伸到内边距中，从而可以区分不同的内边距，如图 6.21 所示。

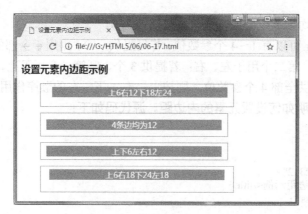

图 6.21   设置元素内边距示例

6.3.3   设置元素的外边距

外边距是指元素边框与页面上围绕该元素周围所有内容之间的空白区域。这些内容可以是其父元素和其他元素。与元素的外边距相关的属性如下。

margin-top：为上边设置外边距。

margin-right：为右边设置外边距。

margin-bottom：为下边设置外边距。

margin-left：为左边设置外边距。

margin：设置所有边的外边距。

上述属性的取值均为长度值或百分比，默认值为 auto。

复合属性 margin 可以有 1～4 个参数值。若只提供一个，则用于全部的四边；若提供两个，则第一个用于上、下，第二个用于左、右；若提供 3 个，则第一个用于上，第二个用于左、右，第三个用于下；若提供全部 4 个参数值，则按上、右、下、左的顺序作用于 4 条边。

例 6.18   本例说明如何设置元素的外边距。源代码如下：

```
<!doctype html>
<html>
<head>
<meta charset="gb2312">
<title>设置元素的外边距</title>
<style type="text/css">
body {
    width: 552px;
    height: 230px;
    margin: 10px auto;          /* 上下外边距为 10px，左右外边距为 auto，元素内容水平居中对齐 */
    border: thin solid gray;
    border-radius: 12px;
}
h1 {
    font-size: 22px;
    text-align: center;
}
div {
    width: 150px;
    height: 150px;
    border: thin solid gray;
    float: left;
```

```
      margin-top: 6px;            /* 设置元素上外边距 */
      text-align: center;
      line-height: 150px;         /* 设置元素行高与高度相等，使元素内容垂直居中对齐 */
    }
    #div1 {
      margin-right: 12px;         /* 设置元素右外边距 */
      margin-left: 24px;          /* 设置元素左外边距 */
    }
    #div2 {
      margin-right: 12px;         /* 设置元素右外边距 */
      margin-left: 12px;          /* 设置元素左外边距 */
    }
    #div3 {
      margin: 6px 12px;           /* 设置元素上下外边距为 6px，左右外边距为 12px */
    }
  </style>
</head>

<body>
<h1>设置元素的外边距</h1>
<div id="div1">div1</div>
<div id="div2">div2</div>
<div id="div3">div3</div>
</body>
</html>
```

本例中对 body 和 div 元素的外边距进行了设置并使后者向左浮动，效果如图 6.22 所示。

图 6.22　设置元素的外边距示例

6.3.4　控制元素的尺寸

默认情况下浏览器会基于页面上的内容流来设置元素的尺寸大小。不过，也可以使用与尺寸相关的属性来覆盖这种行为。与元素尺寸相关的属性如下。

width 和 height：设置元素的宽度和高度。

min-width 和 min-height：设置元素可接受的最小宽度和高度。

max-width 和 max-height：设置元素可接受的最大宽度和高度。

上述属性的取值可以是 auto、长度值或百分比，其中 auto 表示使用浏览器为元素设置的尺寸大小，百分比则是相对于包含块的尺寸进行计算的。

例 6.19　本例说明如何使用相关属性来控制元素的尺寸。源代码如下：

```
<!doctype html>
<html>
```

```
<head>
<meta charset="gb2312">
<title>设置元素的尺寸</title>
<style type="text/css">
img {
    width: 70%;
    max-width: 360px;
    min-width: 150px;
}
</style>
</head>

<body>
<img src="../images/image07.jpg">
</body>
</html>
```

本例中设置图像元素 img 的宽度为 75%，这个百分比告诉浏览器将图像的宽度设置为包含块（这里就是 body 元素）宽度的 75%。每当调整浏览器窗口大小时，body 元素和图像的大小都会随之发生变化，以确保图像的宽度总是 body 内容盒宽度的 75%。不过，由于对图像设置了最大宽度和最小宽度，当浏览器窗口大到或小到一定程度时，图像的大小将不再变化，如图 6.23 所示。

图 6.23　控制元素的尺寸示例

使用 box-sizing 属性可以设置将元素的尺寸调整应用到盒的哪一部分，该属性表现为怪异模式下的盒模型。该属性可能的取值如下。

content-box：表示边框和内边距不计入宽度和高度（默认值）。

padding-box：表示内边距计入宽度和高度。

border-box：表示边框和内边距计入宽度和高度。

margin-box：表示外边距、边框和内边距计入宽度和高度，尚未获得支持。

例 6.20　本例说明如何使用 box-sizing 属性来设置将元素尺寸调整应用到盒子的哪一部分。源代码如下：

```
<!doctype html>
<html>
<head>
<meta charset="gb2312">
<title>如何计算元素的尺寸</title>
<style type="text/css">
```

```
img {
    width: 180px;
    margin: 6px 20px;
    border: 10px solid gray;
    padding: 10px;
}
#img1 {
    box-sizing: content-box;
}
#img2 {
    box-sizing: border-box;
}
</style>
</head>

<body>
<img id="img1" src="../images/image01.jpg"><img id="img2" src="../images/image01.jpg">
</body>
</html>
```

本例在网页中添加了两个相同的图像，它们的宽度也一样，但由于对它们应用了不同的 box-sizing 属性，因此看起来其中一个图像大一些，另一个图像小一些，如图 6.24 所示。

图 6.24　设置元素尺寸的计算方式示例

6.3.5　控制元素的溢出

对元素设定尺寸时，如果包含的内容太多，则这些内容无法完全显示在元素盒子内。默认的处理方式是内容溢出并继续显示。如果希望更改这种行为，则可以使用以下属性来实现。

overflow-x：设置水平方向的溢出方式。

overflow-y：设置垂直方向的溢出方式。

overflow：复合属性，同时设置水平方向和垂直方向的溢出方式。

上述属性的取值如下。

visible：对溢出内容不做处理，内容可能会超出容器。

hidden：隐藏溢出容器的内容且不出现滚动条。

scroll：隐藏溢出容器的内容，溢出的内容将以卷动滚动条的方式呈现。

auto：当内容没有溢出容器时不出现滚动条，当内容溢出容器时出现滚动条，即按需出现滚动条。这是 body 和 textarea 元素的默认值。

例 6.21　本例说明如何控制元素的溢出。源代码如下：

```
<!doctype html>
<html>
<head>
<meta charset="gb2312">
<title>控制元素的溢出</title>
<style type="text/css">
div {
    width: 100px;
    height: 112px;
    border: 3px outset gray;
    margin: 6px;
    float: left;                    /* 设置元素向左浮动 */
}
#div1 {
    overflow: hidden;
}
#div2 {
    overflow: scroll;
}
#div3 {
    overflow: auto;
}
#div4 {
    overflow: visible;
}
</style>
</head>

<body>
<div id="div1"><img src="../images/mountain.jpg"></div>
<div id="div2"><img src="../images/mountain.jpg"></div>
<div id="div3"><img src="../images/mountain.jpg"></div>
<div id="div4"><img src="../images/mountain.jpg"></div>
</body>
</html>
```

本例中网页包含 4 个 div 元素，各个 div 元素的大小一样且包含相同的图片，该图片的宽度大于 div 元素的宽度，但其高度小于 div 元素的高度。对这些 div 元素分别设置不同的 overflow 属性，对图片溢出部分采取不同的处理方式。将 div1 的 overflow 属性设置为 hidden，图片超出部分被隐藏起来；将 div2 的 overflow 属性设置为 scroll，该容器在两个方向均出现了滚动条；将 div3 的 overflow 属性设置为 auto，该容器仅在水平方向出现了滚动条，垂直方向则未出现；将 div4 的 overflow 属性设置为 visible，图片超出部分伸展到该容器之外。上述网页的显示效果如图 6.25 所示。

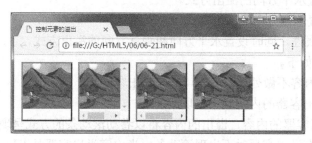

图 6.25　控制元素的溢出

6.3.6 控制元素的可见性

使用 visibility 属性可以设置元素是否显示，其取值如下。

visible：设置元素可见。

hidden：设置元素隐藏。隐藏的元素仍保留其占据的空间。

collapse：主要用来隐藏表格中的行或列。隐藏的行或列能够被其他内容使用。对于表格外的其他对象，其作用等同于 hidden。

visibility 属性对应的脚本特性为 visibility。

注意： 如果希望某个元素为可见的，则其父元素也必须是可见的。

例 6.22 本例说明如何控制元素的可见性。源代码如下：

```html
<!doctype html>
<html>
<head>
<meta charset="gb2312">
<title>控制元素的可见性</title>
<style type="text/css">
h1 {
    font-size: 20px;
}
div {
    width: 120px;
    height: 120px;
    border: thin solid gray;
    margin: 6px;
    text-align: center;
    line-height: 120px;
    float: left;                        /* 设置元素向左浮动 */
}
p {
    text-indent: 122px;
    clear: left;                        /* 不允许元素左侧有浮动对象 */
    margin-top: 162px;
}
</style>
</head>

<body>
<h1>控制元素的可见性</h1>
<div id="div1">div1</div>
<div id="div2">div2</div>
<div id="div3">div3</div>
<p>
    <button onclick="document.getElementById('div2').style.visibility='visible'">可见</button>  
    <button onclick="document.getElementById('div2').style.visibility='hidden'">隐藏</button>  
    <button onclick="document.getElementById('div2').style.visibility='collapse'">折叠</button>
</p>
</body>
</html>
```

本例在页面上放置了 3 个 div 元素和 3 个按钮，并设置了按钮的 onclick 事件属性（其值是一个 JavaScript 语句）。通过单击 "可见"、"隐藏" 或 "折叠" 按钮，可以改变中间那个 div 元素（div2）的可见性，如图 6.26 和图 6.27 所示。

图 6.26　所有元素均为可见

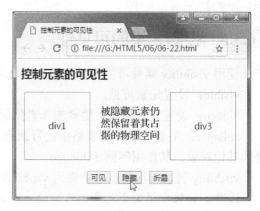

图 6.27　隐藏其中的一个元素

6.3.7　设置元素的盒类型

使用 display 属性可以设置元素是否及如何显示，该属性的取值如下。

none：隐藏元素。与 visibility 属性的 hidden 值不同，此时不会为被隐藏的元素保留其物理空间。

inline：设置元素为行内元素。

block：设置元素为块级元素。

list-item：设置元素为列表项目。

inline-block：设置元素为行内块级元素。

table：设置元素作为块元素级的表格。

inline-table：设置元素作为内联元素级的表格。

table-caption：设置元素作为表格标题。

table-cell：设置元素作为表格单元格。

table-row：设置元素作为表格行。

table-row-group：设置元素作为表格行组。

table-column：设置元素作为表格列。

table-column-group：设置元素作为表格列组显示。

table-header-group：设置元素作为表格标题组。

table-footer-group：设置元素作为表格脚注组。

run-in：根据上下文决定元素是行内元素还是块级元素。

flex：将元素作为弹性伸缩盒显示（CSS3）。

提示：弹性盒有过多种版本，flex 是最新版本中的值。

1．设置块级元素

元素可分为块级元素和行内元素。行内元素会在一条直线上沿水平方向排列；块级元素各占一行，沿垂直方向排列；块级元素总是从新行开始；块级元素可以包含行内元素和块级元素，但行内元素不能包含块级元素。例如，p 和 div 等元素都是块级元素，a 和 img 等元素都是行内元素。不能对行内元素设置某些盒模型属性。不过，将行内元素的 display 属性设置为 block，也可以使其转换为块级元素。

例 6.23　本例说明如何将行内元素转换为块级元素。源代码如下：

```
<!doctype html>
<html>
<head>
<meta charset="gb2312">
<title>设置块级元素</title>
<style type="text/css">
h1 {
    font-size: 20px;
}
#span1, #a1 {
    margin: 6px;
    padding: 6px;
    border: thin solid gray;
}
#span2, #a2 {
    display: block;
    width: 200px;
    padding: 6px;
    margin: 6px;
    border: thin solid gray;
}
</style>
</head>

<body>
<h1>设置块级元素</h1>
<hr>
<p><span id="span1">span 元素</span><a id="a1" href="#">超链接</a></p>
<span id="span2">span 元素</span><a id="a2" href="#">超链接</a>
</body>
</html>
```

本例的页面中包含两个 span 元素和两个 a 元素，其中的一个 span 元素和 a 元素保持其默认样式，呈现为行内元素；另一个 span 和 a 元素的 display 属性被设置为 block，呈现为块级元素，如图 6.28 所示。

图 6.28　设置块级元素示例

2．设置行内元素

有时候，可能需要将某个块级元素与行内元素放在一起，而且不希望块级元素开始新的一行，在这种情况下可将该块级元素的 display 属性设置为 inline，使之转换为行内元素，它在视觉上与周围内容没有什么区别。

例 6.24　本例演示如何将块级元素转换为行内元素。源代码如下：

```
<!doctype html>
<html>
```

```
<head>
<meta charset="gb2312">
<title>设置行内元素</title>
<style type="text/css">
h1 { font-size: 20px; }
nav {
    margin-top: 30px;
}
a {
    padding-left: 6px;
    padding-right: 6px;
}
form {
    display: inline;
}
</style>
</head>

<body>
<h1>设置行内元素</h1>
<hr>
<nav>页次：<a href="#">首页</a><a href="#">前页</a>
    <a href="#">1</a><a href="#">2</a><a href="#">3</a>
    <a href="#">4</a><a href="#">5</a><a href="#">6</a>
    <form method="get">
      <select name="page_index">
        <option>1</option> <option>2</option>
        <option>3</option><option>4</option>
        <option>5</option> <option>6</option>
      </select>
    </form>
    <a href="#">后页</a><a href="#">末页</a>
</nav>
</body>
</html>
```

　　本例中制作了一个导航条，其中包含一些超链接和一个表单列表框。表单 form 本是块级元素，而链接 a 则是行内元素，为了使表单与链接放在一个导航条 nav 元素中，将表单元素的 display 属性设置为 inline，使表单转换为行内元素，如图 6.29 所示。

图 6.29　将表单变成行内元素

3．设置行内块级元素

　　若将某个元素的 display 属性设置为 inline-block，则会设置一个比较特殊的元素，其盒模型混合了块级元素和行内元素的特点，这种元素称为行内块级元素。行内块级元素的特点是，从整体上它是作为行内元素呈现，这意味着在水平方向上该元素与周围的内容并排显示，并没有什么区别；不过盒子内部却作为块级元素呈现，这样 width、height 和 margin 属性全部都能应用到盒子上。

例 6.25 本例演示创建设置行内块级元素。源代码如下：

```
<!doctype html>
<html>
<head>
<meta charset="gb2312">
<title>大数据及其战略意义</title>
<style type="text/css">
h1 { font-size: 20px; }
p { display: inline; }
span {
    display: inline-block;
    width: 5em;
    height: 1em;
    padding: 0.5em 0.5em 0.75em 0.5em;
    margin: 0.5em;
    border: medium solid red;
}
</style>
</head>

<body>
<h1>大数据及其战略意义</h1>
<hr>
<p>      大数据是指无法用现有的软件工具提取、存储、搜索、共享、分析和处理的海量的、复杂的数据集合，是需要新处理模式才能具有更强的决策力、洞察发现力和流程优化能力来适应海量、高增长率和多样化的信息资产。</p>
<p>大数据技术的战略意义不在于掌握庞大的数据信息，而在于对这些含有意义的数据进行专业化处理，在于提高<span>对数据的加工能力</span>，通过加工实现数据的增值。</p>
</body>
</html>
```

本例页面中包含两个 p 元素和一个 span 元素。p 元素本是块级元素，现在变成了行内元素；span 元素本是行内元素，现在变成了行内块级元素，因此可以对它设置 width、height、padding 和 margin 等盒模型属性，网页显示效果如图 6.30 所示。

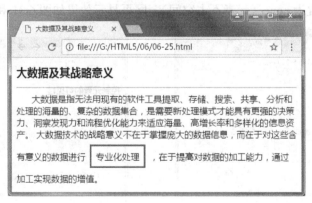

图 6.30 设置行内块级元素示例

4. 设置隐藏元素

如果希望将某个元素隐藏起来，可以采用两种方式来实现：一种方式是将 visibility 属性设置为 hidden 或 collapse，另一种方式是将 display 属性设置为 none。从效果上看，通过这两种方式都能将元素隐藏起来，但使用 visibility 属性时被隐藏的元素仍然占据物理空间，使用 display 属性时被隐藏的元素却不会再占用物理空间。

例 6.26　本例演示如何通过 display 属性设置元素的可见性。源代码如下：

```
<!doctype html>
<html>
<head>
<meta charset="gb2312">
<title>控制元素的可见性</title>
<style type="text/css">
h1 { font-size: 20px; }
div {
    width: 120px; height: 120px;
    border: thin solid gray;
    margin: 6px; text-align: center;
    line-height: 120px; float: left;
}
p {
    text-indent: 150px; clear: left;
    margin-top: 162px;
}
</style>
</head>

<body>
<h1>控制元素的可见性</h1>
<div id="div1">div1</div>
<div id="div2">div2</div>
<div id="div3">div3</div>
<p>
    <button onclick="document.getElementById('div2').style.display='block'">显示</button>
      <button onclick="document.getElementById('div2').style.display='none'">隐藏</button>
</p>
</body>
</html>
```

本例页面中包含 3 个 div 元素和两个按钮。通过设置按钮的 onclick 事件属性实现了以下功能：单击"显示"按钮时将 div2 元素的 display 属性设置为 block，单击"隐藏"按钮时将该元素的 display 属性设置为 none（元素不占空间），网页显示效果如图 6.31 和图 6.32 所示。

图 6.31　刚打开网页时的情形

图 6.32　单击"隐藏"按钮时的情形

6.3.8　创建浮动盒

默认情况下，块级元素是沿着垂直方向自上而下排列的。需要时也可以使用 float 属性设置元素向左或向右浮动。这种具有浮动特性的盒子称为浮动盒，它会将元素的左边界或右边界移动到包含块或另一个浮动盒的边界，具有浮动盒的元素称为浮动元素。

1．设置元素的浮动特性

使用 float 属性可以设置元素是否及如何浮动，该属性的取值如下。

none：设置元素不浮动（默认值）。

left：设置元素浮在包含块的左边界或另一个浮动元素的右边界。

right：设置元素浮在包含块的右边界或另一个浮动元素的左边界。

float 属性对应的脚本特性为 cssFloat（非 IE）或 styleFloat（IE）。

2．阻止浮动元素堆栈

使用 clear 属性可以设置块级元素不允许有浮动元素的边，该属性的取值如下。

none：允许元素的两边有浮动元素（默认值）。

both：元素的两边都不允许有浮动元素。

left：不允许元素的左边有浮动元素

right：不允许元素的右边有浮动元素

clear 属性对应的脚本特性为 clear。

例 6.27　本例演示如何创建浮动盒。源代码如下：

```
<!doctype html>
<html>
<head>
<meta charset="gb2312">
<title>创建浮动盒子</title>
<style type="text/css">
h1 {
    font-size: 20px;
    text-align: center;
}
div {
    width: 90px;
    height: 90px;
    border: thin solid gray;
    margin: 6px;
    padding: 6px;
    text-align: center;
    line-height: 90px;
}
#div1, #div2, #div3 {
    float: left;
}
hr {
    clear: both;
}
#div4, #div5, #div6 {
    float: right;
}
</style>
</head>

<body>
<h1>创建浮动盒子</h1>
<hr>
<div id="div1">div1</div>
<div id="div2">div2</div>
<div id="div3">div3</div>
<hr>
<div id="div4">div4</div>
<div id="div5">div5</div>
```

```
    <div id="div6">div6</div>
    </body>
    </html>
```

本例页面中包含 6 个 div 元素，按照 float 属性的取值可分为两组，其中 div1～div3 向左浮动，div4～div6 向右浮动。在这两组 div 元素之间还有一条水平分隔线 hr，其 clear 属性被设置为 both，这样可以防止水平线挨着 div3 元素的右边界。网页显示效果如图 6.33 所示。

图 6.33　创建浮动盒子示例

6.4　设置定位属性

默认情况下，HTML 元素总是出现在正常的文档流中，按照从左到右、自上而下的顺序排列，不能对元素设置特定的位置。如果希望将元素放置在特定的位置上，则需要首先设置元素的定位类型，然后通过相关的属性来确定元素的具体位置。

6.4.1　设置元素的位置

设置元素的位置时，首先使用 position 属性确定元素的定位方式，然后再使用 4 个定位偏移属性 top、right、bottom 和 left 来确定元素的具体位置。

1．设置元素的定位类型

position 属性用于设置元素的定位类型，其取值如下。

static：静态定位。元素遵循常规流。此时 4 个定位偏移属性不会被应用。

relative：相对定位。元素遵循常规流，此时将参照元素自身在常规流中的位置，通过 4 个定位偏移属性 top、right、bottom 和 left 进行偏移，不会影响常规流中的任何元素。

absolute：绝对定位。元素脱离常规流，此时偏移属性参照的是离元素自身最近的定位祖先元素。如果没有定位的祖先元素，则一直回溯到 body 元素。盒子的偏移位置不影响常规流中的任何元素，其 margin 不与其他任何 margin 折叠。

fixed：固定定位。与 absolute 一致，但定位偏移属性是以浏览器窗口作为参照物。当出现滚动条时，元素不会随着滚动。

position 属性对应的脚本特性为 position。

2．设置元素的位置坐标

通过 position 属性将元素的定位类型设置为相对定位、绝对定位或固定定位之后，便可以使用 4 个定位偏移属性 top、right、bottom 和 left 来确定元素的具体位置。

top：设置元素相对于参照物上边界向下偏移的位置。

right：设置元素相对于参照物右边界向左偏移的位置。

bottom：设置元素相对于参照物下边界向上偏移的位置。

left：设置元素相对于参照物左边界向右偏移的位置。

上述属性的取值为 auto、长度值或百分比。其中 auto 表示无特殊定位，根据 HTML 定位规则在文档流中分配；长度值和百分比定义距离参照物某边界的偏移量，百分比参照的是包含块的高度或宽度；长度值和百分比都可以是负值。

上述属性对应的脚本特性分别为 top、right、bottom 和 left。

注意：对于绝对定位的元素，若未设置 top、right、bottom 和 left 属性，则它会紧随在其前面的兄弟元素之后，但不影响常规流中的任何元素。

例 6.28　本例演示了元素的各种定位类型的特点。源代码如下：

```
<!doctype html>
<html>
<head>
<meta charset="gb2312">
<title>牡丹介绍</title>
<style type="text/css">
h1 {
    font-size: 20px;
}
p {
    text-indent: 2em;
}
img {
    border: thin solid gray;
    top: 10px;
    left: 50px;
}
</style>
</head>


<body>
<h1>牡丹介绍</h1>
<p>牡丹是芍药科、芍药属植物，为多年生落叶小灌木。花色泽艳丽，玉笑珠香，风流潇洒，富丽堂皇，素有"花中之王"的美誉。</p>
<img id="md" src="../images/mudan.jpg">
<p>牡丹品种繁多，色泽亦多，以黄、绿、肉红、深红、银红为上品，尤其黄、绿为贵。牡丹花大而香，故又有"国色天香"之称。</p>
<p>
    <button onclick="document.getElementById('md').style.position='static'">静态</button>
    <button onclick="document.getElementById('md').style.position='relative'">相对</button>
    <button onclick="document.getElementById('md').style.position='absolute'">绝对</button>
    <button onclick="document.getElementById('md').style.position='fixed'">固定</button>
</p>
<p>唐代刘禹锡有诗曰："庭前芍药妖无格，池上芙蕖净少情。唯有牡丹真国色，花开时节动京城。"在清代末年，牡丹就曾被当作中国的国花。</p>
<p>1985 年 5 月牡丹被评为中国十大名花第二名。是中国特有的木本名贵花卉，有数千年的自然生长和 1500 多年的人工栽培历史。在中国栽培甚广，早已引种世界各地。牡丹花被拥戴为花中之王，有关文化和绘画作品很丰富。</p>
</body>
</html>
```

本例页面中包含一些段落、一个图片和 4 个按钮，对每个按钮设置了 onclick 事件属性（属性值被设置为一条 JavaScript 语句），用于更改图片的定位方式。默认情况下，刚打开网页时，图片采用静态定位方式，按照顺序出现在常规文档流中，位于两个段落之间，如图 6.34 所示。

若单击"相对定位"按钮，则图片以其自身作为参照物发生位移，如图 6.35 所示。

图 6.34　图片静态定位　　　　　　　　　　图 6.35　图片相对定位

若单击"绝对定位"按钮，则图片以 body 元素作为参照物发生位移，当滚动浏览器窗口时图片跟着移动，如图 6.36 所示。

若单击"固定定位"按钮，则图片以浏览器窗口作为参照物发生位移，当滚动浏览器窗口时图片的位置保持不变，如图 6.37 所示。若单击"静态定位"按钮，则图片重新回到静态定位方式，此时样式表设置的定位位移属性 top 和 left 都是无效的。

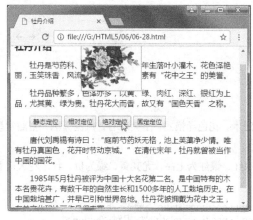 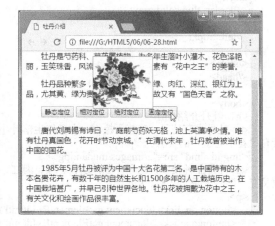

图 6.36　图片绝对定位　　　　　　　　　　图 6.37　图片固定定位

6.4.2　设置元素的层叠顺序

在设置绝对定位的情况下，有可能出现元素重叠的现象。默认情况下，是按照"后来者居上"的规则来处理的，即写在后面的元素会覆盖在写在前面的元素之上。如果要改变元素的默认层叠顺序，就要用到元素的 z-index 属性。

z-index 属性适用于定位元素，即 position 属性值为非 static 的元素，其作用是规定设置元素的层叠顺序，其取值可以是 auto 或整数值。其中 auto 表示元素在当前层叠上下文中的层叠级别是 0，元素不会创建新的局部层叠上下文，除非它是根元素；整数值用来定义层叠级别，可以为负值。

　　z-index 属性用于确定元素在当前层叠上下文中的层叠级别，并确定该元素是否创建新的局部层叠上下文。每个元素的层叠顺序由所属的层叠上下文和元素本身的层叠级别决定，每个元素仅属于一个层叠上下文。

　　在同一个层叠上下文中，层叠级别大的显示在上面，层叠级别小的显示在下面；层叠级别相同的两个元素，依据它们在 HTML 文档流中的顺序，写在后面的将会覆盖前面的。在不同层叠上下文中，元素的显示顺序依据祖先的层叠级别来决定，与自身的层叠级别无关。

　　z-index 属性对应的脚本特性为 zIndex。

　　例 6.29　本例说明如何设置元素的层叠顺序。源代码如下：

```
<!doctype html>
<html>
<head>
<meta charset="gb2312">
<title>设置元素的层叠顺序</title>
<style type="text/css">
h1 {
    font-size: 22px;
}
img {
    position: absolute;
    width: 260px;
    border: medium outset gray;
}
#img1 {
    top: 90px;
    left: 30px;
    z-index: 300;
}
#img2 {
    top: 60px;
    left: 260px;
    z-index: 100;
}
</style>
</head>

<body>
<h1>设置元素的层叠顺序</h1>
<img id="img1" src="../images/image01.jpg">
<img id="img2" src="../images/image07.jpg">
</body>
</html>
```

　　本例页面中包含两个图片。按照默认顺序，图片 img2 应该位于图片 img1 的上方。但由于在样式表中将两个图片的定位方式设置为绝对定位，并且将图片 img1 的 z-index 属性设置为 300，将图片 img2 的 z-index 属性设置为 100，因此图片 img1 位于图片 img2 的上方。网页显示效果如图 6.38 所示。

图 6.38　设置元素的层叠顺序示例

6.5　设置列表和表格样式

列表和表格是网页中组织数据的两种常用形式。下面介绍如何通过 CSS 属性来设置列表和表格的样式。

6.5.1　设置列表样式

在 HTML 中，列表分为无序列表和有序列表。列表样式包括列表项类型、图像和位置几个方面，这些样式可以使用相关的 CSS 属性来设置。

1．设置列表项标记类型

使用 list-style-type 属性可以设置列表项所使用的预设标记，其取值如下。

disc：实心圆●，默认值。

circle：空心圆○。

square：实心矩形■。

decimal：十进制数字 1，2，3，4，…。

lower-roman：小写罗马数字 i，ii，iii，iv，…。

upper-roman：大写罗马数字 I，II，III，IV，…。

lower-alpha：小写英文字母（a，b，c，d，…。

upper-alpha：大写英文字母 A，B，C，D，…。

none：不使用项目符号。

2．设置列表项标记图像

使用 list-style-image 属性可以设置列表项标记的图像。该属性值为使用 url(URL)形式表示的绝对或相对路径。默认值为 none，表示不使用图像。

3．设置列表项标记位置

使用 list-style-position 属性可以设置列表项标记如何根据文本排列，该属性的取值如下。

outside：列表项目标记放置在文本以外，且环绕文本不根据标记对齐。这是默认值。

inside：列表项目标记放置在文本以内，且环绕文本根据标记对齐。

4．设置列表项相关样式

使用复合属性 list-style 可以一次性设置列表项目的相关样式。该属性的默认值为 disc outside none。请参阅各个属性的说明。

例 6.30　本例说明如何使用图片作为列表项标记。源代码如下：

```
<!doctype html>
<html>
<head>
<meta charset="gb2312">
<title>云计算的关键技术</title>
<style type="text/css">
h1 {
    font-size: 20px;
}
ul {
    list-style-image: url(../images/cloud3.png);
    list-style-position: inside;
}
</style>
</head>

<body>
<h1>云计算的关键技术</h1>
<hr>
<ul>
    <li>虚拟化技术</li>
    <li>分布式资源管理技术</li>
    <li>并行编程技术</li>
</ul>
</body>
</html>
```

本例中创建了一个无序列表并设置图片作为列表项标记，网页显示效果如图 6.39 所示。

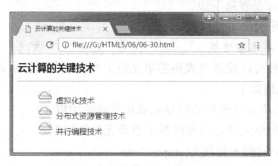

图 6.39　设置图片作为列表项标记

6.5.2　设置表格样式

表格是通过 table、tr、td 以及 caption 等元素制作的，这些元素的样式可以通过相关的 CSS 属性来设置。

1．设置表格布局算法

使用 table-layout 属性可以设置表格的布局算法，其取值如下。

auto：默认的自动算法。布局将基于各单元格的内容，换言之，可能给某个单元格定义宽度为 100px，但结果可能并不是 100px。表格在每一单元格读取计算之后才会显示出来，速度很慢。

fixed：固定布局的算法。在该算法中，水平布局是仅仅基于表格的宽度，表格边框的宽度，单元格间距，列的宽度，而和表格内容无关。也就是说，内容可能被裁切。

table-layout 属性对应的脚本特性为 tableLayout。

2．设置行和单元格边框是合并还是分开

使用 border-collapse 属性可以设置表格的行和单元格的边是合并在一起还是按照标准的 HTML 样式分开。该属性适用于 table 元素，其取值如下。

separate：边框独立。这是默认值。

collapse：相邻边被合并。

border-collapse 属性对应的脚本特性为 borderCollapse。

3．设置单元格间距

使用 border-spacing 属性可以设置当表格边框独立时，行和单元格的边框在横向和纵向上的间距。该属性适用于 table 元素，其取值是一个或两个绝对长度值，默认值为 0，不允许为负值。若只提供一个长度值，则这个值将作用于横向和纵向上的间距；若提供两个长度值，则第一个用于横向间距，第二个用于纵向间距。

border-spacing 属性对应的脚本属性为 borderSpacing。

提示：border-spacing 属性的作用等同于 HTML 标签属性 cellspacing（HTML5 不再支持）。只有当表格边框独立时此属性才起作用。

4．设置表格标题位置

使用 caption-side 属性可以设置表格标题是在表格的哪一边。该属性适用于 table 元素，其取值如下。

top：指定 caption 在表格上边。

bottom：指定 caption 在表格下边。

caption-side 属性对应的脚本特性为 captionSide。

5．设置是否显示空单元格边框

使用 empty-cells 属性可以设置当表格的单元格无内容时是否显示该单元格的边框，该属性适用于 table 元素，其取值如下。

hide：指定当表格的单元格无内容时隐藏该单元格的边框。

show：指定当表格的单元格无内容时显示该单元格的边框。

empty-cells 属性对应的脚本特性为 emptyCells。

注意：只有当表格边框独立时 empty-cells 属性才起作用。

例 6.31　本例说明如何通过 CSS 属性设置表格的样式。源代码如下：

```
<!doctype html>
<html>
<head>
<meta charset="gb2312">
<title>设置表格样式</title>
<style type="text/css">
table {
    table-layout: fixed;
    width: 400px;
    margin: 0 auto;
    border: 2px outset gray;
    border-radius: 12px;
```

```
        border-spacing: 12px;
        border-collapse: separate;
        text-align: center;
        caption-side: top;
    }
    caption {
        font-weight: bold; margin-bottom: 12px;
    }
    td {
        border: thin solid blue;
        border-radius: 6px; padding: 6px;
    }
</style>
</head>

<body>
<table>
    <caption>
    设置表格样式
    </caption>
    <tr>
        <td>1</td><td>2</td><td>3</td><td>4</td>
    </tr>
    <tr>
        <td>5</td><td>6</td><td>7</td><td>8</td>
    </tr>
    <tr>
        <td>9</td><td>10</td><td>11</td><td>12</td>
    </tr>
    <tr>
        <td>13</td><td>14</td><td>15</td><td>16</td>
    </tr>
</table>
</body>
</html>
```

本例中对表格和单元格设置了圆角边框，网页显示效果如图 6.40 所示。

图 6.40　设置表格样式示例

 习题 6

一、选择题

1．使用（　　　）属性可以设置文本的字体样式。

A．font-family　　　　　　B．font-size　　　　　　C．font-style　　　　　　D．font-weight

2. 使用（   ）属性可以设置首行缩进。

A．text-align　　　　　　B．text-indent　　　　　　C．letter-spacing　　　　　　D．word-spacing

3. 将元素的 text-decoration 属性值设置为（   ）可对文本添加下画线。

A．underline　　　　　　B．overline　　　　　　C．line-throught　　　　　　D．blink

4. 在文本阴影的样式声明"text-shadow: 3px 3px 0 lightgrey"中，0 表示（   ）。

A．阴影水平偏移　　　　B．阴影半径　　　　　　C．阴影垂直偏移　　　　D．阴影颜色

5. 要将元素边框样式设置为点状线，（   ）元素，可将 border-style 属性设置为（   ）。

A．dotted　　　　　　　B．dashed　　　　　　　C．groove　　　　　　　D．medium

6. 设置 border-radius 属性时最多可提供（   ）个参数。

A．2　　　　　　　　　　B．4　　　　　　　　　　C．6　　　　　　　　　　D．8

7. 创建图像边框时，可用（   ）设置切换图像位移。

A．border-image-source　　　　　　　　　　　　B．border-image-slice

C．border-image-outset　　　　　　　　　　　　D．border-image-repeat

8 要创建重复径向渐变背景颜色，可使用（   ）函数。

A．linear-gradient　　　　　　　　　　　　　　B．radial-gradient

C．repeating-linear-gradient　　　　　　　　　　D．repeating-radial-gradient

9. 使用 box-shadow 属性设置边框阴影时，最多可提供（   ）个参数。

A．3　　　　　　　　　　B．4　　　　　　　　　　C．5　　　　　　　　　　D．6

10. 在标准 CSS 盒模型中，关于元素的宽度和高度正确的说法是（   ）。

A．是指元素内容本身的宽度和高度　　　　　B．包括元素内容和内边距在内

C．包括元素内容、内边框和边框在内　　　　D．包括元素内容、内边距、边框和外边距在内

11. 若为复合属性 padding 提供了 3 个参数，则第三个参数用于（   ）。

A．上边　　　　　　　　B．上边和下边　　　　　C．左边和右边　　　　　D．下边

12. 若要将内边距计入元素的高度和宽度，可将 box-sizing 属性设置为（   ）。

A．content-box　　　　　B．padding-box　　　　　C．border-box　　　　　D．margin-box

13. 如果希望某元素按需出现滚动条，则应将其 overflow 属性设置为（   ）。

A．visible　　　　　　　B．hidden　　　　　　　C．scroll　　　　　　　D．auto

14. 如果希望某元素为行内块级元素，则应将其 display 属性设置为（   ）。

A．inline　　　　　　　　B．block　　　　　　　　C．flex　　　　　　　　D．inline-block

二、判断题

1. （   ）line-height 属性可用于设置元素中文本的行间距。

2. （   ）文本流方向默认为 rtl。

3. （   ）border-bottom 属性不是复合属性。

4. （   ）使用 background-color 属性可以为元素设置渐变色背景。

5. （   ）outline 属性的作用与 border 属性完全相同。

6. （   ）将复合属性 margin 设置为"0 auto"，可实现元素在水平方向居中。

7. （   ）通过设置 visibility 和 display 属性都可以使元素隐藏起来。

8. （   ）浮动元素的 float 属性值为 left 或 right。

三、简答题

1. 如何为元素设置渐变背景？

2. 盒模型的作用是什么？

3. 元素的盒类型有哪些？

4. 元素的定位类型有哪些？

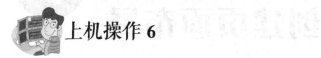

上机操作6

1. 编写一个网页，要求在页面中添加几个段落，分别设置不同的字体和字体大小。

2. 编写一个网页，要求用 span 元素标记出 5 个部分的文本内容，分别设置为粗体、斜体、带下画线、带横贯线或上画线。

3. 编写一个网页，要求在页面中添加 3 个段落，其中第一个段落为正常字符间距和行间距；第二个段落的字符间距为 6px，采用 1.5 倍的行间距；第三个段落的字符间距为 12px，采用 2 倍的行间距。

4. 编写一个网页，要求添加一行文字并设置阴影效果。

5. 编写一个网页，要求添加 3 个 div 元素并为它们添加不同样式的边框。

6. 编写一个网页，要求添加 3 个 div 元素并为它们添加半径各不相同的圆角边框。

7. 编写一个网页，要求添加一个段落并为它设置图像边框。

8. 编写一个网页，要求通过 article 元素来显示新闻内容并为它添加带阴影的边框。

9. 编写一个网页，要求创建一个登录表单并为获得焦点的 input 元素添加绿色轮廓。

10. 编写一个网页，要求添加 3 个 div 元素并为它们设置不同的溢出特性，其中一个将溢出内容隐藏起来，另一个按需显示滚动条，最后一个总是显示滚动条。

11. 编写一个网页，要求添加一个无序列表并使各个列表项向左浮动。

12. 编写一个网页，要求添加两张图片并使其部分重叠起来。

第7章

创建页面布局

页面布局是指在页面中如何对标题栏、导航栏、侧边栏、脚注栏等结构要素进行合理的编排。在 CSS3 之前，主要通过 float 和 position 属性进行页面布局，但这种方式也存在一些缺点。在 CSS3 中新增了一些布局样式，例如弹性盒布局和多列布局，为设计页面布局带来了很大方便。下面介绍如何使用 CSS 属性来设计页面布局，包括浮动盒布局、弹性盒布局以及多列布局等。

7.1 创建浮动盒布局

创建浮动盒布局主要是通过设置浮动、填充、边距以及其他 CSS 属性将结构元素（如 article、aside、nav、div 等）放置在页面上的不同位置，这也是常用的页面布局方法之一。

7.1.1 创建单列布局

单列布局由外层容器元素和位于其内部的一个或多个结构元素组成，其中外层容器元素的宽度设置为绝对长度或相对长度，内部结构元素不是浮动的。根据内部元素宽度的设置方式不同，单列布局可分为单列固定布局和单列液态布局。

1. 单列固定布局

单列固定布局由一个外层容器元素和位于其内部的一个或多个结构元素组成，其中外层容器元素的 width 属性值设置为绝对长度，内部结构元素不是浮动的。

例 7.1 本例演示如何创建一个三行单列固定居中布局。源代码如下：

```html
<!doctype html>
<html>
<head>
<meta charset="gb2312">
<title>三行单列固定居中布局</title>
<style type="text/css">
body {
    background-color: #42413c;
    margin: 0;
    padding: 0;
    color: #000000;
}
.container {                    /* 设置外层容器元素样式 */
    width: 450px;              /* 固定宽度，实际应用中可根据需要设置 */
    background-color: #ffffff;
    margin: 0 auto;           /* 居中对齐 */
}
```

```
header {                              /* 设置标题栏样式 */
  background: #adb96e;
  padding: 6px;
}
header h1 {
  font-size: 22px;
  text-align: center;
}
article {                             /* 设置文章部分样式 */
  padding: 10px;
}
article h2 {
  font-size: 18px;
}
article p {
  text-indent: 2em;
}
footer {                              /* 设置脚注样式 */
  padding: 6px;
  background-color: #ccc49f;
}
footer p {
  font-size: 12px; text-align: center;
}
</style>
</head>

<body>
<div class="container">
  <header>
    <h1>三行单列固定居中布局</h1>
  </header>
  <article>
    <h2>布局组成</h2>
    <p>由外层容器 div 元素和位于其内部的 3 个结构元素组成。</p>
    <h2>布局特点</h2>
    <p>外层 div 元素具有固定宽度且居中对齐，内部的 3 个结构元素 header、article 和 footer 分别用于
显示标题、文章和脚注。</p>
  </article>
  <footer>
    <p>ABC 公司    版权所有</p>
  </footer>
</div>
</body>
</html>
```

本例中创建了一个三行单列固定居中布局，这个布局由容器元素（<div class="container">）
和它所包含的内容元素（header、article 和 footer）组成，前者用于设置页面布局（固定宽度，
居中对齐），后者用于显示页面的具体内容，网页显示效果如图 7.1 所示。

2．单列液态布局

与单列固定布局一样，单列液态布局也是由一个外层容器元素和位于其内部的一个或多个
结构元素组成的。但是，对于单列液态布局而言，外层容器元素的宽度并不是以像素为单位的
固定值，而是以百分比为单位的相对值（参照物是 body 元素）。因此，当浏览器窗口大小发生
变化时，将自动调整外层容器元素的宽度。为了避免这种布局过宽或过窄，可以通过设置最大
宽度和最小宽度对外层容器元素指定一个变化范围。

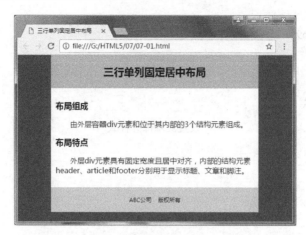

图 7.1　单行单列固定居中布局示例

例 7.2　本例演示如何创建三行单列液态居中布局。源代码如下：

```
<!doctype html>
<html>
<head>
<meta charset="gb2312">
<title>三行单列液态居中布局</title>
<style type="text/css">
body {
    background-color: #5e7b8d;
    color: #000000;
    margin: 0;
    padding: 0;
}
.container {                      /* 设置外层容器元素布局样式 */
    width: 80%;                  /* 设置宽度为相对长度，实际应用可根据需要设置 */
    max-width: 1260px;           /* 设置最大宽度 */
    min-width: 300px;            /* 设置最小宽度 */
    background-color: #ffffff;
    margin: 0 auto;              /* 设置居中对齐 */
}
header {                         /* 设置标题栏布局样式 */
    padding: 6px;
    background-color: #8db9d4;
}
header h1 {
    font-size: 22px;
    text-align: center;
}
article {                       /* 设置文章块布局样式 */
    padding: 10px;
}
article h2 {
    font-size: 18px;
}
article p {
    text-indent: 2em;
}
footer {                        /* 设置脚注栏布局样式 */
    padding: 6px;
    background-color: #8db9d4;
}
footer p {
    font-size: 12px;
```

```
      text-align: center;
    }
    h1, h2, h3, h4, h5, h6, p {
      margin-top: 6px;
    }
  </style>
</head>

<body>
<div class="container">
  <header>
    <h1>三行单列液态居中布局</h1>
  </header>
  <article>
    <h2>布局组成</h2>
    <p>由一个容器元素 div 和位于其内的 3 个结构元素组成。</p>
    <h2>布局特点</h2>
    <p>容器宽度以百分比为单位并设置了最大宽度和最小宽度，居中对齐。</p>
  </article>
  <footer>
    <p>ABC 公司    版权所有</p>
  </footer>
</div>
</body>
</html>
```

本例中创建了一个三行单列液态居中布局。该布局由外层容器元素 div 和位于其内部的 3 个结构元素（header、article 和 footer）组成，外层容器元素 div 的宽度以百分比为单位并设置了最大宽度和最小宽度，这个布局块采取居中对齐；内部的 3 个结构元素都是不浮动的，它们分别用于显示标题、内容和脚注。网页显示效果如图 7.2 和图 7.3 所示。

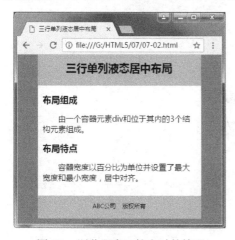

图 7.2　浏览器窗口较窄时的情形

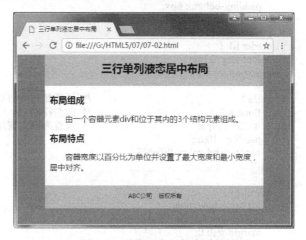

图 7.3　浏览器窗口较宽时的情形

7.1.2　创建两列布局

两列布局由外层容器与位于其内部的内容列和侧边列组成，侧边列和内容列都是浮动的。根据列宽是绝对长度还是相对长度，两列布局可分为两列固定布局和两列液态布局。

1．两列固定布局

在两列固定布局中，所有宽度均以绝对长度来表示。根据包含的行数，两列固定布局可分为单行两列固定布局和三行两列固定布局。

在单行形式的两列固定布局中，内部的两列都是浮动的，较窄的侧栏位于较宽的内容列的左侧或右侧，内容列和侧栏的宽度加起来等于外层容器的宽度。

在三行形式的两列固定布局中，第一行为单列的标题行，其宽度等于外层容器的宽度；第二行由浮动的侧边栏和内容列组成，两者宽度之和等于外层容器的宽度；第三行为脚注行，其宽度与外层容器的宽度相等。

例 7.3 本例演示如何创建三行两列固定布局。源代码如下：

```
<!doctype html>
<html>
<head>
<meta charset="gb2312">
<title>三行两列固定布局</title>
<style type="text/css">
body {
    color: #000000;
    margin: 0;
    padding: 0;
    background-color: #999999;
}
.container {                         /* 设置容器元素布局样式 */
    width: 532px;                    /* 设置容器宽度为固定长度，实际应用中按需要设置 */
    background: #ffffff;
    margin: 0 auto;
}
header {                             /* 设置标题栏布局样式 */
    width: 532px;                    /* 标题列宽度与容器宽度相等 */
    padding-top: 6px;
    padding-bottom: 6px;
    background-color: #87ceeb;
}
header h1 {
    font-size: 22px;
    text-align: center;
}
aside {                             /* 设置侧边列布局样式 */
    float: left;                    /* 向左浮动 */
    width: 170px;                   /* 设置为固定宽度 */
    padding: 10px;
    background-color: #ffed95;
}

nav ul {
    list-style-type: none;
    border-top: 1px dashed #666666;
    margin-left: 0;
    padding-left: 0;
    margin-bottom: 15px;
}
nav ul li {
    border-bottom: 1px dashed #666666;
    text-align: center;
    line-height: 2.5;
}
nav ul li:hover {
    background-color: #87ceeb;
}
article {                           /* 设置文章内容列布局样式 */
    float: left;                    /* 向左浮动 */
```

```
      background-color: #ffffff;
      padding: 10px;
      width: 322px;                          /* 设置为固定宽度 */
   }

   article h2 {
      font-size: 18px;
   }
   article p {
      text-indent: 2em;
   }
   footer {
      padding: 6px 0;
      position: relative;
      clear: both;
      background-color: #87ceeb;
   }
   footer p {
      font-size: 12px;
      text-align: center;
   }
   a:link, a:visited, a:hover, a:active, a:focus {
      color: #6e6c64;
      text-decoration: none;
   }
   </style>
   </head>

   <body>
   <div class="container">
      <header>
         <h1>三行两列固定侧栏布局</h1>
      </header>
      <aside>
         <nav>
            <ul>
               <li><a href="#">链接一</a></li>
               <li><a href="#">链接二</a></li>
               <li><a href="#">链接三</a></li>
               <li><a href="#">链接四</a></li>
               <li><a href="#">链接五</a></li>
            </ul>
         </nav>
         <p>使用无序列表创建了上述基本导航结构。</p>
      </aside>
      <article>
         <h2>布局组成</h2>
         <p>由 3 行组成，第一行为标题行，第二行由两个浮动列（侧栏和内容）组成，第三行为脚注行。
</p>
         <h2>布局特点</h2>
         <p>所有宽度均以像素为单位，容器 div 元素具有固定宽度且居中对齐；标题行扩展到布局的总宽
度；在第二行中较宽的列用于显示文章内容，侧边栏用于导航条；对脚注行设置了清除属性，其两侧不允许出
现浮动元素。</p>
      </article>
      <footer>
         <p>ABC 公司    版权所有</p>
      </footer>
   </div>
   </body>
   </html>
```

本例中创建了一个三行两列固定布局，其最外层是容器元素<div class="container">，它具

有固定宽度，并且居中对齐。这个容器内部由 3 行组成：第一行为标题行 header 元素，其宽度与容器宽度相等；第二行由较窄的侧边栏 aside 元素和较宽的文章内容元素 article 组成，两者均向左浮动，并且它们的宽度和所有内边距的总和等于容器的宽度；第三行为脚注栏 footer 元素，其宽度与容器宽度相等。网页显示效果如图 7.4 所示。

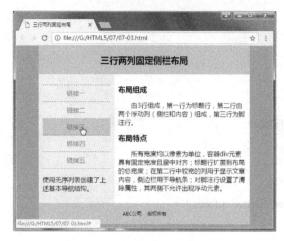

图 7.4　三行两列固定布局示例

2．两列液态布局

在两列液态布局中，所有宽度均以百分比为单位来表示，因此当浏览器窗口缩放时将自动调整列宽。在单行形式的两列液态布局中，容器内部包含两个浮动列，侧栏位于内容列的左侧或右侧，内容列和侧栏的宽度之和等于外层容器的宽度。在三行形式的两列液态布局中，第一行为单列的标题行，其宽度等于外层容器的宽度；第二行由浮动的侧栏和内容列组成，两者宽度之和等于 100%；第三行为脚注行，其宽度与外层容器的宽度相等。

例 7.4　本例演示如何创建三行两列液态布局。源代码如下：

```
<!doctype html>
<html>
<head>
<meta charset="gb2312">
<title>三行两列液态布局</title>
<style type="text/css">
body {
    background: #6f92a8;
    color: #000000;
    margin: 0; padding: 0;
}
.container {                    /* 设置外层容器布局样式 */
    width: 80%;                /* 设置宽度为百分比 */
    max-width: 1260px;         /* 设置最大宽度 */
    min-width: 180px;          /* 设置最小宽度 */
    background-color: #ffffff;  /* 设置背景颜色 */
    margin: 0 auto;            /* 设置水平居中对齐 */
}
header {                        /* 设置标题栏布局样式 */
    padding: 15px 0 1px 0;     /* 设置内边距 */
    background-color: #a7dcfd;  /* 设置背景颜色 */
}
header h1 {
    font-size: 22px;
```

```
    text-align: center;
}
aside {                            /* 设置侧边栏布局样式 */
    float: left;                   /* 设置向左浮动 */
    width: 30%;                    /* 设置宽度为百分比（以外层容器为参照物）*/
    background: #fde7c4;
    padding-bottom: 12px;
}
nav ul {
    list-style: none;
    border-top: 1px dashed #666666;
    margin-bottom: 15px;
}
nav ul li {
    border-bottom: 1px dashed #666666;
    text-align: center;
}
nav ul a, nav ul a:visited {
    padding: 5px 5px 5px 15px;
    display: block; text-decoration: none;
    background: #fde7c4; color: #000000;
}
nav ul a:hover, nav ul a:active, nav ul a:focus {
    background: #fef3e1;
}
article {                          /* 设置文章内容栏布局样式 */
    float: left;                   /* 设置向左浮动 */
    padding: 12px 0;               /* 设置内边距 */
    width: 70%;                    /* 设置宽度为百分比，加上侧边栏为100% */
}
article h2 {
    font-size: 18px;
}
article ul, article ol {
    padding: 0 15px 15px 40px;
}
article p {
    text-indent: 2em;
}
footer {                           /* 设置脚注栏布局样式 */
    background-color: #a7dcfd;
    position: relative;
    clear: both;                   /* 清除两边的浮动内容 */
}
footer p {
    font-size: 12px; text-align: center; padding: 10px 0;
}
ul, ol, dl {
    padding: 0; margin: 0;
}
h1, h2, h3, h4, h5, h6, p {
    margin-top: 0; padding-right: 15px; padding-left: 15px;
}
a:link {
    color: #414958;
    text-decoration: underline;
}
a:visited {
    color: #4e5869;
    text-decoration: underline;
}
a:hover, a:active, a:focus {
```

```
            text-decoration: none;
        }
    </style>
</head>

<body>
<div class="container">
    <header>
        <h1>三行两列液态侧栏布局</h1>
    </header>
    <aside>
        <nav>
            <ul>
                <li><a href="#">链接一</a></li>
                <li><a href="#">链接二</a></li>
                <li><a href="#">链接三</a></li>
                <li><a href="#">链接四</a></li>
                <li><a href="#">链接五</a></li>
            </ul>
        </nav>
        <p>使用无序列表创建上述基本导航结构。</p>
    </aside>
    <article>
        <h2>布局组成</h2>
        <p>由一个容器 div 元素和其内部包含的 4 个结构元素（标题栏、侧边栏、文章内容和脚注栏）组
成。</p>
        <h2>布局特点</h2>
        <ul>
            <li>所有宽度均以百分比为单位；</li>
            <li>内部两个浮动列的宽度相加等于 100%；</li>
            <li>脚注栏两侧不允许存在浮动元素。</li>
        </ul>
    </article>
    <footer>
        <p>ABC 公司    版权所有</p>
    </footer>
</div>
</body>
</html>
```

本例中创建了一个三行两列侧栏布局，该布局由一个外层容器和位于其内部的一些结构元素组成。外层容器的宽度设置为 80%。内部结构分为 3 行：第一行是标题栏，其宽度等于容器宽度；第二行由侧边栏和文章内容栏组成，它们均向左浮动且两者的宽度之和等于 100%；第三行是脚注栏，其宽度等于外层容器宽度。网页显示效果如图 7.5 所示。

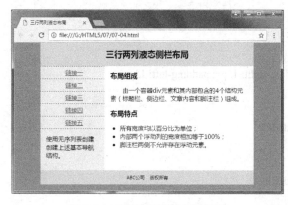

图 7.5 三行两列液态布局示例

7.1.3 创建三列布局

三列布局由一个外层容器元素和位于其内部的 3 个浮动结构元素组成。根据元素的宽度是使用绝对长度还是百分比，三列布局可分为三列固定布局和三列液态布局。

1. 三列固定布局

单行三列固定布局由一个外层容器元素和位于其中的 3 个浮动结构元素组成，所有这些元素的宽度均以像素为单位，内部的 3 个结构元素宽度之和等于外层容器元素的宽度。

例 7.5 本例演示如何创建三列固定布局。源代码如下：

```
<!doctype html>
<html>
<head>
<meta charset="gb2312">
<title>三行三列固定布局</title>
<style type="text/css">
body {
    background-color: #42413c;
    margin: 0;
    padding: 0;
    color: #000000;
}
.container {
    width: 560px;
    background: #ffffff;
    margin: 0 auto;
}
header {
    padding: 10px 0 5px 0;
    background-color: #adb96e;
}
header h1 {
    font-size: 22px;
    text-align: center;
    margin-bottom: 0;
}
aside.left {
    float: left;
    width: 130px;
    background-color: #eadcae;
    padding-bottom: 10px;
}
article {
    float: left;
    padding: 10px 0;
    width: 300px;
}
article h2 {
    font-size: 18px;
}
aside.right {
    float: left;
    width: 130px;
    background-color: #eadcae;
    padding: 10px 0 24px 0;
}
footer {
    padding: 12px 0 1px 0;
```

```
            background: #ccc49f;
            position: relative;
            clear: both;
        }
        footer p {
            font-size: 12px;
            text-align: center;
        }
        ul, ol, dl {
            padding: 0;
            margin: 0;
        }
        h1, h2, h3, h4, h5, h6, p {
            margin-top: 0;
            padding-right: 15px;
            padding-left: 15px;
        }
        a:link {
            color: #42413c;
        }
        a:visited {
            color: #6e6c64;
        }
        a:hover, a:active, a:focus {
            text-decoration: none;
        }
        article ul, article ol {
            padding: 0 15px 15px 40px;
        }
        article p {
            text-indent: 2em;
        }
        nav ul {
            list-style: none;
            border-top: 1px dashed #666666;
            margin-bottom: 15px;
        }
        nav ul li {
            border-bottom: 1px dashed #666666;
            text-align: center;
        }
        nav ul a, nav ul a:visited {
            padding: 5px 5px 5px 15px;
            display: block;
            width: 110px;
            text-decoration: none;
            background-color: #c6d580;
        }
        nav ul a:hover, nav ul a:active, nav ul a:focus {
            background: #adb96e;
            color: #ffffff;
        }
    </style>
    </head>

    <body>
    <div class="container">
        <header>
            <h1>三行三列固定布局</h1>
        </header>
        <aside class="left">
            <nav>
```

```
  <ul>
    <li><a href="#">链接一</a></li>
    <li><a href="#">链接二</a></li>
    <li><a href="#">链接三</a></li>
    <li><a href="#">链接四</a></li>
    <li><a href="#">链接五</a></li>
  </ul>
  <p>在左侧栏用无序列表创建导航结构。</p>
  </nav>
  </aside>
  <article>
    <h2>布局组成</h2>
    <p>由外层容器 div 和位于其内部的 4 个结构元素组成。</p>
    <h2>布局特点</h2>
    <p>在此布局中，所有宽度均以像素表示；第二行的左右侧栏和内容列均为浮动元素；第三行用于
显示脚注，此块两侧不允许存在浮动元素。</p>
  </article>
  <aside class="right">
    <p> </p>
    <p>这里是右侧栏</p>
    <p>所有 div 中的背景颜色将仅显示与内容一样的高度。</p>
    <p> <br>
      <br>
    </p>
  </aside>
  <footer>
    <p>ABC 公司    版权所有</p>
  </footer>
</div>
</body>
</html>
```

　　本例中创建了一个三行三列固定布局，该布局由外层容器元素 div 和位于其内的一些结构
元素组成。内部结构元素分为 3 行：第一行是标题栏 header，其宽度未指定，自动扩展到外层
容器宽度；第二行由两个侧边栏 aside 和一个文章内容栏 article 组成，它们均向左浮动，三者
宽度之和等于外层容器宽度；第三行是脚注栏 footer，其宽度也没有指定，自动扩展到外层容
器的宽度。网页显示效果如图 7.6 所示。

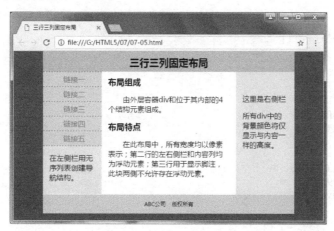

图 7.6　三行三列固定布局示例

2．三列液态布局

三列液态布局由一个外层容器元素和位于其内部的 3 个浮动结构元素组成，这些元素的宽

度均以百分比为单位。当浏览器窗口大小发生变化时，将自动调整各列的宽度。如果需要，还可以添加不指定宽度的标题行和脚注行，脚注行的两侧不允许有浮动元素存在。

例 7.6 本例演示如何创建一个三行三列液态布局。源代码如下：

```
<!doctype html>
<html>
<head>
<meta charset="gb2312">
<title>三行三列液态布局</title>
<style type="text/css">
body {
    background: #5e7b8d;
    color: #000000;
    margin: 0;
    padding: 0;
}
.container {
    width: 80%;
    max-width: 1260px;
    min-width: 180px;
    background: #ffffff;
    margin: 0 auto;
    overflow: hidden;
}
header {
    background: #b3d0e2;
    padding: 10px 0 2px 0;
}
header h1 {
    font-size: 22px;
    text-align: center;
}
aside.left {
    float: left;
    width: 20%;
    background: #e2d0b3;
    padding-bottom: 10px;
}
article {
    float: left;
    padding: 10px 0;
    width: 60%;
}
aside.right {
    float: left;
    width: 20%;
    background: #f0e7d9;
    padding: 10px 0;
}
footer {
    padding: 12px 0 1px 0;
    background: #93a7b3;
    position: relative;
    clear: both;
}
ul, ol, dl {
    padding: 0;
    margin: 0;
}
h1, h2, h3, h4, h5, h6, p {
    margin-top: 0;
```

```
      padding-right: 15px;
      padding-left: 15px;
    }
    a:link {
      color: #414958;
    }
    a:visited {
      color: #4e5869;
    }
    a:hover, a:active, a:focus {
      text-decoration: none;
    }
    article h2 {
      font-size: 18px;
    }
    article ul, article ol {
      padding: 0 15px 15px 40px;
    }
    article p {
      text-indent: 2em;
    }
    footer p {
      text-align: center;
    }
    nav ul {
      list-style: none;
      border-top: 1px dashed #666666;
      margin-bottom: 15px;
    }
    nav ul li {
      border-bottom: 1px dashed #666666;
      text-align: center;
    }
    nav ul a, nav ul a:visited {
      padding: 5px 5px 5px 15px;
      display: block;
      text-decoration: none;
      color: #000000;
    }
    nav ul a:hover, nav ul a:active, nav ul a:focus {
      background: #d4b98d;
      color: #ffffff;
    }
    </style>
    </head>

    <body>
    <div class="container">
      <header>
          <h1>三行三列液态布局</h1>
      </header>
      <aside class="left">
        <nav>
          <ul>
            <li><a href="#">链接一</a></li>
            <li><a href="#">链接二</a></li>
            <li><a href="#">链接三</a></li>
            <li><a href="#">链接四</a></li>
            <li><a href="#">链接五</a></li>
          </ul>
          <p>这是一个基本导航结构。</p>
        </nav>
```

```
        </aside>
    <article>
        <h2>布局组成</h2>
        <p>由外层容器元素和位于其内部的一些结构元素组成。</p>
        <h2>布局特点</h2>
        <p>所有宽度均以百分比表示；标题和脚注元素未指定宽度；第二行的 3 个结构元素均向左侧浮动。</p>
</p>
    </article>
    <aside class="right"> <br>
        <p>这里是右侧栏。</p>
        <p> </p>
        <p>当改变浏览器窗口大小时，将自动调整布局列的宽度。<br></p>
    </aside>
    <footer>
        <p>ABC 公司    版权所有</p>
    </footer>
</div>
</body>
</html>
```

本例中创建了一个三行三列液态布局，该布局由外层容器和位于其内部的一些结构元素组成。外层容器的宽度被设置为 80%（以 body 元素作为参照物），内部结构元素分为 3 行：第一行为标题栏 header，未指定宽度，它自动扩展到外层容器的宽度；第二行由两个侧边栏 aside 和一个文章内容栏 article 组成，它们均向左浮动，三者之和等于 100%；第三行为脚注栏 footer，未设置其宽度，它自动扩展到外层容器的宽度。网页显示效果如图 7.7 所示。

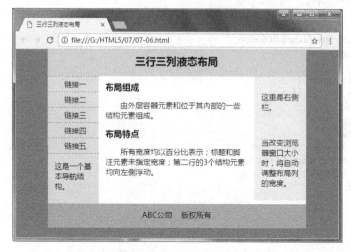

图 7.7　三行三列液态布局示例

从图 7.7 可以看到，使用浮动盒创建页面布局时，左右两栏或多列中的结构元素底部并没有对齐，经常会出现一些间隙，看起来很不美观。

那么，如何才能解决这个问题呢？

这个问题使用 CSS3 中的弹性盒模型很容易得到解决。

7.2　创建弹性盒布局

弹性盒布局模型是 CSS3 规范中提出的一种新的布局方式，该布局模型的目的在于提供一种更加高效的方式来对容器中的项目进行布局、对齐和分配空间。这种布局方式在项目尺寸未知或动态时也能够正常工作。弹性盒布局方式目前已经获得主流浏览器的支持，可以在网页设计中使用。

7.2.1　理解弹性盒布局模型

引入弹性盒布局模型旨在提供一种更加有效的方式来对一个容器中的项目进行排列、对齐和分配空白空间。即使容器中项目的尺寸未知或是动态变化的，该布局模型也能正常工作。在该布局模型中，容器会根据布局的需要调整其中所包含项目的尺寸和顺序，以最好地填充所有可用空间。当容器尺寸由于屏幕大小或窗口尺寸发生变化时，其中包含的项目也会被动态地调整。例如，当容器尺寸变大时，其中所包含的项目会被拉伸以占满多余的空白空间；当容器尺寸变小时，项目则会被缩小以防止超出容器的范围。弹性盒布局是与方向无关的。在传统的布局方式中，block 布局是把块在垂直方向从上到下依次排列的；而 inline 布局则是在水平方向排列。弹性盒布局并没有这样的方向限制，它可以由开发人员自由操作。

由于弹性盒模型规范本身曾经出现过多个不同的版本，因此浏览器对于该规范的支持也有所不同。弹性盒模型规范的核心在于通过设置元素的 display 属性来创建弹性盒布局容器，在不同的版本中需要将 display 属性设置为不同的值。浏览器支持以下 3 个不同版本的规范。

老规范：2009 年的规范的语法，将容器元素的 display 属性设置为 box。

中间版本：2011 年的非官方规范的语法，将容器元素的 display 属性设置为 flexbox。

新规范：最新版本规范的语法，将容器元素的 display 属性设置为 flex。

新规范的弹性盒布局模型已经被主流的浏览器所支持。不过为了支持不同版本的浏览器，使用时除了规范中定义的属性之外，还需要添加相应的浏览器前缀形式（Firefox: -moz-；Safari: -webkit-；Opera: -o-；IE: -ms-）。本书中仅对弹性盒模型的新规范进行讨论，未加这些前缀。

在创建弹性盒布局之前，首先需要了解几个相关的重要概念（如图 7.8 所示）。

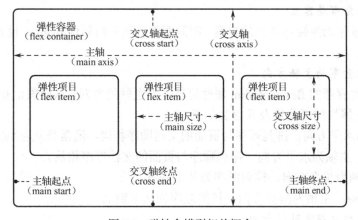

图 7.8　弹性盒模型相关概念

容器与项目。弹性盒布局的容器（flex container）指的是采用弹性盒布局的 HTML 元素，而弹性盒布局的项目（flex item）指的是容器中包含的子元素。图 7.8 中最外围的边框表示容器，而其中包含的方框表示容器中的项目。项目有时也称为条目。例如，如果将无序列表元素 ul 作为弹性盒布局的容器使用，则该列表中包含的每个 li 元素就是弹性盒布局中的项目。弹性盒布局模型中的 CSS 样式声明分别适用于容器或项目。

主轴与交叉轴。从图 7.8 中可以看到，弹性盒布局中有两个互相垂直的坐标轴，即主轴（main

axis）和交叉轴（cross axis）。主轴并不固定为水平方向的 X 轴，交叉轴也不固定为垂直方向的 Y 轴。通过 CSS 属性声明首先定义主轴的方向（水平或垂直），则交叉轴的方向也相应确定下来。容器中的项目可以排列成单行或多行。主轴确定了容器中每一行上项目的排列方向，而交叉轴则确定行本身的排列方向。实际应用中，可以根据不同的页面设计要求来确定合适的主轴方向。有些容器中的项目要求从左到右水平排列，则主轴应该是水平方向的；而另外一些容器中的项目要求从上到下垂直排列，则主轴应该是垂直方向的。

起点和终点。确定主轴和交叉轴的方向之后，还需要确定它们各自的排列方向。对于水平方向上的轴，可以从左到右或从右到左来排列；对于垂直方向上的轴，则可以从上到下或从下到上来排列。对于主轴来说，排列项目的起点和终点位置分别称为主轴起点（main start）和主轴终点（main end）；对于交叉轴来说，排列行的起点和终点位置分别称为交叉轴起点（cross start）和交叉轴终点（cross end）。在容器中进行布局时，在每一行中会把其中的项目从主轴起点位置开始，依次排列到主轴终点位置；而当容器中存在多行时，会把每一行从交叉轴起点位置开始，依次排列到交叉轴终点位置。

主轴尺寸和交叉轴尺寸。弹性盒布局中的项目有两个尺寸：主轴尺寸和交叉轴尺寸，它们分别对应元素在主轴和交叉轴上的大小。如果主轴是水平方向，则主轴尺寸和交叉轴尺寸分别对应于元素的宽度和高度；如果主轴是垂直方向，则两个尺寸要反过来。与主轴和交叉轴尺寸对应的是主轴尺寸属性和交叉轴尺寸属性，指的是 CSS 中的属性 width 或 height。例如，当主轴是水平方向时，主轴尺寸属性是 width，而 width 的值是主轴尺寸的大小。

7.2.2 创建基本弹性盒布局

创建一个基本弹性盒布局，首先要创建一个弹性盒布局容器，然后要确定主轴方向，接下来还要设置项目尺寸超过容器尺寸时的行为。

1．创建弹性盒布局容器

要使一个元素作为弹性盒布局的容器，则需要将该元素的属性 display 设置为 flex，以声明使用弹性盒布局。

2．确定弹性盒布局主轴方向

通过设置弹性容器的 flex-direction 属性可以确定主轴的方向，从而确定基本的项目排列方式。flex-direction 属性的可选值及其含义如下。

row：主轴为水平方向。排列顺序与页面的文档顺序相同，通常是从左到右。这是默认值。

row-reverse：主轴为水平方向。排列顺序与页面的文档顺序相反。

column：主轴为垂直方向。排列顺序为从上到下。

column-reverse：主轴为垂直方向。排列顺序为从下到上。

3．设置弹性项目超限时的行为

默认情况下，弹性盒容器中的项目会尽量占满容器在主轴方向上的一行。当容器的主轴尺寸小于其所有项目总的主轴尺寸时，会出现项目之间互相重叠或超出容器范围的现象。

使用属性 flex-wrap 可以设置当弹性容器中项目的尺寸超过主轴尺寸时应采取的行为，该属性的可选值及其含义如下。

nowrap：弹性容器中的项目只占满容器在主轴方向上的一行，此时有可能出现项目互相重叠或超出容器范围的现象。这是默认值。

wrap：当弹性容器中的项目超出容器在主轴方向上的一行时将项目排列到下一行。下一行的位置与交叉轴的方向一致。

wrap-reverse：与 wrap 的含义类似，不同的是下一行的位置与交叉轴的方向相反。

也可以使用复合属性 flex-flow 将 flex-direction 和 flex-wrap 两个属性结合起来，例如：

```
flex-flow: row wrap;
```

例 7.7 本例演示如何创建一个基本弹性盒布局。源代码如下：

```
<!doctype html>
<html>
<head>
<meta charset="gb2312">
<title>创建基本的弹性盒布局</title>
<style type="text/css">
body {
    margin: 0;
    padding: 0;
    background-color: gray;
}
.flex-container {
    width: 506px;
    margin: 0 auto;
    padding: 0px;
    list-style: none;
    display: flex;
    flex-direction: row;
    flex-wrap: wrap;
}
.flex-item {
    border: 1px solid brown;
    font-size: large;
    font-weight: bold;
    text-align: center;
}
.flex-item:first-child {
    width: 506px;
    height: 50px;
    background-color: antiquewhite;
    line-height: 50px;
}
.flex-item:nth-child(2) {
    width: 151px;
    height: 200px;
    background-color: blueviolet;
    line-height: 200px;
}
.flex-item:nth-child(3) {
    width: 351px;
    height: 200px;
    background-color: beige;
    line-height: 200px;
}
.flex-item:last-child {
    width: 506px;
    height: 30px;
    background-color: cadetblue;
    line-height: 30px;
}
</style>
</head>
```

```
<body>
<ul class="flex-container">
    <li class="flex-item">标题栏</li>
    <li class="flex-item">侧边栏</li>
    <li class="flex-item">文章内容</li>
    <li class="flex-item">脚注栏</li>
</ul>
</body>
</html>
```

本例创建了一个基本的弹性盒布局，用于模拟两列三行固定布局。例中通过将 ul 元素的 display 属性设置为 flex，使无序列表成为弹性盒布局的容器；将其 flex-direction 属性设置为 row，以指定按水平方向从左到右排列各个项目；将 flex-wrap 设置为 wrap，以指定项目尺寸超过容器尺寸时排列到下一行。容器包含 4 个项目（li 元素），对它们分别设置为不同的宽度和背景颜色，其中第一个和最后一个项目的宽度与容器的宽度相等，分别作为标题栏和脚注栏；第二个和第三个项目的宽度之和等于容器的宽度，它们分别作为侧边栏和文章内容栏。网页显示效果如图 7.9 所示。

图 7.9　基本弹性盒布局示例

7.2.3　设置项目的出现顺序

默认情况下，容器中项目的顺序取决于它们在 HTML 标记代码中的出现顺序。不过，也可以通过设置 order 属性来改变项目在容器中的出现顺序。

order 属性适用于容器中的项目和绝对定位的子元素，该属性的取值是一个整数值，用来设置弹性盒模型容器中子元素出现的顺序，数值小的排在前面，可以为负值，默认值为 0。

order 属性的主要作用是兼顾页面的样式和可访问性。支持可访问性的设备（如屏幕阅读器）都是按照 HTML 代码中的顺序来读取元素的。这就要求将一些相对重要的文本放置在 HTML 标记中靠前的位置。而对于使用浏览器的一般用户来说，在某些情况下把一些相对不重要的图片显示在前面是更好的选择。例如，在一个展示商品的页面中，在源代码中将可以描述商品的文本放在商品图片之前，以方便屏幕阅读器的读取；而在 CSS 中通过设置 order 属性将图片放在文本之前，这样可以让用户首先看到图片。

注意： order 属性将会影响那些 position 属性值为 static 的元素的层叠级别，数值小的会被数值大的盖住。

例 7.8 本例说明如何通过 order 属性来设置容器中项目出现的顺序。源代码如下：

```
<!doctype html>
<html>
<head>
<meta charset="gb2312">
<title>调整项目的出现顺序</title>
<style type="text/css">
h1 {
    font-size: 20px;
    text-align: center;
}
.flex-container {
    width: 410px;
    border: thin dashed gray;
    margin: 0 auto;
    padding: 10px;
    list-style: none;
    display: flex;
    flex-direction: row;
    flex-wrap: wrap;
}
.flex-item {
    width: 100px;
    height: 100px;
    line-height: 100px;
    border: 1px solid brown;
    font-size: 64px;
    font-weight: bold;
    text-transform: uppercase;
    font-family: "Arial Black";
    color: gray;
    text-align: center;
}
.flex-item:last-child {
    order: -1;
}
</style>
</head>

<body>
<h1>调整项目出现的顺序</h1>
<ul class="flex-container">
    <li class="flex-item">a</li>
    <li class="flex-item">b</li>
    <li class="flex-item">c</li>
    <li class="flex-item">d</li>
</ul>
</body>
</html>
```

本例中设置 ul 元素作为弹性盒模型容器，并将最后一个 li 元素的 order 属性值设置为-1，结果最后一个 li 元素出现在了其他 li 元素的最前面，如图 7.10 所示。

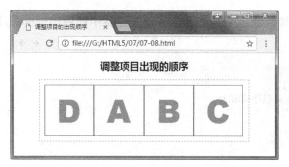

图 7.10　调整项目出现顺序的示例

7.2.4 设置项目尺寸的弹性

弹性盒布局模型的核心在于容器中项目的尺寸是具有弹性的。容器可以根据本身尺寸的大小来动态地调整项目的尺寸。当容器中有空白空间时，项目可以扩展尺寸以占据额外的空白空间；当容器中空间不足时，项目可以缩小尺寸以防止超出容器范围。项目尺寸的弹性由 3 个 CSS 属性来确定，分别是 flex-basis、flex-grow 和 flex-shrink。

1．设置弹性项目的初始主轴尺寸

对于弹性项目，可以使用 flex-basis 属性来设置其初始主轴尺寸，该属性的取值可以是长度值或百分比，但不允许为负值；默认值为 auto，表示弹性项目没有特定的宽度值，取决于其他属性值。

对 flex-basis 属性设置的值与 width 属性是一样的，可用来确定弹性盒项目的初始主轴尺寸。这是项目的尺寸被容器调整之前的初始值。如果 flex-basis 属性值为 auto，则实际使用的值是主轴尺寸属性的值，即 width 或 height 属性的值。如果主轴尺寸属性的值也是 auto，则使用的值由项目内容的尺寸来确定。若同时存在 width 属性，则会覆盖 flex-basis 属性值。

flex-basis 属性对应的脚本特性为 flexBasis。

2．设置弹性项目的扩展比例

flex-grow 属性适用于弹性项目，可用来设置弹性项目的扩展比例，其取值是一个没有单位的非负数，默认值是 0。该属性值表示当弹性盒容器有多余空间时，这些空间在不同项目之间的分配比例。

flex-grow 属性对应的脚本特性为 flexFlow。

例如，一个弹性容器中包含 3 个项目，其 flex-grow 属性的值分别为 1、2 和 3，那么当容器中有空白空间时，这些弹性项目所获得的额外空白空间分别占全部空间的 1/6、1/3 和 1/2。

3．设置弹性项目的收缩比例

flex-shrink 属性用于设置当容器空间不足时弹性项目的缩小比例，其取值也是一个没有单位的非负数，默认值为 1。在进行尺寸缩小时，项目缩小比例与 flex-basis 属性的乘积就是应该缩小的尺寸的实际值。

例如，在容器中有 3 个项目，其 flex-shrink 属性的值分别为 1、2 和 3。每个项目的主轴尺寸均为 200px。当容器的主轴尺寸变成了 540px 之后，由于不足 600px，需要缩小的尺寸是 60px，由 3 个项目按照比例来分配。3 个项目分别要缩小 10px、20px 和 30px，主轴尺寸分别变为 190px、180px 和 170px。

flex-shrink 属性对应的脚本特性为 flexShrink。

4．使用复合属性 flex

使用复合属性 flex 可以同时设置初始主轴尺寸、扩展比例和收缩比例的值，语法如下：

```
flex: <'flex-grow'> <'flex-shrink'> <'flex-basis'>
```

该属性值的 3 个组成部分的初始值分别是"0 1 auto"。当 flex 属性的值为 none 时，相当于"0 0 auto"。若省略组成部分 flex-basis，则其值为 0%。

注意：在弹性容器分配额外空间时是以行为单位的。容器首先根据 flex-wrap 属性值来确定是单行布局或多行布局，然后将各个项目分配到对应的行中，最后在每一行内进行空白空间的分配。

例 7.9 本例演示如何通过弹性盒布局模型创建一个三行三列液态布局。源代码如下：

```html
<!doctype html>
<html>
<head>
<meta charset="gb2312">
<title>通过弹性盒实现三行三列液态布局</title>
<style type="text/css">
body {
    background: #5e7b8d;
    color: #000000; margin: 0; padding: 0;
}
.flex-container {
    width: 85%;
    max-width: 1260px;
    min-width: 180px;
    margin: 0 auto;
    display: flex;
    flex-direction: row;
    flex-wrap: wrap;
    background-color: #ffffff;
    overflow: hidden;
}
header.flex-item {
    flex-basis: 100%;
    background: #b3d0e2;
    padding: 10px 0 2px 0;
}
header.flex-item h1 {
    font-size: 22px; text-align: center;
}
aside.flex-item {
    flex-basis: 20%;
    flex-grow: 1;
    flex-shrink: 1;
    background-color: #e2d0b3;
}
article.flex-item {
    flex-basis: 60%;
    flex-grow: 3;
    flex-shrink: 3;
    padding: 10px 0;
}
article.flex-item h2 {
    font-size: 18px;
}
article.flex-item p {
```

```css
      text-indent: 2em;
    }
    footer.flex-item {
      flex-basis: 100%;
      padding: 12px 0 1px 0;
      background-color: #93a7b3;
    }
    footer.flex-item p {
      font-size: 12px; text-align: center;
    }
    h1, h2, h3, h4, h5, h6, p {
      margin-top: 0;
      padding-right: 15px;
      padding-left: 15px;
    }
    ul, ol, dl {
      padding: 0; margin: 0;
    }
    a:link {
      color: #414958;
    }
    a:visited {
      color: #4e5869;
    }
    a:hover, a:active, a:focus {
      text-decoration: none;
    }
    nav ul {
      list-style: none;
      border-top: 1px dashed #666666;
      margin-bottom: 15px;
    }
    nav ul li {
      border-bottom: 1px dashed #666666;
      text-align: center;
    }
    nav ul a, nav ul a:visited {
      padding: 5px 5px 5px 15px;
      display: block; text-decoration: none;
      color: #000000;
    }
    nav ul a:hover, nav ul a:active, nav ul a:focus {
      background: #d4b98d; color: #ffffff;
    }
</style>
</head>

<body>
<div class="flex-container">
  <header class="flex-item">
      <h1>通过弹性盒实现三行三列液态布局</h1>
  </header>
  <aside class="flex-item">
    <nav>
      <ul>
        <li><a href="#">链接一</a></li>
        <li><a href="#">链接二</a></li>
        <li><a href="#">链接三</a></li>
        <li><a href="#">链接四</a></li>
        <li><a href="#">链接五</a></li>
      </ul>
      <p>在左侧栏有一个基本导航结构。</p>
```

```
        </nav>
    </aside>
    <article class="flex-item">
        <h2>布局组成</h2>
        <p>由弹性盒布局容器和位于其内部的一些弹性项目组成。</p>
        <h2>布局特点</h2>
        <p>所有宽度均以百分比表示；标题栏和脚注栏元素的初始主轴尺寸均为 100%；由于标题栏占据
100%，所以左侧边栏、文章内容栏和右侧边栏自动换行。</p>
    </article>
    <aside class="flex-item"> <br>
        <p>这里是右侧栏。</p>
        <p>当改变浏览器窗口大小时，将自动调整弹性盒容器的宽度，容器中的所有项目随之调整。<br>
        </p>
    </aside>
    <footer class="flex-item">
        <p>ABC 公司    版权所有</p>
    </footer>
</div>
</body>
</html>
```

本例通过弹性盒模型创建一个三行三列液态布局，该布局由弹性容器和位于其内部的一些项目组成，这些项目包括 header、aside、article 和 footer 元素，所有宽度均以百分比表示。由于容器的 flex-wrap 属性被设置为 wrap，而 header 元素的 flex-basis 属性被设置为 100%，因此位于其后的两个 aside 和 article 元素自动进入第二行并在垂直方向对齐；而这 3 个项目的宽度之和又等于 100%，从而使 footer 元素自动换到第三行。网页显示效果如图 7.11 所示。

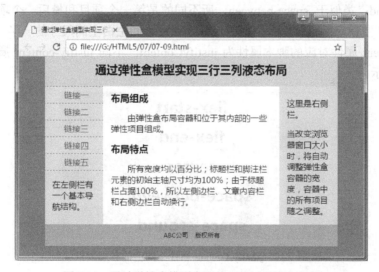

图 7.11　通过弹性盒模型实现的三行三列液态布局

7.2.5　设置项目的对齐方式

当容器中的项目的尺寸确定之后，可以设置这些项目在容器中的对齐方式。要设置弹性项目的对齐方式则可以通过以下 3 种方式来实现。

1. 使用自动空白边

在使用自动空白边时，由于容器中额外的空白空间会被声明为 auto 的空白边占据，因此通过设置项目的外边距属性即可实现该项目在容器中沿水平或垂直方向的对齐方式。

在水平方向上，若要使项目在容器中左对齐，可将项目的 margin-right 属性设置为 auto；若要使项目在容器中右对齐，可将项目的 margin-left 属性设置为 auto；若要使项目在容器中居中对齐，可将项目的 margin-left 和 margin-right 属性同时设置为 auto。

在垂直方向上，若要使项目在容器中顶对齐，可将项目的 margin-bottom 属性设置为 auto；若要使项目在容器中底对齐，可将项目的 margin-top 属性设置为 auto；若要使项目在容器中垂直居中对齐，可将项目的 margin-top 和 margin-bottom 属性同时设置为 auto。

2．在主轴方向上的对齐

通过设置弹性容器的 justify-content 属性可以调整项目在主轴方向上的对齐方式，该属性的可选值和含义如下。

flex-start：项目集中于该行的起始位置。第一个项目与其所在行在主轴起始方向上的边界保持对齐，其余的项目按照顺序依次排列。

flex-end：项目集中于该行的结束方向。最后一个项目与其所在行在主轴结束方向上的边界保持对齐，其余的项目按照顺序依次排列。

center：项目集中于该行的中央。项目都往该行的中央排列，在主轴起始方向和结束方向上留有同样大小的空白空间。如果空白空间不足，则项目会在两个方向上超出同样的空间。

space-between：第一个项目与其所在行在主轴起始方向上的边界保持对齐，最后一个项目与其所在行在主轴结束方向上的边界保持对齐。空白空间在项目之间平均分配，使得相邻项目之间的空白尺寸相同。

space-around：类似于 space-between，所不同的是第一个项目和最后一个项目与该行的边界之间同样存在空白空间，该空白空间的尺寸是项目之间空白空间尺寸的一半。

justify-content 属性对应的脚本属性为 justifyContent。不同 justify-content 属性值的布局效果如图 7.12 所示。

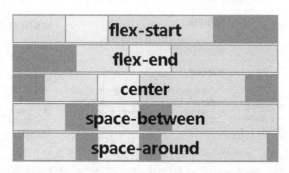

图 7.12　justify-content 属性不同值的布局效果

这种项目对齐方式的调整发生在修改项目的弹性尺寸和处理自动空白边之后。当容器内一行中的项目没有弹性尺寸，或是已经达到了它们的最大尺寸时，在这一行上可能还有额外的空白空间。使用 justify-content 属性可以分配这些空间。该属性还可以控制当项目超出行的范围时的对齐方式。

例 7.10　本例演示如何设置弹性项目在主轴方向上的对齐方式。源代码如下：

```
<!doctype html>
<html>
<head>
<meta charset="gb2312">
<title>调整项目在主轴上的对齐方式</title>
```

```
<style type="text/css">
h1 {
    font-size: 20px;
    text-align: center;
}
.flex-container {
    width: 460px;
    background-color: #cccccc;
    border-radius: 6px;
    margin: 0 auto;
    padding: 10px;
    list-style: none;
    display: flex;
    flex-direction: row;
    flex-wrap: wrap;
}
.flex-item {
    border-radius: 6px;
    margin: 6px;
    height: 100px;
    line-height: 100px;
    font-size: 32px;
    font-weight: bold;
    text-transform: uppercase;
    font-family: "Arial Black";
    color: white;
    text-align: center;
}
.flex-item:first-child {
    flex-basis: 80px;
    background-color: red;
}
.flex-item:nth-child(2) {
    flex-basis: 60px;
    background-color: green;
}
.flex-item:last-child {
    flex-basis: 120px;
    background-color: blue;
}
p {
    text-align: center;
}
button {
    font-size: 16px;
}
button:focus {
    outline: medium dotted #1BEF0A;
}
</style>
<script type="text/javascript">
function jc(obj){
    document.getElementById("container").style.justifyContent=obj.innerHTML;
}
</script>
</head>

<body>
<h1>调整项目在主轴上的对齐方式</h1>
<ul id="container" class="flex-container">
    <li class="flex-item">a</li>
    <li class="flex-item">b</li>
```

```
        <li class="flex-item">c</li>
    </ul>
    <p>
        <button onclick="jc(this)">flex-start</button>
        <button onclick="jc(this)">flex-end</button>
        <button onclick="jc(this)">center</button>
        <button onclick="jc(this)">space-between</button>
        <button onclick="jc(this)">space-around</button>
    </p>
    </body>
    </html>
```

本例中以 ul 元素作为弹性盒，其中包含 3 个项目。在页面上放置了 5 个按钮，通过单击不同的按钮可以调用 JavaScript 自定义函数 jc，以调整项目在主轴的对齐方式。网页运行结果如图 7.13 和图 7.14 所示。

图 7.13　单击 flex-start 按钮时的情形　　　　　图 7.14　单击 pace-around 按钮时的情形

3．交叉轴方向上的对齐

除了在主轴方向上对齐之外，项目也可以在交叉轴方向上对齐。弹性容器的 align-items 属性可用来设置容器中所有项目在交叉轴上的默认对齐方向，而弹性项目的 align-self 属性则用来覆盖容器指定的对齐方式。

align-items 属性的可选值及其含义如下。

flex-start：项目与其所在行在交叉轴起始方向上的边界保持对齐。

flex-end：项目与其所在行在交叉轴结束方向上的边界保持对齐。

center：项目的空白边盒子（margin box）在交叉轴上居中。如果交叉轴尺寸小于项目的尺寸，则项目会在两个方向上超出相同大小的空间。

baseline：项目在基准线上保持对齐。在所有项目中，基准线与交叉轴起始方向上的边界距离最大的项目，它与所在行在交叉轴方向上的边界保持对齐。

stretch：如果项目的交叉轴尺寸的计算值是 auto，则其实际使用的值会使得项目在交叉轴方向上尽可能地占满。这是默认值。

align-items 属性对应的脚本属性为 alignItems。

不同 align-items 属性值的布局效果如图 7.15 所示。

align-items 属性对应的脚本特性为 alignItems。align-self 属性对应的脚本特性为 alignSelf。

align-self 属性适用于单个弹性项目，其可选值除了上面列出的之外，还可以设置为 auto，这也是默认值。如果将 align-self 属性值设置为 auto，则其计算值是父节点的 align-items 属性值。

如果该节点没有父节点，则计算值为 stretch。

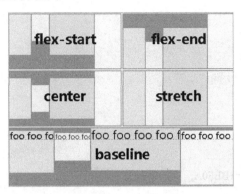

图 7.15　不同 align-items 属性值的布局效果

例 7.11　本例演示如何设置容器中所有项目在交叉轴上的对齐方式。源代码如下：

```
<!doctype html>
<html>
<head>
<meta charset="gb2312">
<title>调整项目在交叉轴上的对齐方式</title>
<style type="text/css">
h1 {
    font-size: 20px;
    text-align: center;
}
.flex-container {
    width: 400px;
    height: 200px;
    background-color: #cccccc;
    border-radius: 6px;
    margin: 0 auto;
    padding: 10px;
    list-style: none;
    display: flex;
    flex-direction: row;
    flex-wrap: wrap;
}
.flex-item {
    border-radius: 6px;
    font-size: 32px;
    font-weight: bold;
    text-transform: uppercase;
    font-family: "Arial Black";
    color: white;
    text-align: center;
}
.flex-item:first-child {
    flex-basis: 30%;
    height: auto;
    line-height: 120px;
    background-color: red;
}
.flex-item:nth-child(2) {
    flex-basis: 40%;
    height: auto;
    line-height: 100px;
    background-color: green;
```

```
  }
  .flex-item:last-child {
      flex-basis: 30%;
      height: auto;
      line-height: 132px;
      background-color: blue;
  }
  p {
      text-align: center;
  }
  button {
      font-size: 16px;
  }
  button:focus {
      outline: medium dotted #1BEF0A;
  }
</style>
<script type="text/javascript">
function ai(obj){
    document.getElementById("container").style.alignItems=obj.innerHTML;
}
</script>
</head>

<body>
<h1>调整项目在交叉轴上的对齐方式</h1>
<ul id="container" class="flex-container">
    <li class="flex-item">a</li>
    <li class="flex-item">b</li>
    <li class="flex-item">c</li>
</ul>
<p>
    <button onclick="ai(this)">flex-start</button>
    <button onclick="ai(this)">flex-end</button>
    <button onclick="ai(this)">center</button>
    <button onclick="ai(this)">baseline</button>
    <button onclick="ai(this)">stretch</button>
</p>
</body>
</html>
```

　　本例中以 ul 元素作为弹性盒，其中包含 3 个项目，其高度均被设置为 auto。在页面上放置了 5 个按钮，通过单击不同的按钮可以调用 JavaScript 自定义函数 ai，以调整所有项目在交叉轴的对齐方式。

　　flex-start 和 stretch 两种对齐效果如图 7.16 和图 7.17 所示。

图 7.16　单击 flex-start 按钮时的情形

图 7.17　单击 stretch 按钮时的情形

在上述例子中，若要查看其他对齐效果，单击相应的按钮即可。例如，单击 center 按钮时，各个项目在交叉轴上居中对齐；单击 flex-end 按钮时，各个项目与其所在行在交叉轴结束方向上的边界保持对齐。

7.2.6 处理交叉轴空白

当弹性容器在交叉轴方向上有空白空间时，可以使用 align-content 属性来对齐容器中的各个行。该属性的作用类似于前面讲过的 justify-content 属性，只不过 justify-content 属性是在主轴方向上对齐行中的项目。

align-content 属性的可选值及其含义如下。

flex-start：行集中于容器的交叉轴起始位置。第一行与容器在交叉轴起始方向上的边界保持对齐，其余行按照顺序依次排列。

flex-end：行集中于容器的交叉轴结束位置。第一行与容器在交叉轴结束方向上的边界保持对齐，其余行按照顺序依次排列。

center：行集中于容器的中央。行都往容器的中央排列，在交叉轴起始方向和结束方向上留有同样大小的空白空间。如果空白空间不足，则行会在两个方向上超出同样的空间。

space-between：行在容器中均匀分布。第一行与容器在交叉轴起始方向上的边界保持对齐，最后一行与容器在交叉轴结束方向上的边界保持对齐。空白空间在行之间平均分配，使得相邻行之间的空白尺寸相同。

space-around：类似于 space-between，所不同的是第一行和最后一项与容器边界之间同样存在空白空间，而该空白空间的尺寸是项目之间间距的一半。

stretch：伸展行来占满剩余的空间。多余的空间在行之间平均分配，使得每一行的交叉轴尺寸变大。这是默认值。

align-content 属性对应的脚本特性为 alignContent。

提示： 由于 align-content 属性的作用是在交叉轴方向对齐行中的项目，因此必须将容器的 flex-wrap 属性设置为 wrap，这样才能生成多行布局。当容器中只有单行时，align-content 属性不起作用。

不同 align-conten 属性值的布局效果如图 7.18 所示。

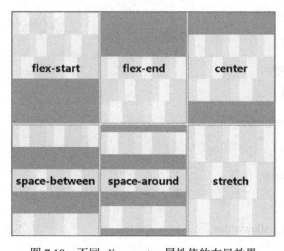

图 7.18　不同 align-conten 属性值的布局效果

例 7.12　本例演示如何处理弹性容器在交叉轴方向上的空白空间。源代码如下：

```
<!doctype html>
<html>
<head>
<meta charset="gb2312">
<title>调整项目在交叉轴上的对齐方式</title>
<style type="text/css">
h1 {
    font-size: 20px;
    text-align: center;
}
.flex-container {
    width: 450px;
    height: 180px;
    background-color: #cccccc;
    border-radius: 6px;
    margin: 0 auto;
    padding: 10px;
    list-style: none;
    display: flex;
    flex-direction: row;
    flex-wrap: wrap;
}
.flex-item {
    border-radius: 6px;
    line-height: 30px;
    font-size: 24px;
    font-weight: bold;
    text-transform: uppercase;
    font-family: "Arial Black";
    text-align: center;
}
.flex-item:first-child {
    flex-basis: 90px;
    background-color: red;
}
.flex-item:nth-child(2) {
    flex-basis: 60px;
    background-color: orange;
}
.flex-item:nth-child(3) {
    flex-basis: 120px;
    background-color: yellow;
}
.flex-item:nth-child(4) {
    flex-basis: 100px;
    background-color: cyan;
}
.flex-item:nth-child(5) {
    flex-basis: 80px;
    background-color: magenta;
}
.flex-item:nth-child(6) {
    flex-basis: 60px;
    background-color: coral;
}
.flex-item:nth-child(7) {
    flex-basis: 120px;
    background-color: cornflowerblue;
}
.flex-item:nth-child(8) {
```

```
    flex-basis: 100px;
    background-color: darkred;
}
.flex-item:nth-child(9) {
    flex-basis: 170px;
    background-color: mediumorchild;
}
.flex-item:nth-child(10) {
    flex-basis: 120px;
    background-color: lawngreen;
}
.flex-item:nth-child(11) {
    flex-basis: 210px;
    background-color: green;
}
.flex-item:last-child {
    flex-basis: 120px;
    background-color: blue;
}
p {
    text-align: center;
}
button {
    font-size: 12px;
}
button:focus {
    outline: medium dotted #1bef01;
}
</style>
<script type="text/javascript">
function ac(obj){
    document.getElementById("container").style.alignContent=obj.innerHTML;
}
</script>
</head>

<body>
<h1>调整项目在交叉轴上的对齐方式</h1>
<ul id="container" class="flex-container">
    <li class="flex-item">a</li>
    <li class="flex-item">b</li>
    <li class="flex-item">c</li>
    <li class="flex-item">d</li>
    <li class="flex-item">e</li>
    <li class="flex-item">f</li>
    <li class="flex-item">g</li>
    <li class="flex-item">h</li>
    <li class="flex-item">i</li>
    <li class="flex-item">j</li>
    <li class="flex-item">k</li>
    <li class="flex-item">l</li>
</ul>
<p>
    <button onclick="ac(this)">flex-start</button>
    <button onclick="ac(this)">flex-end</button>
    <button onclick="ac(this)">center</button>
    <button onclick="ac(this)">space-between</button>
    <button onclick="ac(this)">space-around</button>
    <button onclick="ac(this)">stretch</button>
</p>
</body>
</html>
```

本例中设置无序列表 ul 元素作为弹性容器，其中包含 12 个项目。在页面上放置了 6 个按钮，通过单击各个按钮可调用 JavaScript 自定义函数 ac，从而对容器在交叉轴方向上的空白空间进行调整。单击 flex-start 和 space-around 按钮时的情形如图 7.19 和图 7.20 所示。

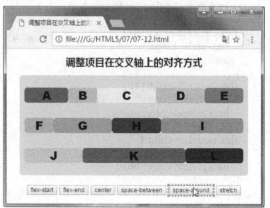

图 7.19　单击 flex-start 按钮时的情形　　　　图 7.20　单击 space-around 按钮时的情形

7.3　创建多列布局

CSS3 中新增加了一种多列布局功能，特别适合创建报刊杂志类网页布局，但不适合用在网页结构布局中。灵活使用这种多列布局功能可以很轻松地实现文章的多列排版，从而在多列中显示文字和图片，节省大量网页空间。下面就来介绍如何创建和设置多列布局。

7.3.1　设置列数和列宽

创建多列布局的基本要求是设置所有栏的数目和栏的宽度，这就要用到 CSS3 中新增加的两个属性，即 column-count 和 column-width。

1．设置列数

使用 column-count 属性可以设置要显示的列数，其取值是一个非负整数，默认值为 auto，表示根据浏览器计算值自动设置。

column-count 属性对应的脚本特性为 columnCount。

2．设置列宽

使用 column-width 属性可以设置每列的宽度，该属性取值是一个长度值，默认值为 auto，表示根据浏览器计算值设置。

column-width 属性对应的脚本特性为 columnWidth。

3．同时设置列宽和列数

使用复合属性 columns 可以同时设置要显示的列数和每列的宽度，语法如下：

```
columns: <column-width> <column-count>
```

其中，参数<column-width>指定列宽，<column-count>指定列数。

columns 属性对应的脚本特性为 columns。

例 7.13 本例演示如何创建多列布局。源代码如下：

```
<!doctype html>
<html>
<head>
<meta charset="gb2312">
<title>设置列数和列宽</title>
<style type="text/css">
article {
    width: 888px;
    column-width: 280px;
    column-count: 3;
}
hgroup {
    text-align: center;
}
p {
    text-indent: 2em;
}
</style>
</head>

<body>
<article>
    <header>
        <hgroup>
        <h1>国务院新闻办发表《2016 中国的航天》白皮书</h1>
        <p>2016 年 12 月 27 日 10:51:56  来源：新华社</p>
        </hgroup>
    </header>
    <p>新华社北京 12 月 27 日电（记者白国龙、胡喆）国务院新闻办公室 27 日发表《2016 中国的航天》
白皮书。</p>
    <p>白皮书约 11000 字，除前言、结束语外共包括五个部分，分别是发展宗旨、愿景与原则，2011 年
以来的主要进展，未来五年的主要任务，发展政策与措施，国际交流与合作。</p>
    <p>白皮书说，航天是当今世界最具挑战性和广泛带动性的高科技领域之一，航天活动深刻改变了人
类对宇宙的认知，为人类社会进步提供了重要动力。中国政府把发展航天事业作为国家整体发展战略的重要组
成部分，始终坚持为和平目的探索和利用外层空间。</p>
    <p>白皮书指出，2011 年以来，中国航天事业持续快速发展，自主创新能力显著增强，进入空间能力
大幅提升，空间基础设施不断完善，载人航天、月球探测、北斗卫星导航系统、高分辨率对地观测系统等重大
工程建设顺利推进，空间科学、空间技术、空间应用取得丰硕成果。</p>
    <p>白皮书说，未来五年，中国将加快航天强国建设步伐，持续提升航天工业基础能力，加强关键技
术攻关和前沿技术研究，继续实施载人航天、月球探测、北斗卫星导航系统、高分辨率对地观测系统、新一代
运载火箭等重大工程，启动实施一批新的重大科技项目和重大工程，基本建成空间基础设施体系，拓展空间应
用深度和广度，深入开展空间科学研究，推动空间科学、空间技术、空间应用全面发展。</p>
    <p>白皮书指出，中国政府积极制定实施发展航天事业的政策与措施，提供有力政策保障，营造良好
发展环境，推动航天事业持续健康快速发展。中国政府认为，和平探索、开发和利用外层空间及其天体是世界
各国都享有的平等权利。世界各国开展外空活动，应有助于各国经济发展和社会进步，应有助于人类的和平与
安全、生存与发展。</p>
    </article>
</body>
</html>
```

本例网页中显示的是新华网发布的一篇新闻稿，分成 3 列进行排版，效果如图 7.21 所示。

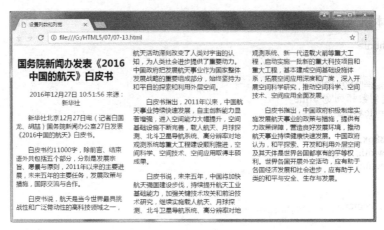

图 7.21　设置列数和列宽示例

7.3.2　设置列高

使用 column-fill 属性可以设置多列布局中所有栏的高度是否统一。该属性适用于指定了多列的元素，其取值如下。

auto：列高度自适应内容。这是默认值。

balance：所有列的高度以其中最高的一列统一。

column-fill 属性对应的脚本特性为 columnFill。

例 7.14　本例说明如何设置分栏布局中所有列的高度保持统一。源代码如下：

```
<!doctype html>
<html>
<head>
<meta charset="gb2312">
<title>设置列高度</title>
<style type="text/css">
article {
    width: 1080px;
    column-count: 2;
    column-fill: balance;
}
hgroup {
    text-align: center;
}
p {
    text-indent: 2em;
}
</style>
</head>

<body>
<article>
    <header>
        <hgroup>
            <h1>国务院新闻办发表《2016 中国的航天》白皮书</h1>
            <p>2016 年 12 月 27 日  10:51:56   来源：新华社</p>
        </hgroup>
    </header>
    <p>新华社北京 12 月 27 日电（记者白国龙、胡喆）国务院新闻办公室 27 日发表《2016 中国的航天》白皮书。</p>
```

<p>白皮书约 11000 字，除前言、结束语外共包括五个部分，分别是发展宗旨、愿景与原则，2011 年以来的主要进展，未来五年的主要任务，发展政策与措施，国际交流与合作。</p>
<p>白皮书说，航天是当今世界最具挑战性和广泛带动性的高科技领域之一，航天活动深刻改变了人类对宇宙的认知，为人类社会进步提供了重要动力。中国政府把发展航天事业作为国家整体发展战略的重要组成部分，始终坚持为和平目的探索和利用外层空间。</p>
<p>白皮书指出，2011 年以来，中国航天事业持续快速发展，自主创新能力显著增强，进入空间能力大幅提升，空间基础设施不断完善，载人航天、月球探测、北斗卫星导航系统、高分辨率对地观测系统等重大工程建设顺利推进，空间科学、空间技术、空间应用取得丰硕成果。</p>
<p>白皮书说，未来五年，中国将加快航天强国建设步伐，持续提升航天工业基础能力，加强关键技术攻关和前沿技术研究，继续实施载人航天、月球探测、北斗卫星导航系统、高分辨率对地观测系统、新一代运载火箭等重大工程，启动实施一批新的重大科技项目和重大工程，基本建成空间基础设施体系，拓展空间应用深度和广度，深入开展空间科学研究，推动空间科学、空间技术、空间应用全面发展。</p>
<p>白皮书指出，中国政府积极制定实施发展航天事业的政策与措施，提供有力政策保障，营造良好发展环境，推动航天事业持续健康快速发展。中国政府认为，和平探索、开发和利用外层空间及其天体是世界各国都享有的平等权利。世界各国开展外空活动，应有助于各国经济发展和社会进步，应有助于人类的和平与安全、生存与发展。</p>
</article>
</body>
</html>

本例分两列来显示新闻稿并通过 column-fill 属性来统一各列的高度，效果如图 7.22 所示。

图 7.22　设置栏高度示例

7.3.3　设置列间距

使用 column-gap 属性可以设置列与列之间的距离，该属性适用于定义了多列的元素，其取值为绝对长度值，不允许为负值；其默认值为 normal，表示列间距与 font-size 大小相同。

column-gap 属性对应的脚本特性为 columnGap。

例 7.15　本例演示如何设置多列布局中的列间距。源代码如下：

```
<!doctype html>
<html>
<head>
<meta charset="gb2312">
<title>设置列间距</title>
<style type="text/css">
article {
    column-width: 220px;
    column-count: 3;
    column-fill: balance;
    column-gap: 36px;
```

```
    }
    hgroup {
        text-align: center;
    }
    p {
        text-indent: 36px;
    }
    </style>
    </head>

    <body>
    <article>
        <header>
            <hgroup>
                <h1>国务院新闻办发表《2016 中国的航天》白皮书</h1>
                <p>2016 年 12 月 27 日  10:51:56   来源：新华社</p>
            </hgroup>
        </header>
        <p>新华社北京 12 月 27 日电（记者白国龙、胡喆）国务院新闻办公室 27 日发表《2016 中国的航天》白皮书。</p>
        <p>白皮书约 11000 字，除前言、结束语外共包括五个部分，分别是发展宗旨、愿景与原则，2011 年以来的主要进展，未来五年的主要任务，发展政策与措施，国际交流与合作。</p>
        <p>白皮书说，航天是当今世界最具挑战性和广泛带动性的高科技领域之一，航天活动深刻改变了人类对宇宙的认知，为人类社会进步提供了重要动力。中国政府把发展航天事业作为国家整体发展战略的重要组成部分，始终坚持为和平目的探索和利用外层空间。</p>
        <p>白皮书指出，2011 年以来，中国航天事业持续快速发展，自主创新能力显著增强，进入空间能力大幅提升，空间基础设施不断完善，载人航天、月球探测、北斗卫星导航系统、高分辨率对地观测系统等重大工程建设顺利推进，空间科学、空间技术、空间应用取得丰硕成果。</p>
        <p>白皮书说，未来五年，中国将加快航天强国建设步伐，持续提升航天工业基础能力，加强关键技术攻关和前沿技术研究，继续实施载人航天、月球探测、北斗卫星导航系统、高分辨率对地观测系统、新一代运载火箭等重大工程，启动实施一批新的重大科技项目和重大工程，基本建成空间基础设施体系，拓展空间应用深度和广度，深入开展空间科学研究，推动空间科学、空间技术、空间应用全面发展。</p>
        <p>白皮书指出，中国政府积极制定实施发展航天事业的政策与措施，提供有力政策保障，营造良好发展环境，推动航天事业持续健康快速发展。中国政府认为，和平探索、开发和利用外层空间及其天体是世界各国都享有的平等权利。世界各国开展外空活动，应有助于各国经济发展和社会进步，应有助于人类的和平与安全、生存与发展。</p>
    </article>
    </body>
    </html>
```

在本例中分 3 列来显示新闻稿并将列间距设置为 36px，显示效果如图 7.23 所示。

图 7.23   设置列间距示例

7.3.4 设置列边框样式

默认情况下，多列布局中各列之间以空白来分隔。根据需要，可以在不同列之间添加分隔线，为此需要对设置了多列的元素设置以下属性。

column-rule-width：设置列边框的宽度，其取值与 border-width 属性一样，默认值为 medium。

column-rule-style：设置列边框的样式，其取值与 border-style 属性的取值一样，默认值为 none，表示无边框。

column-rule-color：设置列边框的颜色。

也可以使用复合属性 column-rule 同时设置列边框的宽度、样式和颜色，语法如下：

```
column-rule：<column-rule-width> <column-rule-style> <column-rule-color>
```

其中，参数<column-rule-width>、<column-rule-style>和<column-rule-color>分别表示列边框的宽度、样式和颜色。

例 7.16 本例说明如何为多列布局中的各列之间添加分隔线。源代码如下：

```
<!doctype html>
<html>
<head>
<meta charset="gb2312">
<title>设置列边框</title>
<style type="text/css">
article {
    width: 876px;
    column-count: 2;
    column-fill: balance;
    column-gap: 36px;
    column-rule: thin dashed gray;
}

hgroup {
    text-align: center;
}
p {
    text-indent: 2em;
}

</style>
</head>

<body>
<article>
    <header>
        <hgroup>
            <h1>国务院新闻办发表《2016 中国的航天》白皮书</h1>
            <p>2016 年 12 月 27 日 10:51:56   来源：新华社</p>
        </hgroup>
    </header>
    <p>新华社北京 12 月 27 日电（记者白国龙、胡喆）国务院新闻办公室 27 日发表《2016 中国的航天》
白皮书。</p>
    <p>白皮书约 11000 字，除前言、结束语外共包括五个部分，分别是发展宗旨、愿景与原则，2011 年
以来的主要进展，未来五年的主要任务，发展政策与措施，国际交流与合作。</p>
    <p>白皮书说，航天是当今世界最具挑战性和广泛带动性的高科技领域之一，航天活动深刻改变了人
类对宇宙的认知，为人类社会进步提供了重要动力。中国政府把发展航天事业作为国家整体发展战略的重要组
成部分，始终坚持为和平目的探索和利用外层空间。</p>
    <p>白皮书指出，2011 年以来，中国航天事业持续快速发展，自主创新能力显著增强，进入空间能力
```

大幅提升，空间基础设施不断完善，载人航天、月球探测、北斗卫星导航系统、高分辨率对地观测系统等重大工程建设顺利推进，空间科学、空间技术、空间应用取得丰硕成果。</p>
　　<p>白皮书说，未来五年，中国将加快航天强国建设步伐，持续提升航天工业基础能力，加强关键技术攻关和前沿技术研究，继续实施载人航天、月球探测、北斗卫星导航系统、高分辨率对地观测系统、新一代运载火箭等重大工程，启动实施一批新的重大科技项目和重大工程，基本建成空间基础设施体系，拓展空间应用深度和广度，深入开展空间科学研究，推动空间科学、空间技术、空间应用全面发展。</p>
　　<p>白皮书指出，中国政府积极制定实施发展航天事业的政策与措施，提供有力政策保障，营造良好发展环境，推动航天事业持续健康快速发展。中国政府认为，和平探索、开发和利用外层空间及其天体是世界各国都享有的平等权利。世界各国开展外空活动，应有助于各国经济发展和社会进步，应有助于人类的和平与安全、生存与发展。</p>
　　</article>
　　</body>
　　</html>

本例分两列来显示新闻稿并在两列之间添加了分隔线，效果如图 7.24 所示。

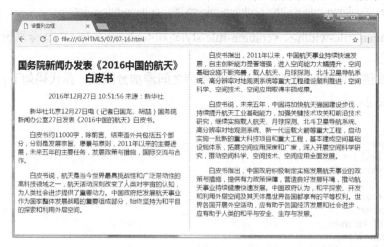

图 7.24　设置列边框示例

7.3.5　设置跨列显示

用多列布局显示文章内容时，经常把文章标题跨列居中显示，此类标题通常称为通栏标题。如果希望在多列布局中创建通栏标题，对该标题元素设置 column-span 属性即可。

column-span 属性适用于除浮动和绝对定位之外的块级元素，其作用是使该元素横跨所有列显示。该属性的取值为 none 或 all，前者是默认值，指定元素不跨列；后者指定元素横跨所有列。

对应的脚本特性为 columnSpan。

例 7.17　本例演示如何在多列布局中创建通栏标题。源代码如下：

```
<!doctype html>
<html>
<head>
<meta charset="gb2312">
<title>创建通栏标题</title>
<style type="text/css">
article {
    width: 980px;
    column-count: 3;
    column-fill: balance;
    column-gap: 36px;
```

```
        column-rule: thin dashed gray;
    }
    header {
        text-align: center;
        column-span: all;
    }
    p {
        text-indent: 2em;
    }
    </style>
</head>

<body>
<article>
    <header>
        <hgroup>
            <h1>国务院新闻办发表《2016 中国的航天》白皮书</h1>
            <p>2016 年 12 月 27 日  10:51:56    来源：新华社</p>
        </hgroup>
    </header>
    <p>新华社北京 12 月 27 日电（记者白国龙、胡喆）国务院新闻办公室 27 日发表《2016 中国的航天》白皮书。</p>
    <p>白皮书约 11000 字，除前言、结束语外共包括五个部分，分别是发展宗旨、愿景与原则，2011 年以来的主要进展，未来五年的主要任务，发展政策与措施，国际交流与合作。</p>
    <p>白皮书说，航天是当今世界最具挑战性和广泛带动性的高科技领域之一，航天活动深刻改变了人类对宇宙的认知，为人类社会进步提供了重要动力。中国政府把发展航天事业作为国家整体发展战略的重要组成部分，始终坚持为和平目的探索和利用外层空间。</p>
    <p>白皮书指出，2011 年以来，中国航天事业持续快速发展，自主创新能力显著增强，进入空间能力大幅提升，空间基础设施不断完善，载人航天、月球探测、北斗卫星导航系统、高分辨率对地观测系统等重大工程建设顺利推进，空间科学、空间技术、空间应用取得丰硕成果。</p>
    <p>白皮书说，未来五年，中国将加快航天强国建设步伐，持续提升航天工业基础能力，加强关键技术攻关和前沿技术研究，继续实施载人航天、月球探测、北斗卫星导航系统、高分辨率对地观测系统、新一代运载火箭等重大工程，启动实施一批新的重大科技项目和重大工程，基本建成空间基础设施体系，拓展空间应用深度和广度，深入开展空间科学研究，推动空间科学、空间技术、空间应用全面发展。</p>
    <p>白皮书指出，中国政府积极制定实施发展航天事业的政策与措施，提供有力政策保障，营造良好发展环境，推动航天事业持续健康快速发展。中国政府认为，和平探索、开发和利用外层空间及其天体是世界各国都享有的平等权利。世界各国开展外空活动，应有助于各国经济发展和社会进步，应有助于人类的和平与安全、生存与发展。</p>
</article>
</body>
</html>
```

在本例中分 3 列来显示新闻稿，并将 header 元素的 column-span 属性设置为 all，以创建横跨 3 列的通栏标题，效果如图 7.25 所示。

图 7.25　创建通栏标题示例

 习题 **7**

一、选择题

1. 如果希望将弹性容器的主轴设置为垂直方向且排列顺序为自下而上，应将容器元素的 flex-direction 属性设置为（　　）。

A. row　　　　　　　B. row-reverse　　　　　C. column　　　　　　　D. column-reverse

2. （　　）属性用于设置弹性项目的扩展比例。

A. flex-basis　　　　　B. flex-grow　　　　　　C. flex-shrink　　　　　D. flex_wrap

3. 当弹性容器在主轴方向有空白空间时，如果希望空白空间在项目之间平均分配，使得相邻项目之间的空白尺寸相同，则应将弹性容器的 justify-content 属性设置为（　　）。

A. flex-start　　　　　B. center　　　　　　　C. space-between　　　　D. space-around

二、判断题

1. （　　）单列布局由外层容器元素和位于其内部的一个或多个结构元素组成，其中外层容器元素的宽度设置为绝对长度或相对长度，内部结构元素不是浮动的。

2. （　　）在弹性盒布局中，主轴就是水平方向的 X 轴。

3. （　　）要创建多行弹性盒布局，应将弹性容器的 flex-wrap 属性设置为 nowrap。

4. （　　）在弹性盒模型规范的最新版本中应将容器元素的 display 属性设置为 flexbox。

5. （　　）在弹性盒模型容器中，order 属性值小的排在前面，但不能为负值。

6. （　　）当弹性容器在交叉轴方向上有空白空间时，可使用 align-content 属性来对齐容器中的各个行。

7. （　　）容器中只有单行时，align-content 属性不起作用。

8. （　　）弹性项目的 align-self 属性不能覆盖容器指定的对齐方式。

9. （　　）多列布局功能适合创建报刊杂志类网页布局，不适合用在网页结构布局中。

三、简答题

1. 如何创建单列固定布局？

2. 如何创建浮动盒三行两列固定布局？

3. 如何创建浮动三行三列固定布局？

4. 如何理解弹性盒布局？

5. 创建多行弹性盒布局的主要步骤有哪些？

6. 设置弹性项目在主轴方向的对齐方式有哪些方法？

7. 如何创建多列布局？

 上机操作 **7**

1. 编写一个网页，要求创建一个三行单列固定居中布局。

2. 编写一个网页，要求创建一个三行单列液态居中布局。

3. 编写一个网页，要求使用浮动盒模型创建一个三行两列固定布局。

4. 编写一个网页，要求使用浮动盒模型创建一个三行两列液态布局。

5．编写一个网页，要求使用浮动盒模型创建一个三行三列固定布局。

6．编写一个网页，要求使用浮动盒模型创建一个三行三列液态布局。

7．编写一个网页，要求使用弹性盒模型创建一个三行三列固定布局。

8．编写一个网页，要求使用弹性盒模型创建一个三行三列液态布局。

9．编写一个网页，要求创建一个三栏布局，用于显示一个新闻稿，在各列之间添加分隔线，并使标题横跨三个列居中显示。

JavaScript脚本编程

JavaScript 是 HTML5 的重要组成部分之一。HTML5 的许多功能都必须通过 JavaScript 脚本编程才能实现。为了充分运用 HTML5 的各项新功能，本章对 JavaScript 脚本编程做一个简要的介绍，主要内容包括 JavaScript 语言基础、流程控制语句、文档对象模型及事件处理等。

8.1 JavaScript 语言基础

JavaScript 是一种解释性脚本语言（代码不进行预编译），其解释器称为 JavaScript 引擎。JavaScript 引擎是浏览器的一个组成部分，无须专门下载安装。JavaScript 语言可以用来为网页添加各种动态功能，为用户提供更流畅美观的浏览效果。

8.1.1 基本语法规则

使用 JavaScript 语言编程时，应遵循以下语法规则。

（1）区分大小写。在 JavaScript 中，变量名、函数名、运算符以及其他标识符都是区分大小写的。例如，变量 username 不同于变量 Username 和 UserName，关键字 while 不能写成 While 或 WHILE。在 HTML 语言中，事件属性 ONCLICK 可以写成 onClick 或 OnClick，但在 JavaScript 中只能写成 onclick。

（2）空白符和换行符。在 JavaScript 中，忽略变量名、数字、函数名或其他元素实体之间的空格、制表符或换行符，除非空格也是字符串常量的组成部分。

（3）可选的分号。在 JavaScript 中，半角分号（;）表示一个语句的结束。如果一行中只包含单个语句，则可以省略分号结束符。如果一行中包含多个语句，则必须在语句之间添加分号，最后一个语句后面可以省略分号，JavaScript 会自动插入。建议在每个语句后面都添加分号，以免出现不可预期的错误。

（4）复合语句。在 JavaScript 中，可以使用花括号"{}"封装一组语句来组成代码块，代码块表示一系列按顺序执行的语句，称为复合语句。例如，在循环语句中，花括号"{}"表示循环体的开始和结束，在函数定义中，花括号"{}"表示函数体的开始和结束，等等。

（5）注释。在 JavaScript 中，既可以使用以双斜线"//"开头的单行注释，也可以使用以"/*"开始、以"*/"结束的多行注释。

（6）标识符。标识符用于表示变量名、函数名等名称，命名标识符时，第一个字符必须是字母、下画线（_）或美元符号（$）后面的字符可以是下画线、美元符号、英文字母或数字字符，而且不能使用 JavaScript 中的关键字和保留字。

8.1.2　数据类型

在 JavaScript 中，数据类型分为简单数据类型和复合数据类型两大类。简单数据类型分为 Number 类型、String 类型、Boolean 类型和两种特殊数据类型。复合数据类型（如数组、日期等）等则涉及某种对象的应用。下面介绍简单数据类型。

1．Number 类型

在 JavaScript 中，Number 类型的数据称为数值，包括整数和浮点数，所有数值均以双精度浮点数来表示。双精度浮点数可以表示 $-253\sim253$ 之间的整数，以及最大值为 $\pm1.7976\times10^{308}$、最小值为 $\pm2.2250\times10^{-308}$ 的浮点数。整数可以用十进制、十六进制（以前缀 0X 或 0x 开头）或八进制（以数字 0 作为前缀）表示，浮点数可以用小数或科学记数法（指数形式）表示。

2．String 类型

在 JavaScript 中，String 类型的数据称为字符串，是用双引号（"）或单引号（'）括起来的 Unicode 字符序列。例如，"HTML5 网页设计"、'HTML5+CSS3+JavaScript 教程' 等。每个字符在字符串中都有特定的位置，第一个字符在位置 0，第二个字符在位置 1，依次类推。最后一个字符在字符串中的位置为字符串的长度减 1。使用 charAt()方法可以从字符串中获取指定位置上的字符，使用 length()方法可以获取字符串的长度。

如果想在字符串中包含换行符，则需要使用转义字符 "\n"。还可以使用更多的转义字符。例如，单引号（'）用 "\'" 表示；双引号（"）用 "\"" 表示；反斜线（\）用 "\\" 表示。

3．Boolean 类型

Boolean 类型数据称为布尔型数据，其取值为 true 或 false，这两个值不能使用数值 1 或 0 来表示。

4．特殊数据类型

在 JavaScript 中有两个特殊数据类型：undefined（未定义类型）和 null（空值）。当声明一个变量而未对其赋值，或者对该变量赋予一个不存在的属性值时，该变量的默认值为 undefined。当函数没有明确的返回值时，也返回 undefined 值。null 是对象的占位符，用于表示不存在的对象。

undefined 值实际上是从 null 值派生出来的，显然，尽管这两个特殊值含义不同，但在 JavaScript 中把它们定义为相等的。

5．数据类型转换

JavaScript 是一种弱类型语言，声明变量时不需要指定数据类型。在代码执行过程中，JavaScript 将根据情况自动进行数据类型转换。也可以按照实际需要进行强制类型转换。

8.1.3　变量

变量与计算机内存中的存储单元相对应，可以用来存储程序运行期间的中间结果和最终结果。在 JavaScript 语言中，可以在变量中存放任何类型的数据，这是弱类型变量的优势。在程序中可以通过变量名实现对变量值的存取和处理，并在此基础上进行比较和判断，以决定程序的运行方向。

1．变量的声明

在 JavaScript 语言中，可以使用 var 语句来声明一个或多个变量，语法如下：

```
var variable1[=value2] [, variable2 [=value2 ], ...   ]
```

其中，variable1、variable2 是被声明的变量的名称；value1、value2 是赋给这些变量的初始值，初始值的数据类型决定变量的数据类型，以后还可以把不同数据类型的值赋给变量，不过建议使用变量时始终存放相同数据类型的值。

如果在 var 语句中未指定变量的初始值，则这些变量的初始值为 undefined，可以在声明后的代码中对其赋值。

下面是声明变量的例子。

```
var index;
var username="张三丰";
var answer=16, counter, numpages=10;
```

声明变量时，变量名必须遵循标识符命名规则。建议最好使用有意义的变量名。

2．变量的作用域

变量的作用域是指变量在程序中的有效范围。根据作用域不同，变量可以分为全局变量和局部变量。在 JavaScript 中，一个变量是全局变量还是局部变量取决于两个因素：一是是否用 var 语句声明过，二是变量声明语句所在的位置。

全局变量是在所有函数外部声明的变量（使用 var 语句声明或未加声明），它在整个程序中有效。在函数内部未加声明而直接使用的变量也是全局变量。

局部变量是在某个函数内部用 var 语句声明的变量，它仅在该函数内部有效。函数的参数也是局部变量。

在一个函数内部，如果声明了与全局变量同名的局部变量或参数，则在这个函数内部该全局变量将被屏蔽。

8.1.4 运算符

在 JavaScript 中，常量、变量和运算符组成了表达式，表达式的值可以作为函数的参数或通过赋值语句赋给变量。运算符是表示各种运算的符号或关键字。通过运算符作用于运算对象，可以实现算术运算、比较运算、逻辑运算及按位运算等。根据运算对象的数目，运算符可以分为一元运算符、二元运算符和三元运算符。

1．算术运算符

算术运算符用于执行加法、减法、递增、递减、乘法和除法等运算。算术运算符包括：加法运算符（+）、减法运算符（-）、递增运算符（++）、递减运算符（--）、乘法运算符（*）、除法运算符（/）、求余运算符（%）。

2．比较运算符

比较运算符都是二元运算符，用于比较两个表达式的大小关系，运算结果是一个布尔值，可以取 true 或 false。比较运算符包括：大于（>）、大于或等于（>=）、小于（<）、小于或等于（<=）、等于（==）、恒等于（===）、不等于（!=）、不恒等于（!==）。

3．逻辑运算符

逻辑运算符用于对布尔值进行运算，其结果为 true、false、null、undefined 或 NaN。逻辑运算符包括逻辑非（!）、逻辑与（&&）及逻辑或（||）。其中逻辑非（!）是一元运算符，逻辑与（&&）和逻辑或（||）是二元运算符。

4．按位运算符

按位运算符把操作数视为一个二进制位（0 和 1）的序列，而不是十进制数、十六进制数或八进制数，逐位进行运算后返回一个十进制数。

5．赋值运算符

在 JavaScript 中，赋值运算符分为简单赋值运算符（=）和复合赋值运算符，前者用于给变量或属性赋值，后者由某个算术运算符或按位运算符与简单赋值运算符组合而成，复合赋值运算符先进行某种运算，然后把运算结果赋给左边的操作数。例如，加法赋值运算符+=的作用是将变量的值与表达式的值相加并将所得到的和赋给该变量；减法赋值运算符-=的作用是将变量的值减去表达式的值并将所得到的差赋给该变量。

6．其他运算符

除了前面介绍的算术运算符、比较运算符、逻辑运算符、按位运算符和赋值运算符外，JavaScript 还提供了其他一些运算符。例如，条件运算符（?:）是一个三元运算符，其语法格式如下：

```
test ? expr1 : expr2
```

条件运算符根据条件执行两个表达式中的其中一个，若 Boolean 表达式 test 的值为 true，则获得表达式 expr1 的值，否则获得表达式 expr2 的值。

7．运算符优先级

在 JavaScript 中，各种运算符按照特定顺序进行计算，这个顺序称为运算符优先级。在表达式中具有相同优先级的运算符按从左到右的顺序求值。表 8.1 按最高到最低优先级顺序列出了所有运算符。

表 8.1　JavaScript 运算符优先级

运　算　符	描　　述
.、[]、()	域访问、数组下标和函数调用
++、——、-、~、!、delete、new、typeof、void	一元运算符、返回数据类型、对象创建、未定义的值
*、/、%	乘、除、取模
+、-、+	加、减、字符串连接
<<、>>、>>>	移位
<、<=、>、>=、instanceof	小于、小于等于、大于、大于等于、检测对象类型
==、!=、===、!==	相等、不相等、恒等、不恒等
&	按位"与"
^	按位"异或"
|	按位"或"
&&	逻辑"与"
||	逻辑"或"
?:	条件
=、op=	赋值、带操作的赋值
,	多重求值

8.2　流程控制语句

为了实现比较复杂的功能，需要使用流程控制语句对程序执行的流程进行控制，以便根据条件执行不同的语句，或者重复执行某些语句。下面就来介绍 JavaScript 中的流程控制语句，主要内容包括条件语句、循环语句及自定义函数等。

8.2.1　条件语句

在 JavaScript 语言中，条件语句包括 if...else 语句和 switch 语句，使用这些语句可以实现单向分支结构、双向选择分支结构和多路分支结构。

1．if...else 语句

if...else 语句根据一个表达式的值，有条件地执行一组语句。语法格式如下：

```
if (condition)
    statement1;
[else
    statement2;]
```

其中，condition 是一个布尔表达式，若其值为 null 或 undefined，则作为 false 处理。statement1 是当 condition 等于 true 时要执行的语句。statement2 是 condition 等于 false 时要执行的语句。statement1 和 statement2 可以是单个语句或复合语句。

用花括号把 statement1 和 statement2 括起来通常被认为是一种最佳编程实践，即使要执行的代码只有一行。这样不仅使代码阅读性更好，还可以避免无意中造成错误。

根据需要还可以对 if...else 语句进行扩展，也就是使用多个 else...if 来处理多个不同的条件，以形成多路分支结构，其语法格式如下：

```
if (condition1)
    statement1;
else if (condition2)
    statement2;
else if (condition3)
    statement3;
else
    elsestatement;
```

2．switch 语句

switch 语句当指定的表达式的值与某个值匹配时，即执行相应的一个或多个语句。语法格式如下：

```
switch (expr) {
    case value1:
        statement1;
        break;
    case value2:
        statement2;
        break;
    ：
    default:
        defaultstatement;
}
```

其中，expr 为要求值的表达式；如果 expr 与 value1 相等，则执行语句 statement1；如果 expr 与 value2 相等，则执行语句 statement2，依次类推；如果没有任何 value 与 expr 相匹配，则执行语句 defaultstatement。statement1、statement2 和 defaultstatement 可以是单个语句，也可以是复合语句。break 语句与 value 一起使用，用于中断相关联的语句，以跳到 switch 代码块末尾的语句继续执行。如果没有任何 value 与表达式 expr 的值匹配，并且没有提供 default 分支，则直接执行后续语句而不执行任何分支。

例 8.1　本例演示如何在脚本编程中使用条件语句。源代码如下：

```
<!doctype html>
<html>
<head>
<meta charset="gb2312">
<title>条件语句应用示例</title>
<script type="text/javascript">
function week_name() {
  var wn_en;
  var wn_zh=document.getElementById("week_day").value;
  if (wn_zh=="") {
    alert("请输入星期");
    } else{
      switch(wn_zh){
        case "星期一":
          wn_en="Monday";
          break;
        case "星期二":
          wn_en="Tuesday";
          break;
        case "星期三":
          wn_en="Wednesday";
          break;
        case "星期四":
          wn_en="Thursday";
          break;
        case "星期五":
          wn_en="Friday";
          break;
        case "星期六":
          wn_en="Saturday";
          break;
        case "星期日":
          wn_en="Sunday";
          break;
        default:
          alert("输入无效！");
          return;
      }
    }
    document.getElementById("english").innerHTML=wn_en;
}
</script>
</head>

<body>
<p>
  <input type="text" id="week_day" placeholder="请输入星期几">
  <input type="button" onclick="week_name();" value="确定">
</p>
<p>英文：<span id="english"></span></p>
```

```
</body>
</html>
```

本例在内嵌脚本块中声明了一个函数 week_name，并通过设置按钮的 onclick 事件属性指定单击按钮时执行该函数，其功能是获取在文本框中输入的中文星期名称，通过 if 语句检查输入内容是否为空，若为空则弹出警告框提示用户，否则通过 switch 语句将中文星期名称转换为英文星期名称，并在文本框下方显示转换结果。网页运行结果如图 8.1 和图 8.2 所示。

图 8.1　将中文星期名称转换为英文

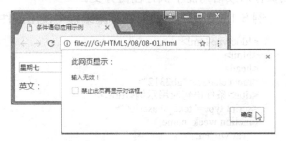

图 8.2　提示输入无效

8.2.2　循环语句

在 JavaScript 中，循环语句包括 while 语句、do...while 语句、for 语句和 for...in 语句，通过这些语句可以实现循环结构，以便按照给定的条件来决定是否重复执行一组语句。

1．do...while 语句

do...while 语句第一次执行一个语句块，然后重复执行该语句块，直到条件表达式等于 false。语法格式如下：

```
do {
    statement
} while (expr);
```

其中，statements 是 expr 等于 true 时要执行的语句，可以是复合语句，称为循环体。expr 是一个布尔表达式。若 expr 等于 true，则继续执行循环，否则结束循环。

2．while 语句

while 语句重复执行一个或多个语句，直到指定的条件为 false。语法格式如下：

```
while (expr) {
    statement
}
```

其中，参数 expr 是一个布尔表达式，在循环的每次迭代前被检查；若 expr 等于 true，则执行循环，否则结束循环。statement 是当 expr 等于 true 时要执行的语句，既可以是单个语句，也可以是复合语句。

3．for 语句

for 语句在当指定条件为 true 时执行一个语句块。语法如下：

```
for (initialization; condition; increment) {
    statement
}
```

其中，initialization 是一个表达式，它只在执行循环前被执行一次。condition 是一个布尔表达式，若 condition 的值等于 true，则执行 statement，否则结束循环。increment 是一个递增表达式，每次执行循环之后执行该表达式。statement 是当 condition 等于 true 时要执行的语句，既可以是单个语句，也可以是复合语句。

4．for...in 语句

for...in 语句针对对象的每个属性或数组中的每个元素，执行一些语句。语法如下：

```
for (variable in [object | array]) {
    statement
}
```

其中，variable 是一个变量，它可以是 object 的任一属性或数组的任一元素。object 和 array 分别是要在其上遍历的对象或数组。statement 是相对于 object 的每个属性或 array 的每个元素都要被执行的语句，既可以是单个语句，也可以是复合语句。

执行每次循环前，variable 被赋予 object 的下一个属性或 array 的下一个元素，然后可以在循环内的任一语句中使用它。

5．跳转语句

在 while、do...while、for 或 for-in 循环体内，可以使用两种形式的跳转语句：break 语句和 continue 语句。

break 语句用于中断当前循环，语法如下：

```
break;
```

break 语句也可以用于 switch 语句，此时其作用是终止当前分支的执行。

continue 语句只能用在循环语句中，它把控制转移到 while 和 do-while 的测试条件，或者转移到 for 循环的递增表达式。语法如下：

```
continue;
```

执行 continue 语句会停止当前循环的执行过程，并从循环的开始处继续程序流程。对于 do...while 和 while 循环而言是检查其循环条件，若条件为 true，则再次执行循环；对于 for 循环而言是首先执行其递增表达式，然后检查测试表达式，若为 true 则再次执行循环。

例 8.2 本例演示如何使用循环语句生成一个表格。源代码如下：

```
<!doctype html>
<html>
<head>
<meta charset="gb2312">
<title>循环语句应用示例</title>
<style type="text/css">
table {
    width: 400px;
    margin: 0 auto;
    border: thin solid blue;
    border-collapse: collapse;
    border-spacing: 0;
}
td {
    border: thin solid blue;
    padding: 12px;
}
</style>
</head>
```

```
<body>
<script type="text/javascript">
document.writeln("<table>");
for (var i=0; i<4; i++) {
   document.writeln("<tr>");
     for (var j=0; j<5; j++) {
         document.writeln("<td>"+(i+1)+"行"+(j+1)+"列</td>");
     }
   document.writeln("</tr>");
}
document.writeln("</table>");
</script>
</body>
</html>
```

本例在页面的 body 部分编写了一个 JavaScript 脚本代码块，通过执行双层 for 循环语句生成了 4 行 5 列的表格。执行一次外层循环生成一行，执行一次内层循环生成一个单元格。网页运行结果如图 8.3 所示。

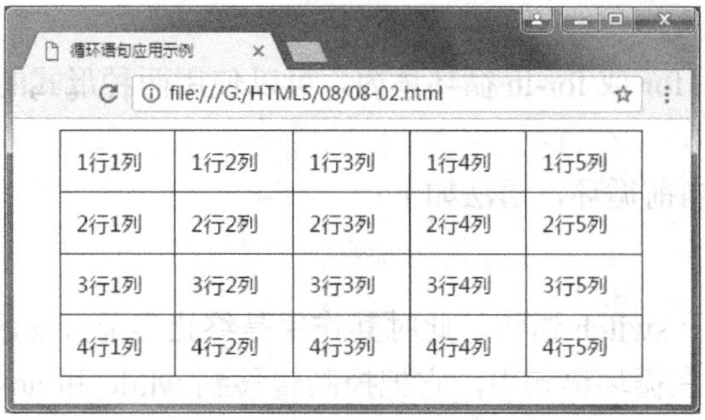

图 8.3　通过双重循环语句生成表格

8.2.3　异常捕获语句

在程序运行期间随时可能出现一些错误或异常。如果在程序中使用可能生成异常的运算符，或者调用其他可能生成异常的代码，则在这些方法中应考虑使用异常处理。如果未能找到异常处理程序，则将显示错误信息并终止程序运行。

在 JavaScript 语言中，可以使用 try...catch 语句来捕获和处理异常，语法如下：

```
try {
   tryStatement
} catch (exception) {
    catchStatement
} finally {
   finallyStatement
}
```

其中，tryStatement 是可能发生错误的语句，可以是单个语句或复合语句。exception 是任何变量名，exception 的初始化值是抛出的错误的值。catchStatement 处理在相关联的 tryStatement 中发生的错误的语句，可以是单个语句或复合语句。finallyStatement 是所有其他错误处理结束后无条件执行的语句。

try...catch 语句提供了一种方法来处理可能发生在给定代码块中的某些或全部错误，同时仍保持代码的运行。如果发生了程序员没有处理的错误，JavaScript 只给用户提供它的普通错误消息，就好像没有错误处理一样。

tryStatement 参数包含可能发生错误的代码，而 catchStatement 则包含处理任何发生了错误的代码。如果在 tryStatement 中发生了一个错误，则程序控制被传给 catchStatement 来处理。若未发生错误，则 catchStatement 永远不会被执行。exception 的初始化值是发生在 tryStatement 中的错误的值，可以通过 exception 对象的以下属性来获取该异常的描述信息。

description：错误描述，仅在 Internet Explorer 中可用。

fileName：出错的文件名，仅在 Mozilla 中可用。

lineNumber：出错的行数，仅在 Mozilla 中可用。

message：错误信息，在 Internet Explorer 中与 description 相同。

name：错误类型。

number：错误编号，这是一个 32 位的值，其中高 16 位字是设备代码，低 16 位字才是真正的错误代码，可通过与 0xFFFF 进行按位与得到该错误代码。仅在 Internet Explorer 中可用。

stack：错误堆栈信息，仅在 Mozilla 中可用。

如果在与发生错误的 tryStatement 相关联的 catchStatement 中不能处理该错误，则使用 throw 语句来传播，或重新抛出这个错误给更高级的错误处理程序。

执行 tryStatement 中的所有语句以及处理 catchStatement 中的任何错误后，finallyStatement 中的语句无条件地被执行。

例 8.3　本例说明如何捕获和处理异常。源代码如下：

```
<!doctype html>
<html>
<head>
<meta charset="gb2312">
<title>捕获和处理异常</title>
</head>

<body>
<script type="text/javascript">
try{
  foo.bar();
}catch(e){
  document.writeln("<ul>");
  document.writeln("<li>错误类型："+e.name+"</li>");
  document.writeln("<li>错误代码："+(e.number & 0xFFFF)+"</li>");
  document.writeln("<li>错误信息："+e.message+"</li>");
  document.writeln("</ul>");
}
</script>
</body>
</html>
```

本例中对一个未定义对象 foo 调用 bar 方法，通过 try...catch 语句捕获到了这个错误并显示出错误的类型、代码和详细信息。这个网页在 Internet Explorer 中的运行结果如图 8.4 所示。

图 8.4　捕获和处理异常示例

8.2.4 函数

函数是拥有名称的一组语句，可以通过该名称来调用函数并向它传递一些参数，当函数执行完毕后还可以向调用代码返回一个值。使用函数可以封装在程序中多次用到的一组语句，以便简化应用程序结构，并使程序代码更容易维护。

1．函数的定义和调用

在 JavaScript 语言中，使用 function 语句声明一个新的函数。语法如下：

```
function functionName ([arg1, arg2, ..., argN]) {
    statements
    return [expr];
}
```

其中，functionName 表示函数名，其命名规则与变量名基本相同。函数通常用于实现某种操作，因此建议以大小写混合形式使用多个名词，并且以动词开头，例如 createTable 等。

arg1...argN 是函数的参数列表，各个参数之间用逗号分开，这些参数称为形式参数。一个函数最多可以有 256 个参数。声明函数时即使未指定任何参数，圆括号也不能省略。

statements 是用于实现函数功能的一个或多个语句，称为函数体。函数体也可以为空。在代码的其他地方调用该函数前，statements 中包含的代码不被执行。在函数体内部，可以使用在函数外部声明的全局变量。不过，如果在定义函数时声明了同名的形式参数，或者在函数内部声明了同名的局部变量，则全局变量将被屏蔽。

return 语句从当前函数退出并返回一个值。return 语句之后的代码不会被执行。如果在 return 语句中省略了表达式 expr，或没有在函数内执行 return 语句，则把 undefined 值赋给调用当前函数的表达式。如果函数没有返回值，则可以使用 return 语句随时退出函数。

定义一个函数后，可以通过以下语法格式来调用它：

```
functionName ([arg1, arg2, ..., argN])
```

其中，functionName 表示要调用函数的名称，该函数必须已经定义。arg1...argN 给出要传递给函数的参数，这些参数称为实际参数。

2．匿名函数

使用 function 语句声明一个新的函数时，通常需要为该函数指定一个名称，以便通过该名称调用函数。实际上，通过 function 语句创建函数时也可以不指定函数名，并将该函数的引用赋予一个变量，然后通过该变量来调用这个函数，这样的函数称为匿名函数。

例如，在下面的代码中用 function 语句定义了一个匿名函数并将其引用赋予变量 demo，然后通过该变量来调用这个匿名函数。

```
var deom=function (msg) {
    document.writeln(msg);
};
demo("Hello, World!");
```

例 8.4　本例说明如何在设置元素的事件属性时使用匿名函数。源代码如下：

```
<!doctype html>
<html>
<head>
<meta charset="gb2312">
<title>自定义函数示例</title>
```

```
<style type="text/css">
button:focus {                                //此选择器匹配获得焦点的按钮
    outline: medium dotted red;               //添加红色轮廓
}
</style>
</head>

<body>
<p>
    <button id="btn1">显示信息</button>
    <button id="btn2">清除信息</button>
</p>
<p id="p1"></p>
<script type="text/javascript">
var btn1=document.getElementById("btn1");     //获取第一个按钮
var btn2=document.getElementById("btn2");     //获取第二个按钮
btn1.onclick=function() {                      //设置第一个按钮的事件属性 onclick
    document.getElementById("p1").innerHTML="你好，欢迎光临！";
};
btn2.onclick=function() {                      //设置第二个按钮的事件属性 onclick
    document.getElementById("p1").innerHTML="";
};

</script>
</body>
</html>
```

本例在设置两个按钮的 onclick 事件属性时使用了匿名函数，当单击一个按钮时会在下面的段落中显示一行信息，单击另一个按钮时则清除已显示的信息，如图 8.5 和图 8.6 所示。

图 8.5　单击"显示信息"按钮时的情形　　　　图 8.6　单击"清除信息"按钮时的情形

8.2.5　对象

在 JavaScript 语言中，对象是一组名称-值对，可以将对象视为包含字符串关键字的词典。换言之，对象只是一些属性的集合，每个属性用于存储一个基本数据、对象或函数。如果属性存储的是函数，则该函数称为对象的方法。对象的属性和方法统称为对象的成员。使用对象可以把相关信息封装起来，并允许通过对象名来存取这些信息。

在 JavaScript 中，使用 new 运算符来创建一个新的对象，语法如下：

```
var obj=new constructor[(args)];
```

其中，constructor 为对象的构造函数。变量 obj 用于引用新创建的对象。若构造函数不带参数，也可以省略圆括号。

new 运算符执行下面的任务：首先创建一个没有成员的对象，然后为这个对象调用构造函数，传递一个指针给新创建的对象作为 this 指针，接着构造函数根据传递给它的参数初始化该对象。

下面给出一些使用 new 运算符创建对象的例子。

```
var obj=new String();          //创建 String 类实例（字符串）并将对象引用存储到变量 obj 中
var arr=new Array();           //创建 Array 类实例（数组）并将对象引用存储到变量 arr 中
```

在 JavaScript 中，创建对象时通常是把对象的引用存储到一个变量中，然后通过该变量来访问对象的属性和方法。语法如下：

```
obj.property  或  obj["property"]
obj.methond([args])
```

在 JavaScript 语言中，可以使用以下几种类型的对象。

（1）本地对象：是指由 JavaScript 实现提供的独立于宿主环境的对象，可通过 new 运算符来创建。可用的本地对象主要包括：Number（数值）、String（字符串）、Boolean（布尔值）、Function（函数）、Array（数组）、Date（日期）、Object（对象）、RegExp（正则表达式）等。

（2）内置对象：是指在 JavaScript 脚本程序开始执行时出现的所有本地对象，它在脚本引擎初始化时创建，不能用 new 运算符创建，可直接使用其方法和属性。JavaScript 提供了两个内置对象——Global 和 Math。

（3）宿主对象：是指由 JavaScript 实现的宿主环境提供的对象。所有非本地对象都是宿主对象。例如，各种 DOM 对象都属于宿主对象。

（4）用户自定义对象：这是由开发者自己定义类并基于类创建的对象。

8.3　文档对象模型

文档对象模型（DOM，Document Object Model）是 W3C 组织推荐的处理可扩展标记语言的标准编程接口。HTML DOM 是 HTML 文档的结构和内容与 JavaScript 之间的桥梁，它是 Web 应用开发的关键工具之一。

8.3.1　理解文档对象模型

每当加载网页时，浏览器会解析 HTML 文档并创建页面的文档对象模型（DOM）。HTML DOM 模型将网页中的各个对象组织在一个倒树形结构中，如图 8.7 所示。

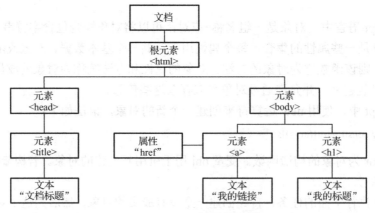

图 8.7　HTML DOM 示意图

DOM 是一组对象的集合，这些对象代表了 HTML 文档中的各个元素。DOM 保存了各个 HTML 元素之间的层级关系，其中 html 元素是根元素，在这个根元素中包含其子元素 head 和 body，在 head 和 body 中又包含它们的子元素，子子孙孙，不一而足。在 HTML DOM 树中，每个部分都是节点。文档本身是文档节点；所有 HTML 元素是元素节点；所有 HTML 属性是属性节点；HTML 元素内的文本是文本节点；注释是注释节点。每个节点都可以使用一个 JavaScript 对象表示。通过 DOM 既可以获取文档的信息，也可以对文档进行修改。

文档对象模型中的每个对象都有若干个属性和方法，可以用来修改对象的状态。当使用 DOM 修改对象的状态时，浏览器会使这些改动反映到对应的 HTML 元素并更新文档。

8.3.2 使用 HTMLElement 对象

HTML DOM 是 HTML 的标准对象模型，是 W3C 推荐的 HTML 的标准编程接口。在 HTML DOM 中，HTMLElement 对象代表 HTML 元素，其属性和方法成员适用于所有元素。

1．HTMLElement 对象的属性

HTMLElement 对象的主要属性如下。

classList：获取或设置元素所属类的列表，其取值为 DOMTokenList 类型。

className：获取或设置元素所属类的列表，其取值为字符串。

disabled：获取或设置元素的 disabled 属性的存在状态，其取值为布尔值。

hidden：获取或设置元素的 hidden 属性的存在状态，其取值为布尔值。

id：获取或设置元素的 id 属性的值，其取值为字符串。

tabIndex：获取或设置 tabindex 属性的值，其取值为数值。

tagName：获取元素的标签名（表示元素的类型），其取值为字符串。

title：获取或设置 title 属性的值，其取值为字符串。

length：返回元素所属类的数量，其取值为数值。

attributes：返回应用到元素上的属性，其取值为 Attr[]类型。

dataset：返回以 data-开头的属性，其取值为字符串数组。

innerHTML：获取或设置元素的内容，其取值为字符串。

outerHTML：获取或设置某个元素的 HTML 和内容，其取值为字符串。

2．HTMLElement 对象的方法

HTMLElement 对象的主要方法如下。

add(class)：给元素添加指定的类，没有返回值。

contains(class)：若元素属于指定的类则返回 true，返回值为布尔值。

remove(class)：从元素上移除指定的类，没有返回值。

toggle(class)：若类不存在就添加它，若存在则删除它，返回值为布尔值。

getAttribute(name)：返回指定属性的值，其取值为字符串。

hasAttribute(name)：若元素带有指定属性则返回 true，其返回值为布尔值。

removeAttribute(name)：从元素上移除指定属性，没有返回值。

setAttribute(name, value)：对元素应用一个指定名称和值的元素，没有返回值。

appendChild(element)：将指定元素附加为当前元素的子元素，返回值为 HTMLElement。

cloneNode(boolean)：复制某个元素，返回值为 HTMLElement。

insertAdjacentHTML(pos, text)：相对于子元素的位置插入 HTML，没有返回值。

insertBefore(newElem, childElem)：将第一个元素插入到第二个（子）元素之前，其返回值为 HTMLElement。

removeChild(element)：从当前元素上移除指定的子元素，其返回值为 HTMLElement。

replaceChild(element, element)：替换当前元素的某个子元素，其返回值为 HTMLElement。

createElement(tag)：用指定标签类型创建一个新的元素，其返回值为 HTMLElement。

createTextNode(text)：用指定内容创建一个新的文本对象，其返回值为 Text 类型。

另外，对某些 HTML 元素还定义了一些额外的功能，这些功能反映了特定 HTML 元素独一无二的特性。

例 8.5 本例中通过设置 className 属性动态地改变元素的外观。源代码如下：

```html
<!doctype html>
<html>
<head>
<meta charset="gb2312">
<title>HTMLElement 对象应用示例</title>
<style type="text/css">
.demo {
  width: 120px;
  border: thin solid red;
  padding: 12px;
}
</style>
</head>

<body>
<p id="p1">这是一个段落。</p>
<p>
  <button id="btn1">应用样式</button>
  <button id="btn2">移除样式</button>
</p>
<script type="text/javascript">
var btn1=document.getElementById("btn1");     //获取按钮
var btn2=document.getElementById("btn2");     //获取按钮
var p1=document.getElementById("p1");         //获取段落

btn1.onclick=function() {                      //设置按钮的事件属性 onclick
  if(p1.className!="demo"){
    p1.className="demo";
  }
};
btn2.onclick=function() {                      //设置按钮的事件属性 onclick
  if(p1.className=="demo"){
    p1.className="";
  }
};
</script>
</body>
</html>
```

本例在页面上放置了一个段落和两个按钮。对按钮设置 onclick 事件属性时指定了匿名函数，用于更改段落 p1 的 className 属性。单击"应用样式"按钮时将为段落 p1 添加红色边框；单击"移除样式"按钮时则去掉段落的边框。网页运行结果如图 8.8 和图 8.9 所示。

图 8.8 单击"应用样式"按钮时的情形　　　　图 8.9 单击"移除样式"按钮时的情形

8.3.3 使用 document 对象

document 对象是文档对象模型的关键组成部分，它不仅提供了当前文档的信息，还提供了一组可导航、搜索和操作文档结构与内容的功能。

1．获取文档元数据

document 对象的用途之一是提供关于当前文档的元数据信息，相关属性如下。

characterSet：返回文档的字符集编码，这是一个只读属性，其取值是字符串。

charset：获取或设置文档的字符集编码，其取值是字符串。

compatMode：获取文档的兼容模式，其取值是字符串。

cookie：获取或设置当前文档的 cookie，其取值是字符串。

defaultView：获取当前文档的 window 对象。

dir：获取或设置文档的文本方向，其取值是字符串。

domain：获取或设置当前文档的域名，其取值是字符串。

implementation：提供可用 DOM 功能的信息，其取值为 DOMImplementation 类型。

lastModified：返回文档的最后修改时间，其取值为字符串。

location：提供当前文档的 URL 信息，其取值为 location 对象。

readyState：返回当前文档的状态，这是一个只读属性，其取值为字符串。

referrer：返回链接到当前文档的文档 URL（即对应 HTTP 标头的值），其取值为字符串。

title：获取或设置当前文档的标题，其取值为字符串。

使用 document 对象的 location 属性可以返回一个 location 对象。location 对象提供了以下属性，可以用来获取有关当前文档 URL 的详细信息。

hash：获取或设置从井号（#）开始的 URL（锚）。

host：获取或设置主机名和当前 URL 的端口号。

hostname：获取或设置当前 URL 的主机名。

href：获取或设置当前文档的完整 URL。

pathname：获取或设置当前文档 URL 的路径部分。

port：获取或设置当前文档 URL 的端口号。

protocol：获取或设置当前文档 URL 的协议。

search：获取或设置从问号（?）开始的 URL（查询部分）。

此外，location 对象还提供了以下方法。

assign()：加载新的文档。

reload()：重新加载当前文档。

replace()：用新的文档替换当前文档。

提示：通过设置 location 对象的 href 属性或调用其 assign 方法都可以导航到其他文档。

例 8.6　本例说明如何使用 document 对象的相关属性来获取文档信息。源代码如下：

```
<!doctype html>
<html>
<head>
<meta charset="gb2312">
<title>获取文档信息</title>
</head>

<body>
<script type="text/javascript">
document.writeln("<ul>");
document.writeln("<li>字符集编码："+document.characterSet+"</li>");
document.writeln("<li>兼容性模式："+document.compatMode+"</li>");
document.writeln("<li>网页最后修改时间："+document.lastModified+"</li>");
document.writeln("<li>网页标题："+document.title+"</li>");
document.writeln("<li>网页协议："+document.location.protocol+"</li>");
document.writeln("<li>主机："+document.location.host+"</li>");
document.writeln("<li>完整网址："+document.location.href+"</li>");
document.writeln("<li>路径部分："+document.location.pathname+"</li>");
document.writeln("<li>查询部分："+document.location.search+"</li>");
document.writeln("<li>锚部分："+document.location.hash+"</li>");
document.writeln("</ul>");
</script>
</body>
</html>
```

本例中通过使用 document 对象的相关属性获取了当前页面的字符集编码、兼容性模式、最后修改时间以及网页标题等信息，并通过调用 document 对象的 writeln 方法将这些信息写入页面。网页运行结果如图 8.10 所示。

图 8.10　获取文档基本信息

2．通过 document 的属性获取元素对象

document 对象提供了一组属性，可以用来从 HTML 文档中获取特定元素或元素类型的对象。现将这些属性汇总如下。

activeElement：返回一个代表当前带有键盘焦点元素的对象，其返回值为 HTMLElement。

body：返回一个代表 body 元素的对象，其返回值为 HTMLElement。

embeds 和 plugins：返回所有代表 embed 元素的对象，其返回值为 HTMLCollection。

forms：返回所有代表 form 元素的对象，其返回值为 HTMLCollection。

head：返回代表 head 元素的对象，其返回值为 HTMLElement。

images：返回所有代表 img 元素的对象，其返回值为 HTMLCollection。

links：返回所有代表 link 元素的对象，其返回值为 HTMLCollection。

scripts：返回所有代表 script 元素的对象，其返回值为 HTMLCollection。

上述属性的返回值可分为两种类型，即 HTMLElement 和 HTMLCollection。HTMLElement 表示单个 HTML 元素，HTMLCollection 则表示 HTML 元素集合。对于 HTMLCollection，可以将其视为一个数组，并通过 length 属性返回集合中包含的项目数，还可以使用标准的 JavaScript 数组索引标记（即 elems[i]）来访问集合中的各个元素。

例 8.7　本例说明如何通过 document 对象的属性来获取 HTML 元素。源代码如下：

```
<!doctype html>
<html>
<head>
<meta charset="gb2312">
<title>从文档中获取元素</title>
</head>

<body>
<p><img src="../images/cloud3.png"><img src="../images/flower3.jpg"></p>
<script type="text/javascript">
var images=document.images;
document.writeln("图像 1 的来源："+images[0].src+"<br>");
document.writeln("图像 2 的来源："+images[1].src);
</script>
</body>
</html>
```

本例中在页面上放置了两个图像。通过 document 对象的 images 属性得到这两个图像的集合，并通过数组索引标记来获取每个图像。对于图像元素而言，src 属性是特有属性；通过调用 document 对象的 writeln 方法将图像来源信息写入页面。网页运行结果如图 8.11 所示。

图 8.11　从文档中获取元素示例

3．通过 document 的方法搜索元素对象

document 对象提供了一些方法，可以根据元素属性、类型或 CSS 选择器从文档中搜索代表 HTML 元素的对象。现将这些方法汇总如下。

getElementById(id)：返回带有指定 id 值的元素，其返回值为 HTMLElement。

getElementsByClassName(class)：返回带有指定 class 值的元素，其返回值为 HTMLElement[]。

getElementsByName(name)：返回带有指定 name 值的元素，其返回值为 HTMLElement[]。

getElementsByTagName(tag)：返回指定类型的元素，其返回值为 HTMLElement[]。

querySelector(selector)：返回匹配指定 CSS 选择器的首个元素，其返回值为 HTMLElement。

querySelectorAll(selector)：返回匹配指定 CSS 选择器的所有元素，其返回值为

HTMLElement[]。

上述方法按照返回值可以分为两类，一类是 HTMLElement，表示单个的 HTML 元素；另一类是 HTMLElement[]，表示一些 HTML 元素构成的数组。这些方法按照名称也可以分为两类，一类是以单词 get 开头的，它们根据元素的指定属性进行搜索；另一类是以单词 query 开头的，它们根据指定的 CSS 选择器进行搜索。

提示：对于 HTMLElement 对象，可以调用 document 对象的上述方法进行链式搜索。不过 getElementById 方法是个例外，只有 document 对象才能调用它。

例 8.8　本例演示如何通过 document 对象的相关方法从文档中搜索元素。源代码如下：

```
<!doctype html>
<head>
<meta charset="gb2312">
<title>从文档中搜索元素</title>
<style type="text/css">
.demo {
    width: 232px;
    border: thin solid red;
    border-radius: 6px;
    padding: 12px;
}
</style>
</head>

<body>
<p> <img src="../images/cloud3.png"> <img src="../images/flower3.jpg"> <span>DOM</span><span>即</span><span>文档对象模型</span> </p>
<script type="text/javascript">
var p1=document.querySelector("p:first-child");
p1.className="demo";
var img_spans=document.querySelectorAll("img,span");
var img1=document.querySelector("p").querySelector("img");
document.writeln("文档中的 img 和 span 元素一共有"+img_spans.length+"个<br>");
document.writeln("图片 1 的来源是： "+img1.src);
</script>
</body>
</html>
```

本例中编写了一段内嵌脚本，通过 CSS 选择器 p:first-child 找到一个段落并对其加了边框；然后通过 CSS 选择器"img, span"找到 5 个 span 元素；接着连续两次调用 querySelector 方法，即 document.querySelector("p").querySelector("img")，其结果是从第一个段落中找到了第一个 img 元素；最后通过调用 document 对象的 writeln 方法将找到的元素数量和图片的来源信息写入文档。网页运行结果如图 8.12 所示。

图 8.12　从文档中搜索元素示例

4．DOM 树导航

DOM 对象提供了一组属性，可以用来在 DOM 树形层级结构中进行导航。现将这些属性汇总如下。

childNodes：返回子元素数组，其返回值为 HTMLElement[]。

firstChild：返回第一个元素，其返回值为 HTMLElement。

lastChild：返回最后一个子元素，其返回值为 HTMLElement。

nextSiling：返回当前元素之后的兄弟元素，其返回值为 HTMLElement。

parentMode：返回父元素，其返回值为 HTMLElement。

previosSibling：返回当前元素之前的兄弟元素，其返回值为 HTMLElement。

此外，DOM 对象还有一个 hasChildNodes()方法，如果当前元素包含子元素则返回 true。

例 8.9　本例演示如何遍历 DOM 文档节点（包括子元素和属性）。源代码如下：

```
<!doctype html>
<html>
<head>
<meta charset="gb2312">
<title>遍历 DOM 文档节点</title>
<script type="text/javascript">
window.onload=function(){                                //当窗体加载完毕后触发此函数
    var root=document.querySelector("html");             //获取文档根元素
    traverseNodes(root);                                 //遍历所有节点
    document.writeln("<ol>");
    document.writeln(msg);
    document.writeln("</ol>");
}
function traverseNodes(node) {
    if(node.nodeType==1){                                //判断是否是元素节点
        display(node);                                   //显示元素名称、类型和内容
        for(var i=0; i<node.attributes.length; i++){     //遍历属性节点
            var attr=node.attributes[i];                 //获取属性节点
            if (attr.specified) {                         //判断该节点是否存在
                display(attr);                            //若存在，则显示输出
            }
        }
        if (node.hasChildNodes) {                         //判断该元素节点是否有子节点
            var sonnodes=node.childNodes;                 //若有则得到所有子节点
            for (var i=0; i<sonnodes.length; i++) {       //遍历所有子节点
                var sonnode=sonnodes[i];                  //得到具体的某个子节点
                traverseNodes(sonnode);                   //递归遍历
            }
        }
    } else {                                             //不是元素节点
        display(node);                                   //直接显示输出
    }
}
var msg="";
function display(node){
    msg+="<li>nodeName="+node.nodeName+" nodeType="+node.nodeType+" nodeValue=" +node.nodeValue
+"</li>";
}
</script>
</head>

<body>
<p id="p1">如何遍历<span>DOM</span>树形层级结构</p>
```

```
    </body>
    </html>
```

本例编写了一段脚本，通过函数的递归调用来遍历整个 DOM 文档节点。对于元素节点，首先显示该节点的名称、类型和值，然后检查是否有属性节点和子节点，若有属性节点则显示其名称、类型和值，若有子节点则进行递归检查；对于非元素节点（如属性和文本），则直接显示其名称、类型和值。网页运行结果如图 8.13 所示。

图 8.13　遍历 DOM 文档节点

8.3.4 使用 window 对象

window 对象表示在浏览器中打开的一个窗口，通过该对象可以获取浏览器窗口的状态信息，并处理在浏览器窗口中发生的事件。在 HTML5 之前，window 对象实事上已经成为一个非正式的标准。现在，window 对象作为 HTML5 的一部分最终添加到 HTML 规范中。

1. 获取 window 对象

每当在浏览器中打开一个网页时，就会创建一个 window 对象。在 JavaScript 中，要获取 window 对象可以通过两种方式来实现：一种方式是使用 document 对象的 defaultView 属性，另一种方式是使用全局变量 window。这两种方式是等价的。

2. 获取窗口信息

使用 window 对象的属性可以获取浏览器窗口的各种基本信息。现将这些属性汇总如下。

innerHeight：获取窗口内容区域的高度，其返回值为数值。

innerWidth：获取窗口内容区域的宽度，其返回值为数值。

outerHeight：获取窗口的高度，包括窗口边框和菜单栏等，其返回值为数值。

outerWidth：获取窗口的宽度，包括窗口边框和菜单栏等，其返回值为数值。

pageXOffset：获取窗口从左上角起水平滚动的像素数，其返回值为数值。

pageYOffset：获取窗口从左上角起垂直滚动的像素数，其返回值为数值。

screen：返回一个描述屏幕的对象，其返回值为 Screen。

screenLeft 或 screenX：获取从窗口左边缘到屏幕左边缘的像素数，其返回值为数值。

screenTop 或 screenY：获取从窗口上边缘到屏幕上边缘的像素数，其返回值为数值。

使用 window 对象的 screen 属性可以获得一个 Screen 对象。通过 Screen 对象的属性可以获取显示此窗口的屏幕信息。现将这些属性汇总如下。

availHeight：屏幕上可供显示窗口部分的高度，其返回值为数值。

availWidth：屏幕上可供显示窗口部分的宽度，其返回值为数值。

colorDepth：屏幕的颜色深度，其返回值为数值。

height：屏幕的高度，其返回值为数值。

width：屏幕的宽度，其返回值为数值。

例 8.10　本例说明如何通过 window 对象的属性获取窗口信息。源代码如下：

```html
<!doctype html>
<html>
<head>
<meta charset="gb2312">
<title>获取窗口信息</title>
<style type="text/css">
table {
    width: 400px;
    border: thin solid blue;
    border-collapse: collapse;
    margin: 0 auto;
}
caption {
    margin-bottom: 12px;
}
td {
    border: thin solid blue;
    padding: 6px;
}
</style>
<script type="text/javascript">
window.onload=function() {
    document.querySelector("tr:first-child td:nth-child(2)").innerHTML=window.outerWidth;
    document.querySelector("tr:first-child td:last-child").innerHTML=window.outerHeight;
    document.querySelector("tr:nth-child(2) td:nth-child(2)").innerHTML=window.innerWidth;
    document.querySelector("tr:nth-child(2) td:last-child").innerHTML=window.innerHeight;
    document.querySelector("tr:last-child td:nth-child(2)").innerHTML=window.screen.width;
    document.querySelector("tr:last-child td:last-child").innerHTML=window.screen.height;
}
</script>
</head>

<body>
    <table>
        <caption>窗口信息</caption>
        <tr>
            <td>outerWidth</td><td> </td>
            <td>outerHeight</td><td> </td>
        </tr>
        <tr>
            <td>innerWidth</td><td> </td>
            <td>innerHeight</td><td> </td>
        </tr>
        <tr>
            <td>screen.Width</td><td> </td>
            <td>screen.Height</td><td> </td>
        </tr>
    </table>
</body>
</html>
```

本例中编写了一段代码，设置加载窗口后执行一个匿名函数，通过 window 对象的属性获取当前浏览器窗口的信息并填写到表格中。网页运行结果如图 8.14 所示。

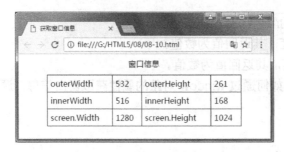

图 8.14　获取窗口信息

3．与窗口进行交互

window 对象提供了一些方法，可以用来与显示文档的浏览器窗口进行交互。现将这些方法汇总如下。

blur()：让窗口失去键盘焦点。

close()：关闭窗口。

focus()：让窗口获得键盘焦点。

print()：提示用户打印页面。

scrollBy(x, y)：让文档相对于当前位置进行滚动。

scrollTo(x, y)：让文档滚动到指定位置。

stop()：停止载入文档。

上述方法都没有返回值。

例 8.11　本例演示如何通过 window 对象的方法与浏览器窗口进行交互。源代码如下：

```html
<!doctype html>
<html>
  <head>
    <meta charset="gb2312">
    <title>与窗口进行交互</title>
    <style type="text/css">
header {
  text-align: center;
}
h1 {
  font-size: 22px;
}
p {
  text-indent: 2em;
}
</style>
<script type="text/javascript">
window.onload=function() {
  var btns=document.getElementsByTagName("button");
  for (var i=0; i<btns.length; i++){
    btns[i].onclick=function(e) {
      if (e.target.innerHTML=="打印") {
        window.print();
      } else if (e.target.innerHTML=="滚动") {
        window.scrollTo(0, 60);
      } else {
        window.close();
      }
    };
  }
```

```
    };
    </script>
    </head>

    <body>
    <div>
        <button>打印</button>
        <button>滚动</button>
        <button>关闭</button>
    </div>
    <header>
        <h1>人在打喷嚏时为何要闭眼？并非防止眼球掉出</h1>
        <p>2016 年 12 月 31 日  10:25  新浪科技</p>
    </header>
    <p>新浪科技讯 北京时间 12 月 31 日消息，据国外媒体报道，打喷嚏时，总是会不由自主地闭上眼睛。
对于这样一个再自然不过的动作，人们通常认为这是很正常的现象，很少有人会去想为什么闭上眼睛，可不可
以不闭眼睛。不过，还真有科学家把这当作一项课题来研究。美国德州农工大学休斯顿校区医学院副院长、休
斯顿卫理公会医院变应症专科医生大卫-赫斯顿博士近日研究发现，在打喷嚏时是有可能保持睁眼状态的，不
过有点难。</p>
    <p> 赫斯顿博士解释说，"打喷嚏时睁开眼睛，是有可能的。这表明，两者之间没有强制性关联。"
赫斯顿承认，现在尚未完全搞清楚为什么打喷嚏时会闭眼，不过他认为这种闭眼动作可能是一种反射性的保护
动作。对于研究人员来说，打喷嚏其实就是一种"喷嚏反射"，用于保护我们的鼻腔通道，来自肺部的强大气
流将外来粒子以大约每秒 4.5 米的高速喷射出去。</p>
    </body>
    </html>
```

　　本例在页面上显示了一段科技新闻，并放置了 3 个按钮。在文档的 head 部分编写了一段 JavaScript 代码，在加载窗口时执行一个匿名函数，对每个按钮的 onclick 事件属性进行设置。当单击不同按钮时将执行不同操作。网页的运行结果如图 8.15 和图 8.16 所示。

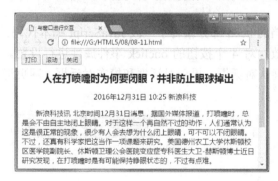

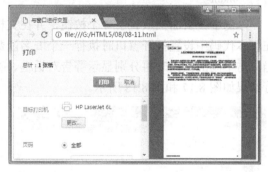

图 8.15　刚打开时的网页　　　　　　图 8.16　单击"打印"按钮时的情形

4．对用户进行提示

window 对象提供了一些方法，可用来对用户进行提示。现将这些方法汇总如下。

alert(msg)：显示一个包含指定信息和"确定"按钮的对话框，没有返回值。

confirm(msg)：显示一个包含指定信息、"确定"按钮和"取消"按钮的对话框，其返回值为布尔值。

prompt(msg, val)：显示一个对话框并提示用户输入内容，其返回值为字符串。

showModalDialog(url)：显示一个模态窗口，用于显示指定的 URL，没有返回值。

例 8.12　本例演示如何使用 window 对象的方法对用户进行提示。源代码如下：

```
    <!doctype html>
    <html>
    <head>
```

```
<meta charset="gb2312">
<title>提示用户</title>
<script type="text/javascript">
window.onload=function() {
  var btns=document.getElementsByTagName("button");
  for (var i=0; i<btns.length; i++) {
    btns[i].onclick=function(e) {                     //设置 4 个按钮的事件属性 onclick
      if (e.target.innerHTML=="警告") {                //若单击了"警告"按钮
        window.alert("这是一条警告！");
      } else if (e.target.innerHTML=="确认") {         //若单击了"确认"按钮
        window.confirm("请您确认？");
      } else if (e.target.innerHTML=="提示") {         //若单击了"提示"按钮
        window.prompt("请输入一个值：", "");
      } else {                                         //若单击了"模态"按钮
        window.showModalDialog("http://www.phei.com.cn/");
      }
    };
  }
};
</script>
</head>

<body>
<p>
  <button>警告</button>
  <button>确认</button>
  <button>提示</button>
  <button>模态</button>
</p>
</body>
</html>
```

本例中在页面上放置了 4 个按钮，并在文档的 head 部分编写了一段 JavaScript 脚本代码。在脚本代码中设置打开窗口时执行一个匿名函数，对 4 个按钮的 onclick 事件属性进行设置。当单击不同的按钮时将分别显示警告对话框、确认对话框、提示对话框和模态对话框。网页运行结果如图 8.17 和图 8.18 所示。

图 8.17　单击"警告"按钮时的情形

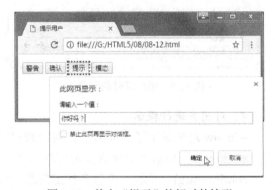

图 8.18　单击"提示"按钮时的情形

5．使用浏览器历史

window 对象的 history 属性本身是一个 history 对象，可以用来对浏览器历史进行一些操作。history 对象提供了以下两个属性。

length：返回浏览历史中的项目数量，其返回值为数值。

state：返回浏览历史中关联当前文档的状态数据，其返回值为对象。

此外，history 对象还提供了以下方法。

back()：在浏览历史中后退一步。

forward()：在浏览历史上前进一步。

go(index)：转到相对于当前文档的某个浏览历史位置。正值表示前进，负值表示后退。

pushState(state, title, url)：向浏览历史中添加一个条目。

replaceState(state, title, url)：替换浏览历史中的当前条目。

上述方法都没有返回值。

6．使用计时器

使用 window 对象可以创建两种类型的计时器，一种是一次性计时器，用于延时执行某个操作；另一种是重复性计时器，用于周期性执行某个操作。

若要创建一次性计时器，可调用 window 对象的 setTimeout 方法，语法格式如下：

```
var id_of_settimeout=setTimeout(code, millisec);
```

其中，参数 code 指定要执行的 JavaScript 语句，参数 millisec 指定执行代码之前需等待的毫秒数。setTimeout()函数返回的一个数值，该值标识要延迟执行代码块。

若要取消由 setTimeout 方法创建的计时器，可调用 window 对象的 clearTimeout 方法，语法格式如下：

```
clearTimeout(id_of_settimeout)
```

其中，参数 id_of_settimeout 为由 setTimeout 方法返回的 id 值。

若要创建周期性计时器，可调用 window 对象的 setInterval 方法，语法格式如下：

```
var id_of_setinterval=setInterval(code, millisec)
```

其中，参数 code 指定要调用的函数或要执行的代码，参数<millisec>指定周期性执行或调用 code 之间的时间间隔，以毫秒计。

若要取消由 setInterval 方法创建的计时器，可调用 window 对象的 clearInterval 方法，语法格式如下：

```
clearInterval(id_of_setinterval)
```

其中，参数 id_of_setinterval 表示由 clearInterval 方法返回的 id 值。

例 8.13　本例演示如何利用周期性计时器制作一个数字时钟。源代码如下：

```html
<!doctype html>
<html>
<head>
<meta charset="gb2312">
<title>数字时钟</title>
<style type="text/css">
div {
    width: 200px;
    margin: 0 auto;
    padding: 12px;
    font-family: "Arial Black";
    font-size: 32px;
    text-align: center;
    background-color: blue;
    border-radius: 12px;
    box-shadow: 3px 3px 0 gray;
    color: white;
```

```
    }
    p {
        text-align: center;
    }
</style>
</head>

<body>
<div> </div>
<p>
    <button>开始计时</button>
    <button>停止计时</button>
    <button>6 秒后关闭窗口</button>
</p>
<script type="text/javascript">
var div=document.getElementsByTagName("div")[0];                //获取 div 元素对象
var btn1=document.getElementsByTagName("button")[0];            //获取第一个按钮
var btn2=document.getElementsByTagName("button")[1];            //获取第二个按钮
var btn3=document.getElementsByTagName("button")[2];            //获取第三个按钮
var id=setInterval("showTime()", 1000);                         //设置周期性计时器
btn1.onclick=function() {                                       //设置第一个按钮的事件属性 onclick
    id=setInterval("showTime()", 1000);                         //设置周期性计时器
};
btn2.onclick=function() {                                       //设置第二个按钮的事件属性 onclick
    clearInterval(id);                                          //取消由 id 指定的计时器
};
btn3.onclick=function() {                                       //设置第三个按钮的事件属性 onclick
    setTimeout("window.close()", 6000);                         //创建一次性计时器，6s 后关闭窗口
}
function sup(n) {                                               //声明自定义函数
    return (n<10)?"0"+n:n;                                      //若参数 n 小于 10 则添加前缀 0
}
function showTime() {                                           //声明自定函数，用于显示时间
    var date=new Date();                                        //创建 Date 对象
    var time=sup(date.getHours())+":"+sup(date.getMinutes())+":"+sup(date.getSeconds()); //生成当前时间
    div.innerHTML=time;                                         //在 div 元素内显示时间
}
</script>
</body>
</html>
```

　　本例中编写了一段代码，通过设置周期性计时器每隔 1000ms（即 1s）调用一次自定义函数 showTime，在 div 元素中显示当前系统时间；将对 3 个按钮的 onclick 事件属性分别设置一个不同的匿名函数，其中一个通过执行 setInterval 函数来开启计时器的开始，另一个通过执行 clearInterval 函数来停止这个计时器，第三个则通过执行 setTimeout 函数，在延迟 6s 之后关闭窗口。网页运行结果如图 8.19 所示。

图 8.19　数字时钟

8.4　事件处理

当用户通过浏览器操作网页时会引发各种各样的事件，JavaScript 脚本与 HTML 网页之间的交互就是通过这些事件来实现的。事件处理是 JavaScript 编程中的重要内容。下面来讨论如何在 JavaScript 中进行事件处理。

8.4.1　设置事件属性

所谓事件，就是用户或浏览器本身的某种行为。例如，当在浏览器中加载网页时会发生 load 事件，当用户单击页面元素时会发生 click 事件，当用户在键盘上按下某个按键时会发生 keypress 事件，等等。通过设置元素对象的事件属性可以指定为响应某个事件而调用的函数，事件属性的名称由前缀 on 和事件名称组合成，例如 onload、onclick 及 onkeypress 等。事件属性的值指向某个 JavaScript 函数，这可以在 JavaScript 或 HTML 代码中进行设置。

1．在 JavaScript 中设置事件属性

在 JavaScript 代码中设置对象的事件属性时，首先应当获取对要处理的对象的引用，然后把该对象的事件属性值设置为一个函数名称，语法如下：

```
object.onEventName=fnHandler;
```

其中，参数 object 表示文档中的某个对象（元素节点）；参数 onEventName 表示事件属性的名称；参数 fnHandler 指定触发该事件时要调用的函数名称，也可以是一个匿名函数。

注意：函数名称后面不用圆括号表示对该函数的一个引用。若加上圆括号，则表示对该函数的调用。在 JavaScript 代码中事件属性名称必须使用小写字母，只有这样才能正确响应事件。在代码中获取要处理的元素对象时，通常需要把代码块放置在该元素的 HTML 代码之后，否则将无法得到该对象。

2．在 HTML 中设置事件属性

要在 HTML 代码中设置事件属性时，应当在元素的 HTML 标签中添加事件属性并将该属性值设置为 JavaScript 语句。

例如，在下面的例子中，对 div 元素分配了 onclick 事件处理函数。

```
<div id="div1" onclick="alert('hi');">单击这里</div>
```

在上述例子中，onclick 属性值是对 window 对象的 alert 方法的调用，这个函数调用代码被封装在一个匿名函数中，这段 HTML 代码实际上执行了下面的 JavaScript 脚本：

```
document.getElementById("div1").onclick=function() {
    alert("hi!");
};
```

在 HTML 代码中设置元素的事件属性时，对事件处理函数属性名称的大小写形式没有限制。例如，onclick 也可以写成 onClick 或 OnClick 等。

在 HTML 代码中设置事件属性时，还可以将事件处理函数属性值设置为一个返回布尔值的 return 语句。若该 return 语句返回 true，则执行该事件的默认行为；若返回 false，则取消该事件的默认行为。对于不同 HTML 元素的事件，当事件处理函数返回 false 值时效果有所不同：对于超链接（a 元素）的 click 事件，将取消链接的导航作用，即不发生页面跳转；对于提交按

钮的 click 或表单的 submit 事件，将阻止表单的提交；对于单选按钮或复选框的 click 事件，将阻止选择该选项。

3．使用代码触发事件

对象的事件通常是由于用户操作或窗口行为而触发的。此外，也可以通过在 JavaScript 代码中调用对象的某些方法来触发事件。

下面列出能够触发事件的方法。

（1）blur()：使元素失去焦点并触发 blur 事件，语法如下。

```
object.blur();
```

blur()方法将焦点离开指定元素，但不会将焦点设置在 Tab 键顺序的下一个元素上。

（2）click()：通过引起 click 事件触发来模拟一个鼠标单击，语法如下。

```
object.click();
```

使用 click()方法模拟鼠标单击时，不会使指定元素获得焦点。

（3）focus：导致元素收到焦点并执行由 focus 事件指定的代码，语法如下。

```
object.focus();
```

（4）select()：选取文本域中的内容，语法如下。

```
object.select();
```

（5）reset()：把表单中的各个控件重置为它们的默认值，语法如下。

```
oForm.reset();
```

调用 reset()方法的作用等价于用户单击了重置按钮，但不会触发表单的 reset 事件。

（6）submit()：用于提交表单，语法如下。

```
oForm.submit();
```

调用 submit 方法的作用等价于用户单击了提交按钮，但不会触发表单的 submit 事件。

例 8.14 本例演示如何通过设置相关事件属性实现对表单数据的验证。源代码如下：

```
<!doctype html>
<html>
<head>
<meta charset="gb2312">
<title>网站登录</title>
<style type="text/css">
h1 {
    font-size: 20px;
    text-indent: 5em;
}
label {
    display: inline-block;
    width: 4em;
}
p:last-child {
    text-indent: 6em;
}
.msg {
    color: red;
    border-bottom: thin dotted red;
    display: none;
}
```

```
    </style>
    </head>

    <body>
    <h1>网站登录</h1>
    <form method="post" action="" onSubmit="return check();">
    <p>
        <label for="username">用户名：</label>
        <input type="text" id="username" name="username">
        <span class="msg">用户名不能为空</span> </p>
    <p>
        <label for="password">密码：</label>
        <input type="password" id="password" name="password">
        <span class="msg">密码不能为空</span> </p>
    <p>
        <input type="submit" value="提交">
          
        <input type="reset" value="重置">
    </p>
    </form>
    <script type="text/javascript">
    var form=document.forms[0];
    var username=document.getElementById("username");          //获取文本框
    var password=document.getElementById("password");          //获取密码框
    var msg1=document.getElementsByTagName("span")[0];         //获取第一个 span 元素对象
    var msg2=document.getElementsByTagName("span")[1];         //获取第二个 span 元素对象
    function check() {                                         //声明自定义函数
        var retvalue=true;
        if (username.value=="") {
            username.focus();
            msg1.style.display="inline";
            retvalue=false;
        }
        if (password.value=="") {
            password.focus();
            msg2.style.display="inline";
            retvalue=false;
        }
        return retvalue;
    }
    username.onblur=function() {                               //设置文本框的事件属性 onblur
        if(username.value=="") {                              //若未输入用户名
            msg1.style.display="inline";                      //则显示提示信息
        } else {                                              //否则
            msg1.style.display="none";                        //隐藏提示信息
        }
    }
    username.onfocus=function() {                             //设置文本框的事件属性 onfocus
        msg1.style.display="none";                            //显示提示信息
    }
    password.onblur=function() {                              //设置密码框的事件属性 onblur
        if(password.value=="") {                              //若未输入密码
            msg2.style.display="inline";                      //则显示提示信息
        } else {                                              //否则
            msg2.sty.display="none";                          //隐藏提示信息
        }
    }
    password.onfocus=function() {                             //设置密码框的事件属性 onfocus
        msg2.style.display="none";                            //隐藏提示信息
    }
    form.onreset=function() {                                 //设置表单的事件属性 onreset
        msg1.style.display="none";                            //隐藏提示信息
```

```
    msg2.style.display="none";                              //隐藏提示信息
  }
  </script>
  </body>
  </html>
```

本例创建了一个登录表单并通过 JavaScript 代码对表单数据进行验证。在 HTML 代码中对表单元素设置了 onSubmit 事件属性，属性值为"return check();"。若函数 check() 的返回值为 false，则阻止提交表单并显示提示信息，如图 8.20 所示；在 JavaScript 代码中设置了用户和密码输入框的 onblur 和 onfocus 事件属性，这样一来，当光标离开这些元素时，若用户未输入内容，则显示提示信息，当光标进入某个输入框时其右侧的提示信息自动消失，如图 8.21 所示。此外，还对表单元素设置了 onreset 事件属性，其作用是在重置表单时使当前显示的提示信息隐藏起来。

图 8.20　未输入信息而提交表单时

图 8.21　未输入用户名而移动光标时

8.4.2　DOM 事件模型

事件是文档对象模型的重要组成部分。在 DOM 的事件模型中，事件传播的过程包括事件捕获和事件冒泡两个阶段。在事件捕获阶段，事件从顶层的 window 对象出发依次向下传播，直到底层的 DOM 对象，然后转入事件冒泡阶段，事件从底层向上冒泡，直到顶层的 window 对象。在事件传播过程中，沿途经过的每个对象的事件处理函数都将被调用。

1．设置事件处理函数

在 DOM 事件模型中，可以使用 addEventListener 方法将指定的函数绑定到某个事件上，每当触发对象上指定的事件时将调用该函数，语法格式如下。

```
oElement.addEventListener(sEevent, fnHandler, bCapture);
```

其中，参数 oElement 指定需要绑定事件处理函数的对象；参数 sEevent 指定事件名称（如 click）；参数 fnHandler 指定要绑定的事件处理函数（亦称事件监听函数）；参数 bCapture 设置事件触发阶段，若指定为 true 则事件在捕获阶段触发，若指定为 false 则事件在冒泡阶段触发。

使用 addEventListener 方法可以对同一事件分配多个事件处理函数。例如，在下面的例子中为 div 元素的 click 事件分配了两个事件处理函数。

```
<div id="div1">单击这里</div>
<script type="text/javascript">
  var fnClick1=function() {
    alert("我被单击了！");
  };
  var fnClick2=function() {
    alert("我又被单击了！");
```

```
  };
  oDiv=document.getElementById("div1");
  oDiv.addEventListener("click", fnClick1, false);
  oDiv.addEventListener("click", fnClick2, false);
</script>
```

对于使用 addEventListener 方法绑定的事件处理函数，可以使用 removeEventListener 方法来移除，语法如下。

```
oElement.removeEventListener(sEevent, fnHandler, bCapture);
```

其中，各参数与 addEventListener 方法的参数相对应。

如果使用 addEventListener 在某个阶段分配了事件处理函数，则调用 removeEventListener 时也必须指定是这个阶段，只有这样才能正确移除该事件处理函数。反之，如果在一个阶段（如捕获阶段）分配了事件处理函数，然后尝试在另一个阶段（如冒泡阶段）移除该事件处理函数，这样做虽然不会出现错误，但是却不能移除指定的事件处理函数。

2．事件对象

在 DOM 规范中，事件对象作为唯一的参数传递给事件处理函数。在定义事件处理函数时通常需要为该函数设置一个参数，该参数的名称通常为 event。

事件对象提供了以下属性。

type：获取事件的名称，其返回值为字符串。

target：获取引起事件的元素，其返回值为 HTMLElement。

currentTarget：获取事件当前所指向的元素，其返回值为 HTMLElement。

eventPhase：获取事件生命周期的当前阶段，其返回值是一个整数，1 表示在捕获阶段，2 表示在目标上，3 表示在冒泡阶段。

bubbles：若事件会在文档中冒泡则返回布尔值 true，否则返回布尔值 false。

cancelable：若事件带有可撤销的默认行为则返回布尔值 true，否则返回布尔值 false。

timeStamp：获取发生事件的时间，若时间不可用则返回 0，其返回值为字符串。

3．取消事件的默认行为

在 DOM 事件模型中，通过在事件处理函数中调用事件对象的 preventDefault()方法，可以阻止该事件的默认行为并使 defaultPrevented 属性变为 true。

4．阻止事件的传播

在 DOM 事件模型中，通过调用事件对象的 stopPropagation()方法可以阻止事件传播到下一个事件目标，并且这对所有事件阶段中的事件都是有效的。

例 8.15　本例演示如何查看 DOM 事件对象的成员列表。源代码如下：

```
<!doctype html>
<html>
<head>
<meta charset="gb2312">
<title>DOM 事件对象成员列表</title>
</head>

<body>
<p>请单击页面，以查看 DOM 事件对象的属性和方法列表。</p>
<script type="text/javascript">
var fnMouseDown=function(event) {
  document.writeln("<ol>");
  for(var prop in event) {
```

```
            document.writeln(("<li>event."+prop+":").bold());
            document.writeln(event[prop]+"</li>");
        }
        document.writeln("</ol>");
        document.body.style.columnCount="3";
        document.body.style.columnRule="thin solid gray";
    };
    document.addEventListener("mousedown", fnMouseDown, true);
    </script>
    </body>
    </html>
```

本例对 document 对象的 mousedown 事件设置了处理函数，当单击页面时会列出事件对象所有成员的列表，网页运行结果如图 8.22 所示。

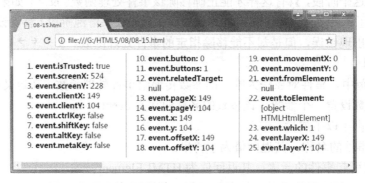

图 8.22　DOM 事件对象成员列表

8.4.3　HTML 事件介绍

在浏览器中发生的事件可以分为文档事件、窗口事件、表单事件、键盘事件、鼠标事件以及媒体事件等类型。下面对这些事件分别做一个简要说明。

1. 文档事件

document 对象有一个 readystatechange 事件，该事件会在 document.readyState 属性发生变化时触发。document.readyState 属性有 3 种取值：loading 表示 DOM 在加载过程中；interactive 表示 DOM 就绪但资源仍在加载中；complete 表示 DOM 加载完成。

2. 窗口事件

window 对象支持以下事件。

afterprint：文档打印之后触发。

beforeprint：文档打印之前触发。

beforeunload：文档卸载之前触发。

error：发生错误时触发。

haschange：当文档已改变时触发。

load：页面结束加载之后触发。

message：当收到来自信息源的信息时触发。

offline：当文档离线时触发。

online：当文档上线时触发。

pagehide：当窗口隐藏时触发。

pageshow：当窗口成为可见时触发。

popstate：当窗口历史记录改变时触发。

redo：当文档执行 redo 操作时触发。

resize：当浏览器窗口被调整大小时触发。

storage：在 Web 存储区域更新后触发。

undo：在文档执行 undo 操作时触发。

unload：当页面已卸载时触发（或者浏览器窗口已被关闭）。

3．表单事件

当用户在 HTML 表单内操作时可以触发以下事件。

blur：元素失去焦点时触发。

change：在元素值被改变时触发。

contextmenu：当上下文菜单被触发时触发。

focus：当元素获得焦点时触发。

formchange：在表单改变时触发。

forminput：当表单获得用户输入时触发。

input：当元素获得用户输入时触发。

invalid：当元素无效时触发。

reset：当表单中的重置按钮被点击时触发。HTML5 中不支持。

select：在元素中文本被选中后触发。

submit：在提交表单时触发。

4．键盘事件

当用户在键盘上按下按键时将触发以下键盘事件。

keydown：在用户按下按键时触发。

keypress：在用户敲击按钮时触发。

keyup：当用户释放按键时触发。

当发生键盘事件时，浏览器会指派一个 KeyboardEvent 对象。相对于 Event 对象的核心功能，KeyboardEvent 对象还增加了以下属性。

char：返回一个字符串，表示按键所代表的字符。

key：返回一个字符串，表示所按的键。

ctrlKey：若在按键时按下了 Ctrl 键则返回布尔值 true。

shiftKey：若在按键时按下了 Shift 键则返回布尔值 true。

altKey：若在按键时按下了 Alt 键则返回布尔值 true。

repeat：若一直按着某个键则返回布尔值 true。

5．鼠标事件

当用户使用鼠标在浏览器中进行某种操作时，将会触发以下鼠标事件。

click：当单击元素时触发。

dblclick：当双击元素时触发。

drag：当拖动元素时触发。

dragend：在拖动操作结束时触发。

dragenter：当元素已被拖动到有效拖放区域时触发。

dragleave：当元素离开有效拖放目标时触发。

dragover：当元素在有效拖放目标上正在被拖动时触发。

dragstart：在拖动操作开始时触发。

drop：当被拖元素正在被拖放时触发。

mousedown：当元素上按下鼠标按键时触发。

mousemove：当鼠标指针移动到元素上时触发。

mouseout：当鼠标指针移出元素时触发。

mouseover：当鼠标指针移动到元素上时触发。

mouseup：当在元素上释放鼠标按键时触发。

mousewheel：当鼠标滚轮正在被滚动时触发。

scroll：当元素滚动条被滚动时触发。

当发生某个鼠标事件时，浏览器会指派一个 MouseEvent 对象，它也属于 Event 对象，但提供了以下额外属性。

button：指明用户单击了哪个按键，其返回值为数值，0 表示鼠标主键，1 表示中键，2 是次键或右键。此属性不适用于单击和双击事件。

altKey：若在触发事件时按下了 Alt 键则返回布尔值 true，否则返回 false。

clientX：获取触发事件时鼠标指针相对于客户区域的 X 坐标，其返回值为数值。

clientY：获取触发事件时鼠标指针相对于客户区域的 Y 坐标，其返回值为数值。

screenX：获取触发事件时鼠标指针相对于屏幕坐标系的 X 坐标，其返回值为数值。

screenY：获取触发事件时鼠标指针相对于屏幕坐标系的 Y 坐标，其返回值为数值。

shiftKey：若触发事件时按下了 Shift 键则返回布尔值 true，否则返回 false。

ctrlKey：若触发事件时按下了 Ctrl 键则返回布尔值 true，否则返回 fasle。

例 8.16 本例演示如何处理鼠标事件。源代码如下：

```html
<!doctype html>
<html>
<head>
<meta charset="gb2312">
<title>鼠标事件示例</title>
<style type="text/css">
#demo {
    width: 320px;
    height: 160px;
    margin: 0 auto;
    background-color: skyblue;
    border-radius: 12px;
    text-align: center;
    line-height: 160px;
}
</style>
<script type="text/javascript">
window.onload=function() {
    //设置文档的 oncontextmenu 事件属性
    document.oncontextmenu=function(e) {
        e.preventDefault();                 //取消事件的默认行为（弹出上下文菜单）
    };
    //对 div 元素的 mousedown 事件设置处理函数
    document.getElementById("demo").addEventListener("mousedown", handle, false);
    function handle (e) {
        if (e.button==0) {
```

```
        e.target.innerHTML="你单击了鼠标左键，位置在("+e.clientX+"，"+e.clientY+")";
    } else if (e.button==1) {
        e.target.innerHTML="你单击了鼠标滚轮，位置在("+e.clientX+"，"+e.clientY+")";
    } else if (e.button==2) {
        e.target.innerHTML="你单击了鼠标右键，位置在("+e.clientX+"，"+e.clientY+")";
    }
  };
};
</script>
</head>

<body>
<div id="demo"></div>
</body>
</html>
```

　　本例中设置窗口对象的 onload 事件属性指向一个匿名函数，在该函数中设置了文档对象的 oncontextmenu 事件属性，取消了该事件的默认行为，即弹出上下文菜单，以免与单击右键发生冲突。此外，还对 div 元素的 mousedown 事件设置了处理函数，当单击鼠标时显示出单击了哪个按键以及鼠标指针的位置坐标信息，如图 8.23 和图 8.24 所示。

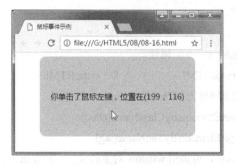

图 8.23　单击鼠标左键时的情形　　　　　　　　图 8.24　单击鼠标右键时的情形

6．媒体事件

各种媒体（视频、图像和音频）可以触发以下事件。

abort：在退出时触发。

canplay：当文件就绪可以开始播放时触发（缓冲已足够开始时）。

canplaythrough：当媒体能够无须因缓冲而停止即可播放至结尾时触发。

durationchange：当媒体长度改变时触发。

emptied：当发生故障并且文件突然不可用时触发（比如连接意外断开时）。

ended：当媒体已到达结尾时触发（可发送类似"感谢观看"之类的消息）。

error：在文件加载期间发生错误时触发。

loadeddata：当媒体数据已加载时触发。

loadedmetadata：当元数据（比如分辨率和时长）被加载时触发。

loadstart：在文件开始加载且未实际加载任何数据前触发。

pause：当媒体被用户或程序暂停时触发。

play：当媒体已就绪可以开始播放时触发。

playing：当媒体已开始播放时触发。

progress：当浏览器正在获取媒体数据时触发。

ratechange：每当回放速率改变时触发（比如当用户切换到慢动作或快进模式时）。

readystatechange：每当就绪状态改变时触发（就绪状态监测媒体数据的状态）。

seeked：当 seeking 属性设置为 false（指示定位已结束）时触发。

seeking：当 seeking 属性设置为 true（指示定位是活动的）时触发。

stalled：在浏览器不论何种原因未能取回媒体数据时触发。

suspend：在媒体数据完全加载之前不论何种原因终止取回媒体数据时触发。

timeupdate：当播放位置改变时（比如当用户快进到媒体中一个不同的位置时）触发。

volumechange：每当音量改变时（包括将音量设置为静音）时触发。

waiting：当媒体已停止播放但打算继续播放时（如当媒体暂停已缓冲更多数据时）触发。

 习题 8

一、选择题

1. 下列各项中（　　）不属于 JavaScript 算术运算符。

A. ++ 　　　　　　　B. -- 　　　　　　　C. % 　　　　　　　D. **

2. 若要设置元素的内容，可使用 HTMLElement 对象的（　　）属性。

A. title 　　　　　　B. content 　　　　　　C. innerHTML 　　　　　D. outerHTML

3. 在 document 对象提供的以下方法中，（　　）的返回值为 HTMLElement。

A. getElementById(id) 　　　　　　　　　B. getElementsByClassName(class)

C. getElementsByName(name) 　　　　　　D. getElementsByTagName(tag)

4. 若要弹出一个包含指定信息和"确定"按钮的对话框，可调用 window 对象的（　　）方法。

A. alert(msg) 　　　　B. confirm(msg) 　　C. prompt(msg, val) 　　D. showModalDialog(url)

5. 若要使某个元素对象失去焦点并触发 blur 事件，可调用该对象的（　　）方法。

A. blur() 　　　　　　B. click() 　　　　　　C. focus 　　　　　　D. select()

二、判断题

1. （　　）若在 var 语句中未指定变量的初始值，则变量的初始值为 null。

2. （　　）在 JavaScript 中声明函数时必须指定函数名。

3. （　　）在文档对象模型中 body 是根元素。

4. （　　）document 对象的 querySelector(selector)用于返回匹配指定 CSS 选择器的所有元素。

5. （　　）使用 addEventListener 方法可以对同一事件分配多个事件处理函数。

三、简答题

1. 加法赋值运算符+=的作用是什么？

2. JavaScript 中的三元运算符有哪些？

3. JavaScript 中的条件语句有哪些？

4. JavaScript 中的循环语句有哪些？

5. try...catch 语句的作用是什么？

6. 设置元素对象的事件属性有哪几种方法？

7. 在 DOM 的事件模型中，事件传播的过程分为哪些阶段？

8. 要取消事件的默认行为有哪几种方式？

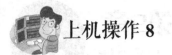

上机操作 8

1. 编写一个网页，其功能是将用户输入的中文星期名转换为英文。

2. 编写一个网页，其功能是计算前 1000 个自然数之和。

3. 编写一个网页，要求通过两个按钮控制信息的隐藏和显示。

4. 编写一个网页，要求通过两个按钮控制段落的样式，可以对段落添加和隐藏边框。

5. 编写一个网页，要求在页面上列出 document 对象的所有属性和方法成员。

6. 编写一个网页，要求放置 3 个图片并通过 JavaScript 代码列出这些图片的来源信息。

7. 编写一个网页，其功能是遍历文档中的所有节点并列出这些节点的名称、类型和值。

8. 编写一个网页，要求在页面上列出当前浏览器窗口的内宽、内高、外宽、外高以及屏幕的高和宽。

9. 编写一个网页，要求通过单击按钮实现文档的打印功能和窗口的关闭操作。

10. 编写一个网页，要求通过单击按钮来显示警告对话框、确认对话框、提示对话框和模态对话框。

11. 编写一个网页，要求在页面上显示一个数字式时钟。

12. 编写一个网页，要求创建一个网站登录表单，通过事件处理实现表单验证功能。

13. 编写一个网页，要求在页面上列出 DOM 事件对象的所有属性和方法列表。

14. 编写一个网页，其功能是列出用户单击的哪个鼠标按键以及鼠标指针的位置。

第9章

网页绘图

要绘图就需要有画布和画笔，在网页上绘图也是如此。HTML5 新增的 canvas 元素为网页绘图提供了画布，与该元素配套的编程接口则为网页绘图提供了各种画笔工具。本章讨论如何使用 HTML5 canvas 元素和配套的编程接口在网页中绘图，主要内容包括绘制简单图形、设置绘图样式、使用路径绘图、绘制图像、绘制文字以及使用特效与变换等。

9.1 绘制矩形

在网页上绘制矩形时，首先需要在 HTML 页面上添加一个 canvas 元素，然后还必须通过 JavaScript 获取画布上下文对象，调用该对象提供的相关方法即可开始绘图。

9.1.1 创建画布元素

HTML5 新增的 canvas 元素用于在网页上定义一个区域作为图形容器，这个区域可视为一块画布。使用 canvas 元素时，可以将短语内容或流式内容放置在其开始标签与结束标签之间，这些内容会在浏览器不支持该元素时作为备用内容显示出来。

canvas 元素除了支持全局属性，还提供了以下局部属性。

height：设置画布的高度。

width：设置画布的宽度。

例 9.1　本例说明如何使用 canvas 元素在网页上创建一块画布。源代码如下：

```
<!doctype html>
<html>
<head>
<meta charset="gb2312">
<title>创建画布</title>
</head>

<body>
<canvas width="380" height="150" style="border: thin solid gray;">
十分抱歉，您的浏览器不支持<code>canvas</code>元素。
</canvas>
</body>
</html>
```

本例中在页面上创建了一块画布并为其设置了边框，网页显示效果如图 9.1 所示。

图 9.1　添加 canvas 元素

9.1.2　获取画布上下文

canvas 元素只是提供了一块画布，要在这块画布上绘制图形，还必须使用 JavaScript 获取一个画布上下文对象。这个对象提供了各种各样的绘图方法，可以用来在画布上绘制图形、图像和文本，也可以对图形设置特效或进行变换。

在 HTML 文档中放置 canvas 元素后，可以在 JavaScript 中获取代表该元素的 HTML DOM Canvas 对象。

Canvas 对象除了支持 HTML 元素的全局属性，还具有 width 和 height 属性，可用于获取或设置画布的宽度和高度。这两个属性的取值为长度值（以 px 为单位）或百分比（以窗口高度作为参照）。当在脚本中改变这些属性值时，在画布上已经完成的任何绘图都会被擦除。

通过调用 Canvas 对象的 getContext()方法可以获取一个上下文对象。语法如下：

```
Canvas.getContext(contextID)
```

其中，参数 contextID 指定想要在画布上绘制的类型，当前唯一的合法值是 2d，它指定的是二维绘图。getContext()方法的返回值是一个 CanvasRenderingContext2D 对象（以下称为画布上下文对象），该对象提供了一个二维绘图编程接口，实现了在画布上绘图的各种方法，可以用来在 Canvas 元素中绘制所需的图形。

例 9.2　本例在网页上列出画布上下文对象的所有属性和方法成员列表。源代码如下：

```
<!doctype html>
<html>
<head>
<meta charset="gb2312">
<title>画布上下文对象成员列表</title>
<script type="text/javascript">
window.onload=function() {
  var canvas=document.querySelector("canvas");        //获取画布元素对象
  var context=canvas.getContext("2d");                //获取画布上下文对象

  document.writeln("<p>CanvasRenderingContext2D 对象成员列表</p>");
  document.writeln("<ol>");
  for (var prop in context)                           //遍历画布上下对象
    document.writeln("<li>"+prop+"</li>");
  }
  document.writeln("</ol>");
  document.body.style.columnCount="3";                //设置分栏布局，栏数为3
  document.body.style.columnFill="balance";           //对各栏高度进行协调
  document.body.style.columnRule="thin solid gray";   //设置分隔线
  document.querySelector("p").style.columnSpan="all"; //设置段落跨栏显示
  document.querySelector("p").style.fontWeight="bold";
```

```
                document.querySelector("p").style.textAlign="center";
        }
        </script>
        </head>

        <body>
        <canvas width="380" height="120">
        十分抱歉，您的浏览器不支持<code>canvas</code>元素。
        </canvas>
        </body>
        </html>
```

本例中通过遍历画布上下文对象获取了其所有成员列表。网页运行结果如图 9.2 所示。

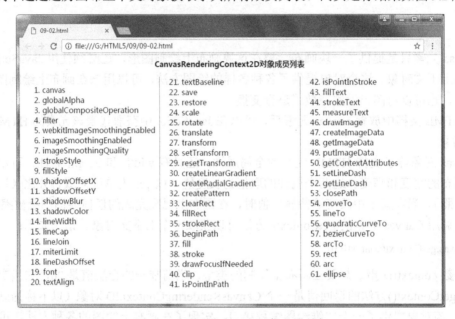

图 9.2　查看画布上下文对象成员列表

9.1.3　绘制矩形

矩形分为实心矩形和空心矩形两种类型，可以使用画布上下文对象的不同方法来绘制。绘制矩形时，需要确定矩形的位置和大小，其位置可以用矩形左上角的坐标表示，大小则用矩形的宽度和高度表示。

1．绘制实心矩形

使用画布上下文对象的 fillRect() 方法可以绘制一个实心矩形。语法如下：

```
context.fillRect(x, y, width, height);
```

其中，参数 x 和 y 指定矩形的左上角坐标，参数 width 和 height 指定矩形的宽度和高度。

2．绘制空心矩形

使用上下文对象的 strokeRect() 方法可以绘制一个空心矩形。语法如下：

```
context.strokeRect(x, y, width, height);
```

其中，参数 x 和 y 指定矩形的左上角坐标，参数 width 和 height 指定矩形的宽度和高度。

strokeRect() 方法按照指定的位置和大小绘制一个空心矩形，但不填充矩形的内部。

3．清除矩形

使用上下文对象的 clearRect()方法可以从画布上擦除一个矩形区域并使用透明颜色填充该区域。语法如下：

```
context.clearRect(x, y, width, height);
```

其中，参数 x 和 y 指定矩形的左上角坐标，参数 width 和 height 指定矩形的宽度和高度。

　　例 9.3　本例演示如何在网页上绘制填充实心矩形和空心矩形。源代码如下：

```
<!doctype html>
<html>
<head>
<meta charset="gb2312">
<title>绘制矩形</title>
<script type="text/javascript">
window.onload=function() {
    var canvas=document.querySelector("canvas");        //获取画布元素对象
    var context=canvas.getContext("2d");                //获取画布上下文对象
    context.fillRect(10, 20, 100, 100);                 //绘制实心矩形
    context.strokeRect(140, 20, 100, 100);              //绘制空心矩形
    context.fillRect(280, 20, 100, 100);                //绘制实心矩形
    context.clearRect(300, 40, 60, 60);                 //擦除矩形区域
}
</script>
</head>

<body>
<canvas width="400" height="150" style="border: thin solid gray;">
十分抱歉，您的浏览器不支持<code>canvas</code>元素。
</canvas>
</body>
</html>
```

本例中首先使用 fillRect()方法绘制一个实心矩形，然后使用 strokeRect()方法绘制一个空心矩形，接着使用 fillRect()绘制一个实心矩形，并使用 clearRect()方法从第二个实心矩形内部擦除一块矩形区域，由此形成了另一个空心矩形。网页运行结果如图 9.3 所示。

图 9.3　绘制矩形

9.2　设置绘图样式

　　默认情况下，在画布上绘制矩形时将自动使用黑色作为线条颜色和填充颜色，线条则是采用细线绘制而成。如果希望使用其他样式来绘图，则需要通过画布上下文对象的相关属性对画布的绘图样式进行设置。

9.2.1 设置基本绘图样式

在画布上开始绘图之前，通常需要使用画布上下文对象的下列属性对基本的绘图样式进行设置。

lineWidth：获取或设置线条的宽度，默认值为1.0。

strokeStyle：获取或设置线条（也称为笔触）的样式，默认值为black。

fillStyle：获取或设置实心图形的填充样式，默认值为black。

lineJoin：获取或设置两个线条如何连接，其取值为miter（尖角）、round（圆角）和bevel（斜角），默认值为miter。

lineCap：获取或设置线条末端线帽的样式，其取值为butt（平直边缘）、round（圆形线帽）和square（正方形线帽）。默认值为butt。

提示：round和square会使线条略微变长。

例9.4 本例说明如何设置基本的绘图样式。源代码如下：

```
<!doctype html>
<html>
<head>
<meta charset="gb2312">
<title>设置基本绘图样式</title>
<script type="text/javascript">
window.onload=function() {
    var context=document.querySelector("canvas").getContext("2d");   //获取画布上下文对象
    context.fillStyle="yellow";                                       //设置填充样式
    context.fillRect(20, 20, 100, 100);                               //绘制实心矩形
    context.lineWidth="20";                                           //设置线条宽度
    context.strokeStyle="green";                                      //设置笔触样式
    context.lineJoin="miter";                                         //设置线条连接方式
    context.strokeRect(20, 20, 100, 100);                             //绘制空心矩形
    context.fillRect(150, 20, 100, 100);                              //绘制实心矩形
    context.strokeStyle="red";                                        //绘制笔触样式
    context.lineJoin="round";                                         //设置线条连接方式
    context.strokeRect(150, 20, 100, 100);                            //绘制空心矩形
    context.fillRect(280, 20, 100, 100);                              //绘制实心矩形
    context.strokeStyle="magenta";                                    //设置笔触样式
    context.lineJoin="bevel";                                         //设置线条连接方式
    context.strokeRect(280, 20, 100, 100);                            //绘制空心矩形
}
</script>
</head>

<body>
<canvas width="400" height="150" style="border: thin solid gray;">
十分抱歉，您的浏览器不支持<code>canvas</code>元素。
</canvas>
</body>
</html>
```

本例中绘制了3个实心矩形，填充颜色均为黄色；此外还在实心矩形的位置上以相同的大小绘制了3个空心矩形，线条宽度均为20，线条颜色分别为红色、绿色和蓝色，线条连接样式依次为尖角、圆角和斜角。网页运行结果如图9.4所示。

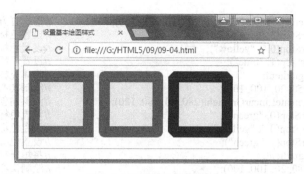

图 9.4　设置基本绘图样式

9.2.2　使用渐变

设置笔触和填充样式时，除了使用纯色之外，也可以使用渐变色。渐变是指两种或更多种颜色之间的渐进转变。canvas 元素支持两种渐变方式，即线性渐变和径向渐变。下面介绍如何在绘图中使用这两种渐变。

1. 使用线性渐变

线性渐变是指沿着一条线设置要使用的若干个颜色点（也称为色标）。使用画布上下文对象的 createLinearGradient()方法可以创建一个线性渐变对象。语法如下：

```
var gradient=context.createLinearGradient(x0, y0, x1, y1);
```

其中，参数 x0 和 y0 表示渐变开始点的 x 坐标和 y 坐标；x1 和 y1 表示渐变结束点的 x 坐标和 y 坐标。

createLinearGradient()方法返回一个 CanvasGradient 对象。可将该对象设置为 strokeStyle 或 fillStyle 属性的值，这样就可以将渐变对象应用于填充圆形或文本等。

通过调用 CanvasGradient 对象的 addColorStop()方法可以在渐变对象中创建一个色标，即规定该对象中某个位置上的颜色值。语法如下：

```
gradient.addColorStop(position, color);
```

其中，参数 position 表示渐变中开始与结束之间的位置，其取值为数值，必须介于 0.0 与 1.0 之间；参数 color 指定在该位置显示的 CSS 颜色值。

提示：也可以多次调用 addColorStop()方法来改变渐变效果。如果不调用渐变对象的这个方法，则看不到渐变效果。为了获得可见的渐变效果，至少需要创建一个色标。

例 9.5　本例演示如何使用线性渐变色填充矩形内部。源代码如下：

```
<!doctype html>
<html>
<head>
<meta charset="gb2312">
<title>使用线性渐变</title>
<script type="text/javascript">
window.onload=function() {
    var context=document.querySelector("canvas").getContext("2d");    //获取画布上下文对象
    var gradient=context.createLinearGradient(20, 70, 120, 70);       //沿水平方向创建线性渐变
    gradient.addColorStop(0, "yellow");                               //设置色标
    gradient.addColorStop(1, "red");                                  //设置色标
    context.fillStyle=gradient;                                       //将填充样式设置为渐变对象
    context.fillRect(20, 20, 100, 100);                               //绘制实心矩形
```

```
        gradient=context.createLinearGradient(200, 20, 200, 120);        //沿垂直方向创建线性渐变
        gradient.addColorStop(0, "blue");                                //设置色标
        gradient.addColorStop(0.5, "yellow");                            //设置色标
        gradient.addColorStop(1, "blue");                                //设置色标
        context.fillStyle=gradient;                                      //将填充样式设置为渐变对象
        context.fillRect(150, 20, 100, 100);                             //绘制实心矩形
        gradient=context.createLinearGradient(280, 20, 380, 120);        //沿斜向创建线性渐变
        gradient.addColorStop(0, "green");                               //设置色标
        gradient.addColorStop(0.5, "yellow");                            //设置色标
        gradient.addColorStop(1, "green");                               //设置色标
        context.fillStyle=gradient;                                      //将填充样式设置为渐变对象
        context.fillRect(280, 20, 100, 100);                             //绘制实心矩形
    }
    </script>
    </head>

    <body>
    <canvas width="400" height="150" style="border: thin solid gray;">
    十分抱歉，您的浏览器不支持<code>canvas</code>元素。
    </canvas>
    </body>
    </html>
```

本例中分别使用不同方向的线性渐变色填充 3 个矩形内部。第一个渐变从左向右，颜色从黄色逐渐变成红色；第二个渐变自上而下，颜色从蓝色经由黄色变成蓝色；第三个渐变从矩形的左上角到其右下角，颜色从绿色经由黄色变成绿色。网页运行效果如图 9.5 所示。

图 9.5　用线性渐变色填充矩形

2．使用径向渐变

径向渐变是指从起点到终点颜色由内向外进行放射状圆形渐变。通过调用画布上下文对象的 createRadialGradient()方法可以创建一个径向渐变对象。语法如下：

```
var gradient=context.createRadialGradient(x0, y0, r0, x1, y1, r1);
```

其中，参数 x0 和 y0 表示渐变的开始圆的 x 坐标和 y 坐标；r0 表示开始圆的半径；x1 和 y1 表示渐变的结束圆的 x 坐标和 y 坐标；r1 表示结束圆的半径。

提示：创建径向渐变对象后，应调用其 addColorStop()方法来设置一些色标。

例 9.6　本例演示如何使用径向渐变色填充矩形内部。源代码如下：

```
<!doctype html>
<html>
<head>
<meta charset="gb2312">
<title>使用径向渐变</title>
<script type="text/javascript">
window.onload=function() {
```

```
        var context=document.querySelector("canvas").getContext("2d");    //获取画布上下文对象
        var gradient=context.createRadialGradient(70, 70, 15, 70, 70, 65);  //创建径向渐变
        gradient.addColorStop(0, "yellow");                  //设置色标
        gradient.addColorStop(0.5, "orange");                //设置色标
        gradient.addColorStop(1, "red");                     //设置色标
        context.fillStyle=gradient;                          //将填充样式设置为渐变对象
        context.fillRect(20, 20, 100, 100);                  //绘制矩形
        gradient=context.createRadialGradient(200, 70, 15, 200, 70, 65);  //创建径向渐变
        gradient.addColorStop(0, "white");                   //设置色标
        gradient.addColorStop(0.5, "yellow");                //设置色标
        gradient.addColorStop(1, "blue");                    //设置色标
        context.fillStyle=gradient;                          //将填充样式设置为渐变对象
        context.fillRect(150, 20, 100, 100);                 //绘制实心矩形
        gradient=context.createRadialGradient(330, 70, 10, 360, 70, 85);  //创建径向渐变
        gradient.addColorStop(0, "green");                   //设置色标
        gradient.addColorStop(0.5, "yellow");                //设置色标
        gradient.addColorStop(1, "green");                   //设置色标
        context.fillStyle=gradient;                          //将填充样式设置为渐变对象
        context.fillRect(280, 20, 100, 100);                 //绘制实心矩形
    }
</script>
</head>

<body>
<canvas width="400" height="150" style="border: thin solid gray;">
十分抱歉，您的浏览器不支持<code>canvas</code>元素。
</canvas>
</body>
</html>
```

本例分别使用不同的径向渐变色来填充 3 个矩形的内部。在前两个径向渐变中，开始圆与结束圆是同心圆，但颜色分别是从黄色经由橙色变成红色、从白色经由黄色变成蓝色；在最后一个径向渐变中，结束圆的圆心相对于开始圆的圆心向右发生了偏移，颜色则是由绿色经由黄色变成绿色。网页运行结果如图 9.6 所示。

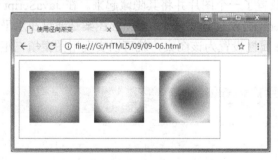

图 9.6　用径向渐变色填充矩形内部

9.2.3　使用图案

除了纯色和渐变，还可以使用画布上下文对象的 createPattern()方法在指定方向上重复某个元素来创建图案。语法如下：

```
context.createPattern(image, repeat);
```

其中，参数 image 指定要使用的图片、画布或视频元素；参数 repeat 用于设置元素的重复模式，其取值为下列字符串。

repeat：在水平和垂直方向重复（默认值）。

repeat-x：只在水平方向重复。

repeat-y：只在垂直方向重复。

no-repeat：只显示一次（不重复）。

createPattern()方法在指定的方向内重复指定的元素。元素可以是图片、视频，或者其他canvas元素。被重复的元素可用于绘制或填充矩形、圆形或线条。

例 9.7 本例演示如何使用图案填充矩形内部。源代码如下：

```html
<!doctype html>
<html>
<head>
<meta charset="gb2312">
<title>使用图案</title>
<script type="text/javascript">
window.onload=function() {
    var context=document.querySelector("canvas").getContext("2d");    //获取画布上下文对象
    var img=document.querySelector("img");                            //获取图像元素对象
    var pattern=context.createPattern(img, "repeat");                 //创建图案
    context.fillStyle=pattern;                                        //将填充样式设置为图案
    context.fillRect(10, 10, 380, 140);                               //绘制实心矩形
}
</script>
</head>

<body>
<canvas width="400" height="150" style="border: thin solid gray;">
十分抱歉，您的浏览器不支持<code>canvas</code>元素。
</canvas>
<img src="../images/flower3.jpg" hidden="">
</body>
</html>
```

本例中在画布后面放置了一个图片并将其隐藏起来。在 JavaScript 代码中，通过调用画布上下文对象的 createPattern()方法创建了一个图案，该图案是通过在水平和垂直方向重复图片元素而生成的。将 fillStyle 属性设置为该图案，就可以实现用图案填充矩形内部的目的。网页运行结果如图 9.7 所示。

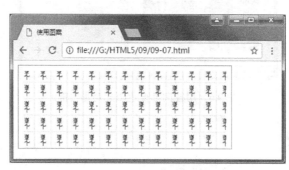

图 9.7　使用图案填充矩形内部

9.3　使用路径绘图

一条路径由若干个独立的线条组成，每个线条称为子路径，其中可能包含直线和各种曲线

线条，将它们组合在一起就构成了图形。在一条路径中各个子路径可以相连，也可以分离。子路径即使彼此分离，也仍然被视为同一个图形的组成部分。

　　在画布上绘制路径时，首先调用 beginPath 方法开始一条新路径，然后调用 moveTo 方法设置该路径的起点，继而调用 arc() 和 lineTo() 等方法绘制子路径，若有必要可调用 closePath 方法关闭路径，最后调用 fill 方法填充路径，或者调用 stroke 方法对路径描边。

9.3.1　绘制直线

　　使用直线绘制路径时，首先要规定直线路径的起点和终点，然后沿该路径绘制一条直线。完成路径绘制后，可以填充路径或对路径进行描边。

　　1．开始创建路径

　　使用画布上下文对象的 beginPath() 方法可以在画布中开始一条新的路径。语法如下：

```
context.beginPath();
```

　　调用 beginPath() 方法时，将丢弃任何当前定义的路径并且开始一条新的路径。该方法将当前起始位置设置为(0, 0)。

　　2．设置路径的起点

　　使用画布上下文对象的 moveTo() 方法可以将子路径移动到画布中的指定点。语法如下：

```
context.moveTo(x, y);
```

其中，参数 x 和 y 指定子路径的起始点坐标。在画布上绘图时，坐标原点位于 canvas 元素的左上角，x 轴水平向右延伸，y 轴垂直向下延伸。

　　moveTo() 方法将当前位置设置为(x, y)并以此作为起点创建一条新的子路径，但它并不绘制线条。

　　3．在路径中添加直线

　　使用画布上下文对象的 lineTo() 方法可以绘制一条到指定点的直线子路径。语法如下：

```
context.lineTo(x, y);
```

其中，参数 x 和 y 设置路径的终点坐标。

　　lineTo() 方法在当前路径中添加一条子路径，这条子路径从 moveTo() 方法设置的起点开始，到终点(x, y)结束。当 lineTo() 方法返回时，当前点位于(x,y)。如果前面未用 moveTo() 方法设置路径的起点，则 lineTo() 方法等同于 moveTo() 方法。

　　4．关闭路径

　　对于一条打开的路径，可以使用画布上下文对象的 closePath() 方法来关闭它。语法如下：

```
context.closePath();
```

　　如果画布上的路径是打开的，则 closePath() 方法通过添加一个线条连接当前点与子路径的起点来关闭它。如果路径已经闭合了，则这个方法不做任何事情。一旦路径闭合，就不能再为其添加更多的直线或曲线了。若要继续添加，则需要通过调用 moveTo() 开始一条新路径。

　　提示：在勾勒或填充一条路径之前并不需要调用 closePath() 方法。当填充的时候，路径是隐式闭合的。

　　5．填充路径

　　使用画布上下文对象的 fill() 方法可以对路径进行填充。语法如下：

```
context.fill();
```

fill()方法使用 fillStyle 属性所指定的样式来填充当前路径。

提示：如果路径未关闭，则 fill()方法会从路径结束点到开始点之间添加一条线，以关闭该路径，然后填充该路径。

6．对路径描边

使用画布上下文对象的 stroke()方法可以绘制当前路径的边框。语法如下：

```
context.stroke();
```

stroke()方法绘制当前路径的边框，线条的样式分别取决于上下文对象的 strokeStyle 和 lineWidth 等属性。

例 9.8　本例演示如何在画布上绘制直线路径。源代码如下：

```
<!doctype html>
<html>
<head>
<meta charset="gb2312">
<title>使用直线绘制路径</title>
<script type="text/javascript">
window.onload=function() {
    var context=document.querySelector("canvas").getContext("2d");    //获取画布上下文对象
    context.beginPath();                                              //开始新路径
    context.moveTo(20, 30);                                           //移动子路径位置
    context.lineTo(60, 120);                                          //绘制直线子路径
    context.lineTo(100, 30);                                          //绘制直线子路径
    context.strokeStyle="red";                                        //设置笔触样式
    context.lineWidth="12";                                           //设置线条宽度
    context.lineCap="round";                                          //设置线条末端形状
    context.stroke();                                                 //路径描边
    context.beginPath();                                              //开始新路径
    context.moveTo(150, 30);                                          //移动子路径位置
    context.lineTo(190, 120);                                         //绘制直线子路径
    context.lineTo(230, 30);                                          //绘制直线子路径
    context.fillStyle="skyblue";                                      //设置填充样式
    context.fill();                                                   //填充路径
    context.lineCap="square";                                         //设置线条末端形状
    context.stroke();                                                 //路径描边
    context.beginPath();                                              //开始新路径
    context.moveTo(280, 30);                                          //移动子路径位置
    context.lineTo(360, 30);                                          //绘制直线子路径
    context.lineTo(320, 120);                                         //绘制直线子路径
    context.closePath();                                              //关闭路径
    context.fill();                                                   //填充路径
    context.lineCap="butt";                                           //设置线条末端形状
    context.stroke();                                                 //路径描边
}
</script>
</head>

<body>
<canvas width="400" height="150" style="border: thin solid gray;"></canvas>
</body>
</html>
```

本例使用直线绘制了 3 条路径并进行描边，还对后面两条路径进行填充；前面两条路径未关闭，最后一条路径被关闭。网页运行结果如图 9.8 所示。

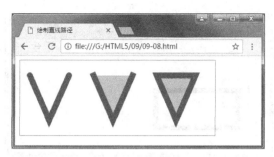

图 9.8　绘制直线路径

9.3.2　绘制矩形

9.1.3 节中曾经介绍过如何使用 fillRect()和 strokeRect()方法来绘制单个矩形。若要在当前路径中添加一个矩形子路径，可以调用画布上下文对象的 rect()方法来创建矩形。语法如下：

```
context.rect(x,y,width,height);
```

其中，参数 x 和 y 分别表示矩形左上角的 x 坐标和 y 坐标；width 和 height 分别表示矩形的宽度和高度（以像素计）。

例 9.9　本例说明如何在画布上绘制矩形路径。源代码如下：

```
<!doctype html>
<html>
<head>
<meta charset="gb2312">
<title>绘制矩形路径</title>
<script type="text/javascript">
window.onload=function() {
  var context=document.querySelector("canvas").getContext("2d");   //获取画布上下文对象
  context.beginPath();                                              //开始新路径
  contextlineWidth="6";                                            //设置线条宽度
  context.strokeStyle="red";                                       //设置笔触样式
  context.rect(15, 15, 260, 120);                                  //绘制矩形子路径
  context.stroke();                                                //路径描边
  context.beginPath();                                             //开始新路径
  context.rect(30, 30, 50, 50);                                    //绘制矩形子路径
  context.fillStyle="yellow";                                      //设置填充样式
  context.fill();                                                  //填充路径
  context.lineWidth="4";                                           //设置线条宽度
  context.strokeStyle="green";                                     //设置笔触样式
  context.stroke();                                                //路径描边
  context.beginPath();                                             //开始新路径
  context.lineWidth="10";                                          //设置线条宽度
  context.strokeStyle="blue";                                      //设置笔触样式
  context.rect(50, 50, 160, 70);                                   //绘制矩形子路径
  context.stroke();                                                //路径描边
}
</script>
</head>

<body>
<canvas width="400" height="150" style="border: thin solid gray;"></canvas>
</body>
</html>
```

本例绘制了 3 个矩形并进行了描边，还对其中的一个进行了填充，结果如图 9.9 所示。

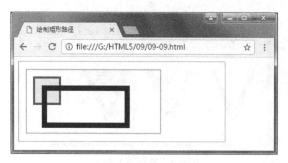

图 9.9　绘制矩形路径

9.3.3　绘制圆弧

使用画布上下文对象的 arc()方法可以在路径中添加一条圆弧子路径。语法如下：

```
context.arc(x, y, radius, startAngle, endAngle, direction);
```

其中，参数 x 和 y 用于指定圆弧的圆心坐标；radius 指定圆弧的半径；startAngle 和 endAngle 表示圆弧的起始角度和结束角度，角度用弧度来衡量，沿着 x 轴正半轴方向的角度为 0，角度沿着逆时针方向增加；direction 指定圆弧沿着圆周的逆时针方向（true）还是顺时针方向（fasle）遍历。

如果希望绘制一条圆形路径，将起始角度和结束角度分别设置为 0 和 2*Math.PI 即可。

arc()方法将弧的终点设置为当前位置。

若要在画布上绘制介于两个切线之间的圆弧，则应调用画布上下文对象的 arcTo()方法。语法如下：

```
context.arcTo(x1, y1, x2, y2, radius);
```

其中，参数 x1 和 y1 表示圆弧起点的 x 坐标和 y 坐标；参数 x2 和 y2 表示圆弧终点的 x 坐标和 y 坐标；参数 radius 表示圆弧的半径。

例 9.10　本例演示如何使用两种方法在画布上绘制弧线。源代码如下：

```
<!doctype html>
<html>
<head>
<meta charset="gb2312">
<title>绘制弧线</title>
<script type="text/javascript">
window.onload=function() {
  var context=document.querySelector("canvas").getContext("2d");   //获取画布上下文对象
  context.beginPath();                                             //开始新路径
  context.moveTo(20, 20);                                          //移动子路径位置
  context.lineTo(60, 20);                                          //沿水平方向绘制直线子路径
  context.arcTo(120, 20, 120, 70, 50);                            //绘制圆弧
  context.lineTo(120, 120);                                       //沿垂直方向绘制直线子路径
  context.strokeStyle="red";                                      //设置笔触样式
  context.lineWidth="2";                                          //设置线条宽度
  context.stroke();                                               //路径描边
  context.beginPath();                                            //开始新路径
  context.arc(200, 70, 50, 0, Math.PI, true);                    //绘制半圆子路径
  context.closePath();                                            //关闭路径
  context.stroke();                                              //路径描边
  context.beginPath();                                           //开始新路径
```

```
        context.arc(326, 70, 50, 0, 2* Math.PI);                    //绘制圆周子路径
        context.fillStyle="skyblue";                                //设置填充样式
        context.fill();                                             //填充路径
        context.stroke();                                          //路径描边
    }
    </script>
    </head>

    <body>
    <canvas width="400" height="150" style="border: thin solid gray;">
    </canvas>
    </body>
    </html>
```

本例绘制了 3 条路径并进行了描边。第一条路径由两段直线和一段弧线组成；第二条路径由一个半圆和一段直线（直径）组成；第三条路径是一个圆周，对其进行了填充。网页运行结果如图 9.10 所示。

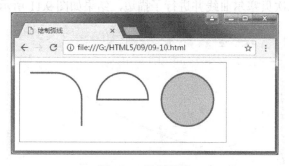

图 9.10　绘制弧线

9.3.4　绘制贝塞尔曲线

贝塞尔曲线由线段与节点组成，节点是可拖动的支点，线段犹如一条可伸缩的皮筋。贝塞尔曲线是计算机图形学中的一种重要曲线。贝塞尔曲线分为二次贝塞尔曲线和三次贝塞尔曲线，前者需要一个控制点和一个结束点，后者则需要两个控制点和一个结束点。

1．绘制二次贝塞尔曲线

通过调用画布上下文对象的 quadraticCurveTo()方法可以在当前路径上绘制一条二次贝塞尔曲线子路径。语法如下：

```
context.quadraticCurveTo(cpx ,cpy, x, y);
```

其中，参数 cpx 和 cpy 表示控制点的 x 坐标和 y 坐标，x 和 y 表示结束点的 x 坐标和 y 坐标。

二次贝塞尔曲线需要两个点：第一个点是用于二次贝塞尔计算中的控制点，第二个点是曲线的结束点。曲线的开始点是当前路径中最后一个点。如果路径不存在，则应使用 beginPath()和 moveTo()方法来定义开始点。

例 9.11　本例演示如何在画布上绘制二次贝塞尔曲线。源代码如下：

```
<!doctype html>
<html>
<head>
<meta charset="gb2312">
<title>绘制二次贝塞尔曲线</title>
<script type="text/javascript">
```

```
window.onload=function() {
    var context=document.querySelector("canvas").getContext("2d");   //获取画布上下文对象
    context.beginPath();                                              //开始新路径
    context.moveTo(20, 20);                                           //移动子路径位置，设置开始点
    context.quadraticCurveTo(20, 236, 380, 20);                       //绘制二次贝塞尔曲线子路径
    context.lineWidth="3";                                            //设置线条宽度
    context.strokeStyle="red";                                        //设置笔触样式
    context.stroke();                                                 //路径描边
}
</script>
</head>

<body>
<canvas width="400" height="150" style="border: thin solid gray;">
</canvas>
</body>
</html>
```

本例绘制了一条二次贝塞尔曲线并进行了描边，结果如图 9.11 所示。

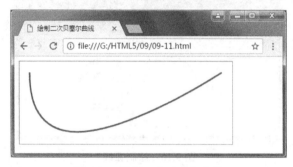

图 9.11　绘制二次贝塞尔曲线

2．绘制三次贝塞尔曲线

通过调用画布上下文对象的 bezierCurveTo()方法可以在当前路径中绘制一条三次贝塞尔曲线子路径。语法如下：

```
context.bezierCurveTo(cpx1, cpy1, cpx2 ,cpy2, x, y);
```

其中，参数 cpx1 和 cpy1 表示第一个贝塞尔控制点的 x 坐标和 y 坐标，cpx2 和 cpy2 表示第二个贝塞尔控制点的 x 坐标和 y 坐标，x 和 y 表示结束点的 x 坐标和 y 坐标。

三次贝塞尔曲线需要三个点。前两个点是用于三次贝塞尔计算中的控制点，第三个点则是曲线的结束点。曲线的开始点是当前路径中最后一个点。如果路径不存在，则应使用 beginPath()和 moveTo()方法来定义开始点。

例 9.12　本例演示如何在画布上绘制三次贝塞尔曲线。源代码如下：

```
<!doctype html>
<html>
<head>
<meta charset="gb2312">
<title>绘制三次贝塞尔曲线</title>
<script type="text/javascript">
window.onload=function() {
    var context=document.querySelector("canvas").getContext("2d");   //获取画布上下文对象
    context.beginPath();                                              //开始新路径
    context.moveTo(20,120);                                           //移动子路径位置，设置开始点
    context.bezierCurveTo(120, -200, 260, 360, 380, 20);             //绘制三次贝塞尔曲线子路径
    context.lineWidth="3";                                            //设置线条宽度
```

```
        context.strokeStyle="red";                          //设置笔触样式
        context.stroke();                                    //路径描边
    }
    </script>
    </head>

    <body>
    <canvas width="400" height="150" style="border: thin solid gray;">
    </canvas>
    </body>
    </html>
```

本例绘制了一条三次贝塞尔曲线并进行了描边，结果如图 9.12 所示。

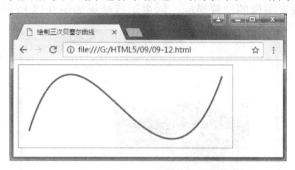

图 9.12　绘制三次贝塞尔曲线

9.4　绘制图像

画布上下文对象提供了一个 drawImage()方法，可以用于在画布上放置和处理图像。根据需要，调用这个方法时可以向其传入 3 个、5 个或 9 个参数，从而实现在画布上定位图像、调整图像的大小以及对图像进行剪切等功能。

9.4.1　在画布中定位图像

如果只是在画布上定位图像，向 drawImage()方法传入 3 个参数即可。具体语法如下：

```
context.drawImage(img, x, y);
```

其中，参数 img 指定要使用的图像、画布或视频；参数 x 和 y 指定在画布上放置图像的位置的 x 坐标和 y 坐标。

例 9.13　本例说明如何在画布上定位图像。源代码如下：

```
<!doctype html>
<html>
<head>
<meta charset="gb2312">
<title>定位图像</title>
<script type="text/javascript">
window.onload=function() {
    var context=document.querySelector("canvas").getContext("2d");   //获取画布上下文对象
    var img=document.querySelector("img");                            //获取图像元素对象
    context.drawImage(img, 50, 10);                                   //在画布上绘制图像
}
</script>
```

```
</head>

<body>
<canvas width="400" height="246" style="border: thin solid gray;">
很抱歉，您的浏览器不支持<code>canvas</code>元素。
</canvas>
<img src="../images/image07.jpg" hidden="">
</body>
</html>
```

本例在页面中放置了一个画布元素和一个图像并将该图像隐藏起来。在 JavaScript 代码中获取代表这个图像元素的对象，然后将该对象作为参数传入画布上下文对象的 drawImage()方法，并指定在画布上放置图像的位置坐标。网页运行结果如图 9.13 所示。

图 9.13　在画布上定位图像

9.4.2　调整图像大小

如果希望在画布上定位图像并调整其大小，则应向 drawImage()方法传入 5 个参数。具体语法如下：

```
context.drawImage(img, x, y, width, height);
```

其中，参数 img 指定要使用的图像、画布或视频；x 和 y 指定在画布上放置图像的位置的 x 坐标和 y 坐标；width 和 height 是可选参数，用于指定要使用的图像的宽度和高度。通过设置宽度和高度参数的值，便可以对图像进行缩小或放大。

　　例 9.14　本例演示如何在画布上调整图像的大小。源代码如下：

```
<!doctype html>
<html>
<head>
<meta charset="gb2312">
<title>调整图像大小</title>
<script type="text/javascript">
window.onload=function() {
    var context=document.querySelector("canvas").getContext("2d");    //获取画布上下文对象
    var img=document.querySelector("img");                            //获取图像元素对象
    context.drawImage(img, 10, 10);                                   //在画布上绘制原图像
    context.drawImage(img, 320, 120, 150, 113);                       //在画布上绘制缩小的图像
}
</script>
</head>

<body>
```

```
<canvas width="480" height="246" style="border: thin solid gray;">
很抱歉，您的浏览器不支持<code>canvas</code>元素。
</canvas>
<img src="../images/image01.jpg" hidden="">
</body>
</html>
```

本例在页面中放置了一个画布元素和一个图像并将图像隐藏起来。在 JavaScript 代码中获取代表这个图像元素的对象，然后将该对象作为参数传入画布上下文对象的 drawImage()方法，并指定了在画布上放置图像的位置坐标，由于这里并未指定宽度和高度，因此按原来大小绘制图像；接着再次调用画布上下文对象的 drawImage()方法，第一个参数仍然是前面用的那个图像元素，但同时还指定了图像的宽度和高度，图像被缩小。网页运行结果如图 9.14 所示。

图 9.14　在画布上调整图像大小

9.4.3　创建图像切片

如果希望在画布上定位图像、缩放图像并对图像进行剪切，则需要向 drawImage()方法传入 9 个参数。具体语法如下：

```
context.drawImage(img, sx, sy, swidth, sheight, x, y, width, height);
```

其中，参数 img 指定要使用的图像、画布或视频；sx 和 sy 是可选参数，用于指定开始剪切位置的 x 坐标和 y 坐标；swidth 和 sheight 也是可选参数，用于指定被剪切图像的宽度和高度；x 和 y 是必选参数，用于指定在画布上放置图像的位置的 x 坐标和 y 坐标；width 和 height 是可选参数，用于指定要使用的图像的宽度和高度。

　　例 9.15　本例演示如何在画布上创建图像切片。源代码如下：

```
<!doctype html>
<html>
<head>
<meta charset="gb2312">
<title>定位图像</title>
<style type="text/css">
canvas {
    border: thin solid gray;
}
</style>
<script type="text/javascript">
window.onload=function() {
    var srcCanvasElement=document.getElementsByTagName("canvas")[0];    //获取源画布元素对象
```

```
            var targetCanvasElement=document.getElementsByTagName("canvas")[1];   //获取目标画布元素对象
            var context1=srcCanvasElement.getContext("2d");                        //获取源画布上下文对象
            var context2=targetCanvasElement.getContext("2d");                     //获取目标画布上下文对象
            var img=document.querySelector("img");                                 //获取图像元素对象
            context1.drawImage(img, 0, 0);                                         //绘制原图像
            context2.drawImage(srcCanvasElement, 0, 0, 50, 50, 10, 10, 200, 132);  //创建图像切片
        }
    </script>
</head>

<body>
<canvas width="280" height="180">
</canvas>
<canvas width="280" height="180">
</canvas>
<img src="../images/flower6.jpg" hidden="">
</body>
</html>
```

本例在页面上放置两块画布（源和目标）和一个图像，并将该图像隐藏起来。在 JavaScript 代码中，将该图像放置在源画布的左上角，图像尺寸保持不变；然后调用目标画布的上下文对象的 drawImage()方法，这时传入了 9 个参数：第一个参数为代表源画布元素对象，第二个和第三个参数指定从源图像左上角开始剪切，第四个和第五个参数指定从源图像中剪切的宽度和高度，第六个和第七个参数指定在当前画布中显示图像切片的位置，第八个和第九个参数指定要显示的图像切片的宽度和高度。网页运行结果如图 9.15 所示。

图 9.15 创建图像切片

9.5 绘制文本

在画布上可以绘制填充文本或轮廓文本，也可以根据需要对文本所用的字体、字号以及对齐方式等属性进行设置。

9.5.1 绘制填充文本

通过调用画布上下文对象的 fillText()方法可以在画布上绘制填充文本。语法如下：

```
context.fillText(text, x,y, maxWidth);
```

其中，参数 text 规定要在画布上输出的文本；x 和 y 表示开始绘制文本的 x 坐标和 y 坐标位置（相对于画布）；maxWidth 为可选参数，用于指定所允许的最大文本宽度（以像素计）。

提示：文本的默认颜色是黑色。绘制文本时，可使用 font 属性来定义字体和字号，并使用 fillStyle 属性以另一种颜色或渐变来呈现文本。

例 9.16　本例演示如何在画布上绘制填充文本。源代码如下：

```
<!doctype html>
<html>
<head>
<meta charset="gb2312">
<title>绘制填充文本</title>
<script type="text/javascript">
window.onload=function() {
    var context=document.querySelector("canvas").getContext("2d");      //获取画布上下文对象
    var gradient=context.createLinearGradient(0, 0, 396, 0);            //创建线性渐变
    gradient.addColorStop("0", "magenta");                             //设置色标
    gradient.addColorStop("0.2", "red");                              //设置色标
    gradient.addColorStop("0.5", "green");                            //设置色标
    gradient.addColorStop("0.75", "cyan");                            //设置色标
    gradient.addColorStop("1.0", "blue");                             //设置色标
    context.fillStyle=gradient;                                      //将填充样式设置为渐变
    context.font="62px 华文隶书";                                      //设置字体、字号
    context.fillText("绘制填充文本", 10, 100);                          //绘制填充文本
}
</script>
</head>

<body>
<canvas width="400" height="160" style="border: thin solid gray;">
十分抱歉，您的浏览器不支持<code>canvas</code>元素。
</canvas>
</body>
</html>
```

本例首先创建一个线性渐变并向渐变对象中添加了 5 个色标，然后设置填充样式以及字体和字号，最后使用 fillText()方法在画布上绘制了一行填充文本，效果如图 9.16 所示。

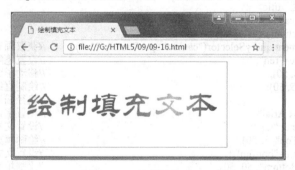

图 9.16　绘制填充文本

9.5.2 设置文本属性

在画布上绘制文本时，可以使用画布上下文对象的相关属性来设置文本的样式，包括字体、对齐方式以及文本基线等。

1. 设置字体

使用画布上下文对象的 font 属性可以设置或返回画布上文本内容的当前字体属性。font 属性使用的语法与 CSS 中的复合属性 font 相同，可以包含字体样式（font-style）、字体变体

（font-variant）、字体粗细（font-weight）、字号和行高（font-size / line-height）以及字体序列（font-family）等信息。

2．设置对齐方式

使用画布上下文对象的 textAlign 属性可以设置或返回文本内容的当前对齐方式，该属性的取值如下。

start：文本在指定的位置开始（默认值）。

end：文本在指定的位置结束。

center：文本的中心被放置在指定的位置。

left：文本左对齐。

right：文本右对齐。

3．设置文本基线

使用画布上下文对象的 textBaseline 属性可以设置或返回在绘制文本时的当前文本基线，该属性的取值如下。

alphabetic：文本基线是普通的字母基线（默认值）。

top：文本基线是 em 方框的顶端。

hanging：文本基线是悬挂基线。

middle：文本基线是 em 方框的正中。

ideographic：文本基线是表意基线。

bottom：文本基线是 em 方框的底端。

例 9.17　本例演示如何设置文本的相关属性。源代码如下：

```
<!doctype html>
<html>
<head>
<meta charset="gb2312">
<title>设置文本属性</title>
<script type="text/javascript">
window.onload=function() {
    var context=document.querySelector("canvas").getContext("2d");      //获取画布上下文对象
    context.strokeStyle="red";                                          //设置笔触样式
    context.moveTo(5, 50);                                              //移动子路径位置
    context.lineTo(395, 50);                                            //绘制直线子路径
    context.stroke();                                                  //路径描边
    context.font="20px Arial"                                          //设置字体、字号
    context.textBaseline="top";                                        //设置文本基线
    context.fillText("Top", 5, 50);                                    //绘制填充文本
    context.textBaseline="bottom";                                     //设置文本基线
    context.fillText("Bottom", 50, 50);                                //绘制填充文本
    context.textBaseline="middle";                                     //设置文本基线
    context.fillText("Middle", 120, 50);                               //绘制填充文本
    context.textBaseline="alphabetic";                                 //设置文本基线
    context.fillText("Alphabetic", 190, 50);                           //绘制填充文本
    context.textBaseline="hanging";                                    //设置文本基线
    context.fillText("Hanging", 290, 50);                              //绘制填充文本
}
</script>
</head>

<body>
<canvas width="400" height="100" style="border: thin solid gray;">
</canvas>
```

```
</body>
</html>
```

本例首先画了一条直线，然后按照不同基线来绘制文本，结果如图 9.17 所示。

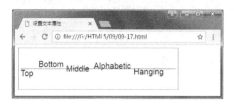

图 9.17　设置文本属性

9.5.3　绘制轮廓文本

使用画布上下文对象的 strokeText()方法可以在画布上绘制轮廓文本（没有填色）。具体语法如下：

```
context.strokeText(text, x, y, maxWidth);
```

其中，参数 text 规定在画布上输出的文本；x 和 y 表示开始绘制文本的 x 坐标和 y 坐标位置（相对于画布）；maxWidth 为可选参数，用于指定允许的最大文本宽度（以像素计）。

提示：使用 strokeText()方法绘制轮廓文本时，文本的默认颜色为黑色。可根据需要使用 font属性来定义字体和字号，并使用 strokeStyle 属性以另一种颜色或渐变来呈现文本。

例 9.18　本例演示如何在画布上绘制轮廓文本。源代码如下：

```
<!doctype html>
<html>
<head>
<meta charset="gb2312">
<title>绘制轮廓文本</title>
<script type="text/javascript">
window.onload=function() {
    var context=document.querySelector("canvas").getContext("2d");    //获取画布上下文对象
    var gradient=context.createLinearGradient(0, 0, 396, 0);           //创建渐变
    gradient.addColorStop("0", "magenta");                             //设置色标
    gradient.addColorStop("0.2", "red");                               //设置色标
    gradient.addColorStop("0.5", "green");                             //设置色标
    gradient.addColorStop("0.75", "cyan");                             //设置色标
    gradient.addColorStop("1.0", "blue");                              //设置色标
    context.strokeStyle=gradient;                                      //设置笔触样式
    context.font="62px 隶书";                                          //设置字体、字号
    context.strokeText("绘制轮廓文本", 10, 100);                       //绘制轮廓文本
}
</script>
</head>

<body>
<canvas width="400" height="160" style="border: thin solid gray;">
十分抱歉，您的浏览器不支持<code>canvas</code>元素。
</canvas>
</body>
</html>
```

本例首先创建一个线性渐变并向渐变对象中添加了 5 个色标，然后设置笔触样式以及字体和字号，最后使用上下文对象的 strokeText()方法在画布上绘制了一行轮廓文本，网页运行结果

如图 9.18 所示。

图 9.18 绘制轮廓文本

9.5.4 测量文本宽度

如果需要在文本向画布输出之前了解文本的宽度，可使用画布上下文对象的 measureText() 方法得到一个对象，该对象包含以像素计的指定字体宽度。语法如下：

```
var textWidth=context.measureText(text).width;
```

其中，参数 text 表示要测量的文本。

例 9.19 本例说明如何测量画布上的文本宽度。源代码如下：

```html
<!doctype html>
<html>
<head>
<meta charset="gb2312">
<title>测量文本宽度</title>
<script type="text/javascript">
window.onload=function() {
    var context=document.querySelector("canvas").getContext("2d");      //获取画布上下文对象
    var text="Good morning";                                            //指定要绘制的文本
    context.font="32px 'Arial Black'";                                  //设置字体、字号
    context.fillStyle="red";                                            //设置填充样式
    context.fillText("Width: "+context.measureText(text).width, 10, 50); //绘制填充文本
    context.fillText(text, 10, 100);                                    //绘制填充文本
}
</script>
</head>

<body>
<canvas width="400" height="120" style="border: thin solid gray;"></canvas>
</body>
</html>
```

本例在绘制文本之前对文本宽度进行了测量，网页运行结果如图 9.19 所示。

图 9.19 测量文本宽度

9.6　使用特效与变换

在画布上绘图时，可以根据需要对所绘制的图形和文本应用许多特殊效果。例如，可以对图形添加阴影，或者对图形设置透明度等。此外，还可以对画布进行各种各样的变换，例如缩放和旋转等。下面就来介绍这方面的内容。

9.6.1　使用阴影效果

要对画布上的图形或文本应用阴影效果，需要用到画布上下文的下列属性。

shadowColor：设置或返回用于阴影的颜色。

shadowBlur：设置或返回用于阴影的模糊级数，其取值为数值。

shadowOffsetX：设置或返回阴影距形状的水平距离，其取值为数值（以像素计）。

shadowOffsetY：设置或返回阴影距形状的垂直距离，其取值为数值（以像素计）。

创建阴影应在绘图之前完成。为了得到阴影效果，通常需要将 shadowColor 和 shadowBlur 属性一起使用，并通过使用 shadowOffsetX 和 shadowOffsetY 属性来调节阴影效果。

例 9.20　本例演示如何在画布上为图形和文字添加阴影效果。源代码如下：

```
<!doctype html>
<html>
<head>
<meta charset="gb2312">
<title>使用阴影效果</title>
<script type="text/javascript">
window.onload=function() {
    var context=document.querySelector("canvas").getContext("2d");   //获取画布上下文对象
    context.fillStyle="blue";                                         //设置填充样式
    context.shadowColor="gray";                                       //设置阴影颜色
    context.shadowBlur=10;                                            //设置阴影模糊级别
    context.shadowOffsetX=12;                                         //设置阴影水平偏移
    context.shadowOffsetY=12;                                         //设置阴影垂直偏移
    context.fillRect(20, 20, 70, 70);                                 //绘制实心矩形
    context.font="66px 楷体";                                         //设置字体、字号
    context.fillStyle="red";                                          //设置填充样式
    context.fillText("阴影效果", 110, 80);                            //绘制文本
}
</script>
</head>

<body>
<canvas width="400" height="120" style="border: thin solid gray;">
十分抱歉，您的浏览器不支持<code>canvas</code>元素。
</canvas>
</body>
</html>
```

本例绘制了一个实心矩形和一行文本并对它们设置了阴影效果，如图 9.20 所示。

图 9.20　使用阴影效果

9.6.2　使用透明效果

对绘制的图形和文本设置透明度可以通过两种方式来实现，一种是设置画布上下文对象的 fillStyle 或 strokeStyle 属性时使用 CSS rgba 函数（请参阅 4.3.2 节），另一种是使用画布上下文对象的 globalAlpha 属性。

globalAlpha 属性用于设置或返回绘图的当前透明值，其取值必须是介于 0.0（完全透明）与 1.0（不透明）之间的一个数字。默认值为 1.0，即完全不透明。

例 9.21　本例演示如何对图形设置透明效果。源代码如下：

```
<!doctype html>
<html>
<head>
<meta charset="gb2312">
<title>使用透明效果</title>
<script type="text/javascript">
window.onload=function() {
    var context=document.querySelector("canvas").getContext("2d");    //获取画布上下文对象
    context.fillStyle="red";                                          //设置填充样式
    context.fillRect(10, 10, 120, 60);                                //绘制实心矩形
    context.globalAlpha=0.2;                                          //设置透明度
    context.fillStyle="blue";                                         //设置填充样式
    context.fillRect(80, 30, 120, 60);                                //绘制实心矩形
    context.fillStyle="green";                                        //设置填充样式
    context.fillRect(150, 50, 120, 60);                               //绘制实心矩形
}
</script>
</head>

<body>
<canvas width="300" height="120" style="border: thin solid gray;">
十分抱歉，您的浏览器不支持<code>canvas</code>元素。
</canvas>
</body>
</html>
```

本例绘制了 3 个实心矩形，填充颜色分别为红、绿、蓝，并使用 globalAlpha 属性对其中两个矩形设置了透明效果。网页运行结果如图 9.21 所示。

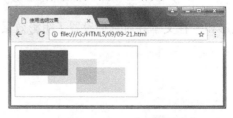

图 9.21　使用透明效果

9.6.3　使用变换

当对画布应用某种变换时，该变换会应用到后续的所有绘图操作上。下面仅讨论缩放和旋转变换。

1．缩放变换

使用画布上下文对象的 scale()方法可以对当前绘图进行缩放。语法如下：

```
context.scale(scaleWidth, scaleHeight);
```

其中，参数 scaleWidth 指定当前绘图宽度的缩放比例，scaleHeight 指定缩放当前绘图高度的缩放比例。这些参数的值均为数字，例如 1=100%，0.5=50%，2=200%，等等。

提示：如果对绘图进行缩放，则之后的所有绘图也会被缩放，定位也会被缩放。如果执行 scale(2,2)，则绘图将定位于距离画布左上角两倍远的位置。

2．旋转变换

使用画布上下文对象的 rotate()方法可以旋转当前的绘图。语法如下：

```
context.rotate(angle);
```

其中，参数 angle 指定旋转的角度（以弧度计）。

若要将角度转换为弧度，可用公式 degrees*Math.PI/180 进行计算。例如，若要旋转 5 度，则角度值为 5*Math.PI/180。

例 9.22　**本例演示如何对图形进行缩放和旋转变换。源代码如下：**

```
<!doctype html>
<html>
<head>
<meta charset="gb2312">
<title>缩放与旋转</title>
<script type="text/javascript">
window.onload=function() {
    var context=document.querySelector("canvas").getContext("2d");   //获取画布上下文对象
    //绘制 3 个空心矩形
    context.strokeStyle="red";                                       //设置笔触样式
    context.strokeRect(5, 5, 25, 15);                                //绘制空心矩形
    context.scale(2, 2);                                             //设置缩放比例
    context.strokeRect(5, 5, 25, 15);                                //绘制空心矩形
    context.scale(2, 2);                                             //设置缩放比例
    context.strokeRect(5, 5, 25, 15);                                //绘制空心矩形
    //绘制旋转图形
    context.scale(1/4, 1/4);                                        //设置缩放比例
    context.rotate(-30*Math.PI/180);                                //设置旋转角度
    context.fillStyle="blue";                                        //设置填充样式
    context.fillRect(120, 140, 100, 50);                            //绘制实心矩形
}
</script>
</head>

<body>
<canvas width="300" height="120" style="border: thin solid gray;">
十分抱歉，您的浏览器不支持<code>canvas</code>元素。
</canvas>
</body>
</html>
```

本例首先绘制一个空心矩形，然后在设置缩放比例为 2 的情况下再绘制一个空心矩形，接着重复一次同样的操作，这样一共绘制了 3 个空心矩形；经过连续两次扩大后，缩放比例变为 4，为了使用正常比例绘图，又将缩放比例设置为 1/4；最后将旋转角度设置为-30 度（沿逆时针旋转），并绘制了一个实心矩形。网页运行结果如图 9.22 所示。

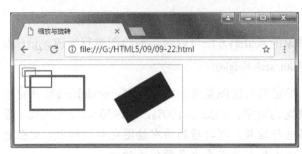

图 9.22　缩放和旋转变换

 习题 9

一、选择题

1．要在画布上绘制空心矩形，可使用画布上下文对象的（　　）方法。

A．drawRect()　　　　　　B．fillRect()　　　　　　C．strokeRect()　　　　　　D．clearRect()

2．画布上下文对象的（　　）属性用于设置笔触样式。

A．strokeStyle　　　　　　B．fillStyle　　　　　　C．lineJoin　　　　　　D．lineCap

3．画布上下文对象的 fillStyle 属性不能设置为（　　）。

A．颜色　　　　　　B．渐变对象　　　　　　C．图案　　　　　　D．图像

4．使用 bezierCurveTo()方法绘制三次贝塞尔曲线时需要传入（　　）个参数。

A．2　　　　　　B．4　　　　　　C．6　　　　　　D．8

5．使用 drawImage()方法绘制图像时不能传入（　　）个参数。

A．2　　　　　　B．3　　　　　　C．5　　　　　　D．9

二、判断题

1．（　　）使用画布上下文对象的 createLinearGradient()方法可以创建一个径向渐变对象。

2．（　　）要用渐变色填充路径，可将画布上下文对象的 fillStyle 设置为渐变对象。

3．（　　）使用 lineTo()可在画布上绘制各种颜色的线条。

4．（　　）strokeRect()与 rect()方法的作用完全相同。

5．（　　）arc()方法也可以用于绘制圆周。

6．（　　）使用 fillText()方法可以在画布上绘制轮廓文本。

三、简答题

1．使用路径绘图有哪些步骤？

2．二次贝塞尔曲线和三次贝塞尔曲线有什么区别？

3．如何对画布上的图形或文本设置阴影效果？

4．对图形设置透明效果有哪两种方式？

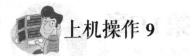

上机操作 9

1．编写一个网页，用于列出画布上下文对象所有属性和方法的列表。

2．编写一个网页，在画布上绘制 3 个矩形，要求使用不同的线条颜色和线条宽度绘图，并将线条连接样式分别设置为尖角、圆角和斜角。

3．编写一个网页，在画布上绘制 3 个矩形，要求使用不同方向的线性渐变来填充。

4．编写一个网页，要求在画布上绘制一个平行四边形。

5．编写一个网页，要求使用图案填充矩形内部。

6．编写一个网页，在画布上绘制一个半圆和 3 个圆形，要求使用不同的径向渐变填充圆形内部。

7．编写一个网页，在画布上绘制一条二次贝塞尔曲线。

8．编写一个网页，在画布上绘制一条三次贝塞尔曲线。

9．编写一个网页，在画布上绘制填充文本和轮廓文本，要求设置阴影效果。

10．编写一个网页，在画布上绘制 3 个填充矩形，要求矩形之间相互重叠，并且对矩形设置透明效果。

第10章

Web存储

利用 HTML5 提供的新功能，可以通过本地存储、会话存储以及本地数据库在客户端存储各种数据。以前这些功能都是通过 cookie 来完成的，而 cookie 是通过每个服务器请求传递的，速度很慢，效率也不高。在 HTML5 中数据不是由每个服务器请求传递的，只有在请求时才使用数据，这就使在不影响网站性能的前提下存储大量数据成为可能。本章讨论如何使用 JavaScript 来存储和访问数据，主要内容包括本地存储、会话存储及本地数据库。

10.1　本地存储

本地存储用于在浏览器中保存没有时间限制的持久性数据，也就是将数据保存在客户端本地硬盘中，即使关闭浏览器，所保存的数据仍然存在，下次打开浏览器访问网站时可以继续使用数据。

10.1.1　本地存储机制

使用本地存储在客户端保存持久性数据时，需要使用 window 对象的 localStorage 属性创建一个 Storage 对象。Storage 对象提供了访问特定域名下的本地存储功能，通过调用该对象的各种方法可以在客户端添加、修改和删除数据。

Storage 对象的方法成员如下。

localStorage.key(index)：获取指定索引的键名。

localStorage.getItem(key)：获取指定键名对应的值。

localStorage.setItem(key, value)：添加一个新的键-值对，如果键名已存在，则更新其值。

localStorage.removeItem(key)：从本地存储中移除指定键名对应的键-值对。

localStorage.clear()：清空本地存储中的所有键-值对。

提示：虽然 Storage 对象没有提供专门用于修改指定键名对应值的方法，但由于在本地存储中保存的键名都是唯一的，因此只要将某个已有键名作为参数传入 setItem() 并设置新值，就可以修改该键名的对应值。

Storage 对象还有一个 length 属性，其返回值是一个整数，表示存储在 Storage 对象中的数据项数量。length 是一个只读属性。

通过本地存储功能保存的数据对于所有同源文档都是可用的。当在某个页面中对本地存储中的数据进行修改时将会触发 window 对象的 storage 事件，通过设置 onstorage 事件属性可以监听其他同源文档上的这个事件以确保能跟上最新的变化。

当触发 window 对象的 storage 事件时，浏览器将会指派一个 StorageEvent 对象，它的属性成员如下。

StorageEvent.key：返回发生变化的键。

StorageEvent.oldValue：返回关联此键的旧值。

StorageEvent.newValue：返回关联此键的新值。

StorageEvent.url：返回产生变化的文档 URL。

StorageEvent.storageArea：返回发生变化的 Storage 对象。

10.1.2　创建 Web 留言板

作为本地存储的一个应用示例，下面将通过本地存储功能创建一个简单的 Web 留言板。在制作这个 Web 留言板的过程中，是将当前系统日期和时间作为键名，与每个键名关联的值则是用户输入的留言。发表留言时，将发表时间和留言内容保存到本地存储中。打开网页时，从本地存储中读取所有留言信息并以表格形式列出每条留言及其发表时间。

例 10.1　本例演示如何使用 localStorage 来创建一个简单的 Web 留言板。源代码如下：

```
<!doctype html>
<html>
<head>
<meta charset="gb2312">
<title>Web 留言板</title>
<style type="text/css">
fieldset { width: 490px; border-radius: 12px; }
#msg { width: 520px; }
table { border-collapse: collapse; }
td, th { padding: 6px; }
</style>
<script type="text/javascript">
window.onload=function() {                              //设置 window 对象的 onload 事件属性
  var myform=document.getElementById("myform");        //获取表单对象
  var initializeButton=document.getElementById("initialize"); //获取按钮
  displayMsg();                                         //从本地存储中读取留言并以表格形式显示
  myform.onsubmit=function() {                          //设置表单对象的 onsubmit 事件属性
    var content=document.getElementById("content").value; //获取所输入的留言内容
    var date=new Date();                               //获取当前时间
    time=date.toLocaleDateString()+" " +sup(date.getHours())+":"+
        sup(date.getMinutes())+":"+sup(date.getSeconds()); //以 YYYY/MM/DD hh:mm:ss 形式表示时间
    localStorage.setItem(time, content);               //在本地存储中保存时间和留言内容
    alert("留言内容已保存！");                           //提示保存成功
    displayMsg();                                      //重新列出全部留言
  };
  initializeButton.onclick=function() {                //设置"初始化"按钮的 onclick 事件
    localStorage.clear();                             //从本地存储中清除所有键-值对
    alert("全部留言数据已清除！");                       //提示清除成功
    displayMsg();                                     //重新列出全部留言
  };
};
function displayMsg() {
  var tableElem=document.getElementById("msg");        //获取表格对象
  var itemCount=localStorage.length;                   //获取本地存储中的键-值对数量
  tableElem.innerHTML="";
  tableElem.innerHTML+="<caption>当前留言数量："+itemCount+"条</caption>";
  tableElem.innerHTML+="<tr><th>留言内容</th><th>发表时间</th></tr>";
  for (var i=0;i<itemCount;i++) {                      //遍历本地存储中的所有键-值对
    var key=localStorage.key(i);                       //获取键名
```

```
            var value=localStorage.getItem(key);                //获取键名关联的值
            tableElem.innerHTML+="<tr><td>"+value+"</td><td>"+key+"</td></tr>";
        }
    }
//声明自定义函数，对传入的参数进行处理，若其值小于10则添加0前缀
function sup(n) {
    return (n<10)?"0"+n:n;
}
</script>
</head>

<body>
<form id="myform" method="post" action="">
    <fieldset>
        <legend>Web 留言板</legend>
        <table>
            <tr>
                <td colspan="2">
                    <textarea id="content" cols="64" rows="6"
                        required placeholder="请输入留言内容"></textarea></td>
            </tr>
            <tr>
                <td> </td>
                <td><button id="publish" type="submit">发表</button>
                     
                    <button id="initialize" type="button">初始化</button></td>
            </tr>
        </table>
    </fieldset>
</form>
<br>
<table id="msg" border="1">
    <tr>
        <th>留言内容</th>
        <th>发表时间</th>
    </tr>
</table>
</body>
</html>
```

　　本例借助本地存储功能制作了一个简单的 Web 留言板。在文本区域中输入留言内容，然后单击"发表"按钮，此时会在下面的表格中列出当前已发表的所有留言。这个表格由两列组成，右边的列显示键名（留言内容），左边的列显示相应的值（留言时间），表格标题中显示出当前已发表的留言数量。若单击"初始化"按钮，则会清除本地存储中的所有键-值对（全部留言信息）。网页运行结果如图 10.1 所示。

图 10.1　Web 留言板运行结果

10.2　会话存储

Web 中的会话是指用户在浏览器中进入某个网站到关闭浏览器这段时间。会话存储用于保存在一个会话周期内使用的数据，这不是一种持久性数据。当关闭浏览器时会话结束，在会话存储中保存的数据随之销毁。

10.2.1　会话存储机制

使用会话在客户端保存会话周期内使用的数据时，需要使用 window 对象的 sessionStorage 属性创建一个 Storage 对象。这个 Storage 对象提供了访问特定域名下的会话存储功能，通过调用该对象的各种方法可以添加、修改和删除会话数据。

Storage 对象的方法成员如下。

sessionStorage.key(index)：获取指定索引的键名。

sessionStorage.getItem(key)：获取指定键名对应的值。

sessionStorage.setItem(key, value)：添加一个新的键-值对，如果键名已存在，则更新其值。

sessionStorage.removeItem(key)：从会话存储中移除指定键名对应的键-值对。

sessionStorage.clear()：清空会话存储中的所有键-值对。

Storage 对象的 length 属性返回一个整数，表示存储在 Storage 对象中的数据项数量。

sessionStorage 为每一个给定的源维持一个独立的存储区域，该存储区域在页面会话期间可用，即只要浏览器处于打开状态（包括页面重新加载和恢复），在该存储区域中保存的数据都是有效的。

在文档中调用 window.localStorage 会返回一个 Storage 对象，调用 window.sessionStorage 也会返回一个不同的 Storage 对象。不过，对于每个源而言，sessionStorage 和 localStorage 会使用不同的 Storage 对象。这些对象可以使用相同方式进行操作，但这些操作却是相互独立的，所保存数据的性质也有所不同。在本地存储中保存的是持久性数据，即使关闭计算机，数据仍然存在；在会话存储中保存的是临时性数据，仅在一个会话周期内可用，一旦关闭浏览器，这些数据便随着会话结束而被销毁。

10.2.2　网站登录

作为会话存储的一个应用示例，下面将会话存储与本地存储功能结合起来，创建一组用于实现网站登录功能的页面。这组页面包括 3 个页面：注册页面可以让用户输入用户名和密码，然后以用户名为键名、密码为键值保存在本地存储中；登录页面用于检查用户输入的用户名和密码，若与本地存储中的账户信息匹配，则将用户名保存到会话存储中并进入网站首页；网站首页从会话存储中读取当前用户名并显示在页面上，而且列出当前已注册的所有用户。

例 10.2　本例将会话存储与本地存储功能结合起来实现网站登录功能。

注册页面的源代码如下：

```
<!doctype html>
<html>
<head>
<meta charset="gb2312">
```

```
<title>注册新用户</title>
<style type="text/css">
fieldset {
    width: 300px;
    border-radius: 6px;
}
</style>
<script type="text/javascript">
    window.onload=function() {                                    //设置 window 对象的 onload 事件属性
        var myform=document.getElementById("myform");             //获取表单对象
        myform.onsubmit=function() {                              //设置表单对象的 onsubmit 事件属性
            var username=document.getElementById("username").value;   //获取输入的用户名
            var password=document.getElementById("password").value;   //获取输入的密码
            var confirm=document.getElementById("confirm").value    ;  //获取再次输入的密码
            if (password!=confirm) {                              //若两者不同
                alert("两次输入的密码不一致！");                   //则弹出警告框
                return false;                                     //返回 false，阻止表单提交
            }
            localStorage.setItem(username, password);             //在本地存储中保存用户名和密码
            sessionStorage.setItem("username", username);         //在会话存储中保存用户名
            alert("注册成功，现在立即登录");                       //弹出提示信息
        };
    };
</script>
</head>

<body>
    <form id="myform" method="post" action="10-02-index.html">
        <fieldset>
            <legend>注册新用户</legend>
            <table>
                <tr>
                    <td><label for="username">用户名：</label></td>
                    <td><input id="username" type="text" required placeholder="请输入用户名"></td>
                </tr>
                <tr>
                    <td><label for="password">密码：</label></td>
                    <td><input id="password" type="password" required placeholder="请输入密码"></td>
                </tr>
                <tr>
                    <td><label for="confirm">确认密码：</label></td>
                    <td><input id="confirm" type="password" required placeholder="请再次输入密码"></td>
                </tr>
                <tr>
                    <td> </td>
                    <td><button type="submit">注册</button> <button type="reset">重置</button></td>
                </tr>
            </table>
        </fieldset>
    </form>
</body>
</html>
```

登录页面的源代码如下：

```
<!doctype html>
<html>
<head>
<meta charset="gb2312">
<title>网站登录</title>
<style type="text/css">
fieldset {
```

```
      width: 300px;
      border-radius: 6px;
  }
  </style>
  <script type="text/javascript">
    window.onload=function() {                                        //设置 window 对象的 onload 事件属性
      var myform=document.getElementById("myform");                   //获取表单对象
      myform.onsubmit=function() {                                    //设置表单对象的 onsubmit 事件属性
        var usernameElem=document.getElementById("username");         //获取用户名输入框对象
        var passwordElem=document.getElementById("password");         //获取密码输入框对象
        if(!check()) {                                                //若用户名和密码未通过检查
          alert("用户名或密码错误！");                                //则弹出警告框
          usernameElem.focus();                                       //焦点移至用户名输入框
          return false;                                               //返回 false 以阻止表单提交
        }
        sessionStorage.setItem("username", usernameElem.value);       //在会话存储中保存用户名
      };
    };
    function check() {                                                //声明用户账号检查函数
      var username=document.getElementById("username").value;         //获取用户名
      var password=document.getElementById("password").value;         //获取密码
      var key;
      var value;
      for ( var i=0; i<localStorage.length; i++) {                    //遍历本地存储中的键-值对
        key=localStorage.key(i);                                      //获取键名
        value=localStorage.getItem(key);                             //获取关联的键值
        if (key==username && value==password) {                       //若输入信息与存储信息匹配
          return true;                                                //则返回 true 表示通过检查
        }
      }
      return false;                                                   //返回 false 表示未通过检查
    }
  </script>
  </head>

  <body>
    <form id="myform" method="post" action="10-02-index.html">
      <fieldset>
        <legend>网站登录</legend>
        <table>
          <tr>
            <td><label for="username">用户名：</label></td>
            <td><input id="username" type="text" required placeholder="请输入用户名"></td>
          </tr>
          <tr>
            <td><label for="password">密码：</label></td>
            <td><input id="password" type="password" required placeholder="请输入密码"></td>
          </tr>
          <tr>
            <td> </td>
            <td><button type="submit">登录</button>  <button type="reset">重置</button></td>
          </tr>
        </table>
      </fieldset>
    </form>
  </body>
  </html>
```

网站首页的源代码如下：

```
<!doctype html>
<html>
```

```
<head>
<meta charset="gb2312">
<title>网站首页</title>
<style type="text/css">
header > * {
    font-size: 14px;
    float: left;
    margin: 0;
}
ul {
    margin: 0
}
nav li {
    list-style-type: none;
    float: left;
    margin-right: 20px;
}
nav li a {
    text-decoration: none;
    color: navy;
}
</style>
<script type="text/javascript">
    window.onload=function() {                                  //设置 window 对象的 onload 事件属性
        var username=sessionStorage.getItem("username");        //获取保存在会话存储中的用户名
        var usernameSpan=document.getElementById("username");   //获取用于显示用户名的 span 对象
        usernameSpan.innerHTML=username;                        //在导航栏中显示当前登录用户名
        var quitLink=document.getElementById("quit");           //获取"退出"链接对象
        quitLink.onclick=function() {                           //设置该链接的 onclick 事件属性
            if (confirm("您确实要退出登录吗？")) {                 //弹出确认框
                sessionStorage.clear();                         //销毁所有会话数据
                location.href="10-02-login.html";              //进入登录页面
            }
        };
    };
</script>
</head>

<body>
<header>
    <h1>网站首页</h1>
    <nav>
        <ul>
            <li>当前用户：<span id="username">游客</span></li>
            <li><a href="10-02-login.html">登录</a></li>
            <li><a href="10-02-register.html">注册</a></li>
            <li><a id="quit" href="#">退出</a></li>
        </ul>
    </nav>
</header>
<hr style="clear: both">
<script>
    var count=localStorage.length;                              //获取保存在本地存储中的键-值对数量
    document.writeln("当前共有"+count+"名注册用户<ol>");
    for (var i=0; i<count; i++) {                               //遍历本地存储中的所有键-值对
        var key=localStorage.key(i);                            //获取保存在本地存储中的用户名
        document.writeln("<li>"+key+"</li>");                  //列出用户名
    }
    document.writeln("</ol>");
</script>
</body>
</html>
```

完成 3 个页面制作后，首先在浏览器中打开如图 10.2 所示的新用户注册页面，依次在注册表单中输入用户名和密码，然后输入密码加以确认，接着单击"注册"按钮，此时将显示注册成功信息并自动进入网站首页，如图 10.3 所示。

图 10.2　注册页面

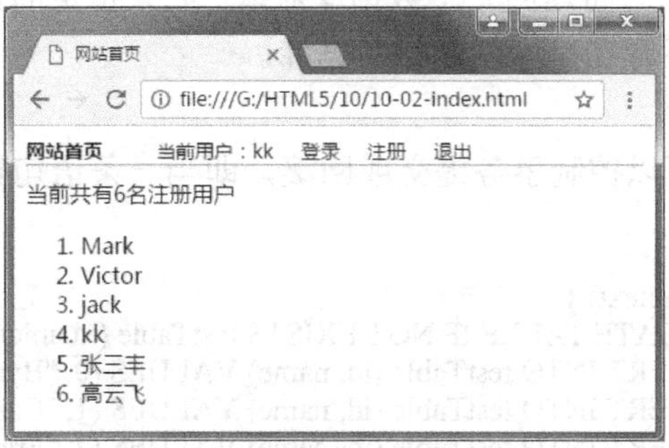

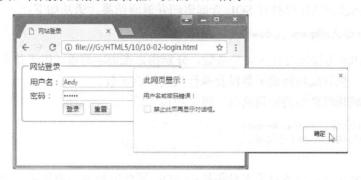

图 10.3　网站首页

在网站首页中单击"退出"链接，则结束本次会话并转入登录页面。在这里可以输入用户名和密码，然后单击"登录"按钮，如果输入的账号信息与本地存储中保存的信息匹配，则再次登录到网站首页，否则弹出错误警告框，如图 10.4 所示。

图 10.4　登录页面

10.3　本地数据库

前面介绍的本地存储和会话存储功能都是以键-值对形式存储数据的解决方案，在存储少量数据时有用，但面对大量结构化数据则无能为力。为了处理大量结构化数据，HTML5 引入了 Web SQL 数据库，可以使用 SQL 语言来访问内置的本地 SQLlite 文件型数据库。

10.3.1 本地数据库的核心方法

使用 JavaScript 语言访问客户端 SQLlite 数据库时，首先要创建数据库对象，然后实现数据库事务处理并执行 SQL 语句，这些步骤都可以通过 Web SQL 数据库规范中定义的核心方法来实现。

1. 创建数据库对象

使用 openDatabase 方法可以打开现有数据库或新建数据库来创建数据库对象。语法如下：

```
var db=openDatabase("MyDB", "1.0", "Test DB", 2 * 1024 * 1024, callback);
```

调用 openDatabase 方法时需要传入 5 个参数，分别指定数据库名称、数据库版本号、数据库描述、数据库的大小（以 byte 为单位）以及创建成功回调函数，后者为可选项。

执行 openDatabase 方法时将返回一个数据库对象。如果指定的数据库已经存在，则打开数据库；如果指定的数据库不存在，则创建该数据库。

2. 控制事务处理

使用 transaction 方法可以控制事务提交或回滚，即当一条语句执行失败时回滚整个事务。语法如下：

```
db.transaction(function (context) {
    context.executeSql('CREATE TABLE IF NOT EXISTS testTable (id unique, name)');
    context.executeSql('INSERT INTO testTable (id, name) VALUES (0, "Byron")');
    context.executeSql('INSERT INTO testTable (id, name) VALUES (1, "Casper")');
    context.executeSql('INSERT INTO testTable (id, name) VALUES (2, "Frank")');
});
```

调用 transaction 方法时需要传入 4 个参数，分别指定包含事务内容的一个方法、执行成功回调函数、执行失败回调函数以及出错回调函数，后面 3 个参数均为可选项。

3. 执行查询语句

使用 executeSql 方法可以执行 SQL 查询语句并返回结果。语法如下：

```
context.executeSql(sqlquery, [], dataHandler, errorHandler);
```

调用 executeSql 方法需要传入 4 个参数，分别指定查询字符串、用于替换查询字符串中问号的参数的数组、执行成功回调函数以及执行失败回调函数。

要传入执行成功时调用的回调函数，可采用以下语法：

```
function dataHandler (context, results) {
    // SQL 语句执行成功时的代码
}
```

其中，两个参数分别指定事务对象本身和执行 SQL 语句时返回的数据集对象。该数据集对象有一个 rows 属性，其中保存查询到的每条记录，记录的数量可通过 rows.length 属性来获取，每条记录可通过 rows[index]形式来访问。

要传入执行失败时调用的回调函数，可采用以下语法：

```
function errorHandler(context, errmsg) {
    // SQL 语句执行成功时的代码
}
```

其中，两个参数分别指定事务对象本身和出现错误时的错误信息文本。

10.3.2　用数据库实现 Web 留言板

在 10.1.2 节中利用本地存储功能创建了一个 Web 留言板，由于使用本地存储功能只能以键-值对形式保存和访问数据，因此很难处理大量的结构化数据。下面将使用本地数据库功能重新改写 Web 留言板，添加和访问数据将通过标准的 SQL 查询语句来实现。

例 10.3　本例演示如何使用本地数据库功能实现 Web 留言板。源代码如下：

```
<!doctype html>
<html>
<head>
<meta charset="gb2312">
<title>使用本地数据库实现 Web 留言板</title>
<style type="text/css">
fieldset {
    width: 380px;
    border-radius: 10px;
}
#datatable {
    border-collapse: collapse;
}
#datatable th, #datatable td {
    padding: 6px;
}
</style>
<script type="text/javascript">
var datatable;
var db=openDatabase("msg", "", "My Database", 2*1024*1024);    //创建数据库对象
window.onload=function() {                                     //设置 window 对象的 onload 事件属性
    datatable=document.getElementById("datatable");           //获取表格对象
    var myform=document.getElementById("myform");             //获取表单对象
    showAllData();                                            //显示数据库中的所有留言信息
    myform.onsubmit=function() {                              //设置表单对象的 onsubmit 事件属性
        var username=document.getElementById("username").value; //获取输入的用户名
        var memo=document.getElementById("memo").value;      //获取输入的留言内容
        var time=new Date().getTime();                       //获取当前系统时间
        addData(username, memo, time);                       //向数据库表中添加一条留言记录
        showAllData();                                       //更新显示留言信息
    };
};
function removeAllData() {                                    //自定义函数用于从表格中清除数据
    for (var i=datatable.childNodes.length-1; i>=0; i--) {   //遍历表格的所有子节点
        datatable.removeChild(datatable.childNodes[i]);      //删除子节点
    }
    var tr=document.createElement("tr");                     //创建 tr 元素
    var th1=document.createElement("th");                    //创建 th 元素
    var th2=document.createElement("th");                    //创建 th 元素
    var th3=document.createElement("th");                    //创建 th 元素
    th1.innerHTML="用户名";                                  //设置标题单元格文本内容
    th2.innerHTML="留言内容";                                //设置标题单元格文本内容
    th3.innerHTML="发表时间";                                //设置标题单元格文本内容
    tr.appendChild(th1);                                     //标题单元格添加到行中
    tr.appendChild(th2);                                     //标题单元格添加到行中
    tr.appendChild(th3);                                     //标题单元格添加到行中
    datatable.appendChild(tr);                               //行添加到表格中
}
function showData(row) {                                      //显示数据库中的一条记录
    var tr=document.createElement("tr");                     //创建 tr 元素
```

```
        var td1=document.createElement("td");                              //创建 td 元素
        td1.innerHTML=row.username;                                        //设置单元格内容（用户名）
        var td2=document.createElement("td");                              //创建 td 元素
        td2.innerHTML=row.message;                                         //设置单元格内容（留言内容）
        var td3=document.createElement("td");                              //创建 td 元素
        var t=new Date();                                                  //创建日期对象
        t.setTime(row.time);                                              //设置日期对象
        td3.innerHTML=t.toLocaleDateString()+" "+t.toLocaleTimeString();  //设置单元格内容（发表时间）
        tr.appendChild(td1);                                              //数据单元格添加到行中
        tr.appendChild(td2);                                              //数据单元格添加到行中
        tr.appendChild(td3);                                              //数据单元格添加到行中
        datatable.appendChild(tr);                                        //数据行添加到表格中
      }
      function showAllData() {                                            //显示数据表中的所有留言
        db.transaction(function(tx) {                                     //对数据库对象开始一个事务
          tx.executeSql("CREATE TABLE IF NOT EXISTS MsgData(username TEXT,
            message TEXT, time INTEGER)",[]);                             //在数据库中创建表（若不存在的话）
          tx.executeSql("SELECT * FROM MsgData", [], function(tx, rs) {   //执行 SELECT 语句以获取数据
            removeAllData();                                             //从表格中删除所有数据
            for(var i=0; i<rs.rows.length; i++) {                        //遍历结果集
              showData(rs.rows.item(i));                                //显示一条留言
            }
          });
        });
      }
      function addData(username, message, time) {                        //自定义函数，用于保存一条留言
        db.transaction(function(tx) {                                    //对数据库对象开始一个事务
          tx.executeSql("INSERT INTO MsgData VALUES(?, ?, ?)",[username, message, time],
          function(tx, rs) {                                             //添加记录成功时回调函数
            alert("成功保存数据!");                                      //显示提示信息
          }, function(tx, error) {                                       //添加记录失败时回调函数
            alert(error.source + ":" + error.message);                  //弹出错误信息
          });
        });
      }
    </script>
  </head>

  <body>
    <form id="myform" method="post" action="">
      <fieldset>
        <legend>Web 留言板</legend>
        <table>
          <tr>
            <td><label for="username">用户名:</label></td>
            <td><input id="username" type="text" required placeholder="请输入用户名"></td>
          </tr>
          <tr>
            <td style="vertical-align: top;"><label for="memo">留言内容:</label></td>
            <td><textarea id="memo" cols="36" required placeholder="请输入留言内容"></textarea></td>
          </tr>
          <tr>
            <td> </td>
            <td><button type="submit">发表</button> <button type="reset">重置</button></td>
          </tr>
        </table>
      </fieldset>
    </form>
    <hr>
    <table id="datatable" border="1"></table>
  </body>
</html>
```

　　本例利用本地数据库功能创建了一个简单的 Web 留言板。在页面中输入用户名和留言内容并单击"发表"按钮时，将通过执行 INSERT INTO 语句将留言信息保存到数据表中，然后通过执行 SELECT 语句从数据表中获取全部留言信息并以表格形式显示出来。网页运行结果如图 10.5 所示。

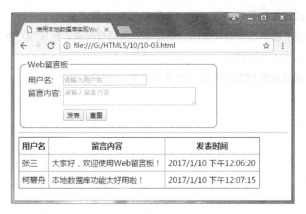

图 10.5　通过本地数据库实现的 Web 留言板

 习题 10

一、选择题

1. 使用 Storage 对象的（　　　）可获取指定键名关联的值。

A. key　　　　　　　　B. getItem　　　　　　　C. setItem　　　　　　　D. removeItem(key)

2. 调用 openDatabase 方法时最多可传入（　　　）个参数。

A. 2　　　　　　　　B. 3　　　　　　　　C. 4　　　　　　　　D. 5

3. 调用 executeSql 方法时最多可传入（　　　）个参数。

A. 2　　　　　　　　B. 3　　　　　　　　C. 4　　　　　　　　D. 5

4. 本地数据库是指存储在客户端的（　　　）文件型数据库。

A. SQL Server　　　　B. FoxPro　　　　　　C. dBase　　　　　　D. SQLlite

二、判断题

1. （　　　）用 localStorage 对象的 count 属性可以返回本地存储中保存的键-值数量。

2. （　　　）本地存储中保存的数据在浏览器关闭后将被销毁。

3. （　　　）会话存储中保存的数据在浏览器关闭后仍然可用。

4. （　　　）openDatabase 方法用于打开现有数据库或新建数据库并返回一个数据库对象。

三、简答题

1. 本地存储与会话存储有什么共同点？有什么不同点？

2. 如何修改本地存储中某个键名关联的值？

3. 实现网站注册和登录功能时，本地存储和会话存储各起什么作用？

4. Web SQL 数据库规范中定义了哪些核心方法？

上机操作 10

  1．编写一个网页，通过本地存储功能实现一个简单的 Web 留言板。

  2．编写一组网页，要求将本地存储功能与会话存储功能结合起来，完成用户注册、网站登录和网站首面的制作。

  3．编写一个网页，通过本地数据库实现一个简单的 Web 留言板。

反侵权盗版声明

电子工业出版社依法对本作品享有专有出版权。任何未经权利人书面许可,复制、销售或通过信息网络传播本作品的行为,歪曲、篡改、剽窃本作品的行为,均违反《中华人民共和国著作权法》,其行为人应承担相应的民事责任和行政责任,构成犯罪的,将被依法追究刑事责任。

为了维护市场秩序,保护权利人的合法权益,我社将依法查处和打击侵权盗版的单位和个人。欢迎社会各界人士积极举报侵权盗版行为,本社将奖励举报有功人员,并保证举报人的信息不被泄露。

举报电话:(010)88254396;(010)88258888

传　　真:(010)88254397

E-mail:　　dbqq@phei.com.cn

通信地址:北京市海淀区万寿路 173 信箱

　　　　　电子工业出版社总编办公室

邮　　编:100036